浙江省普通高校“十三五”新形态教材

零基础玩转控制器

——基于 Arduino 的开发及应用

（第二版）

吴飞青　主编

·杭州·

图书在版编目（CIP）数据

零基础玩转控制器：基于 Arduino 的开发及应用 / 吴飞青主编. —2 版. —杭州：浙江大学出版社，2022.6
ISBN 978-7-308-22797-1

Ⅰ. ①零… Ⅱ. ①吴… Ⅲ. ①单片微型计算机—程序设计—教材 Ⅳ. ①TP368.1

中国版本图书馆 CIP 数据核字（2022）第 114791 号

零基础玩转控制器——基于 Arduino 的开发及应用（第二版）
LINGJICHU WANZHUN KONGZHIQI：JIYU Arduino DE KAIFA JI YINGYONG

吴飞青　主编

责任编辑　王元新
责任校对　阮海潮
封面设计　周　灵
出版发行　浙江大学出版社
（杭州市天目山路 148 号　邮政编码 310007）
（网址：http://www.zjupress.com）
排　　版　杭州好友排版工作室
印　　刷　浙江嘉报设计印刷有限公司
开　　本　787mm×1092mm　1/16
印　　张　14
字　　数　343 千
版 印 次　2022 年 6 月第 2 版　2022 年 6 月第 1 次印刷
书　　号　ISBN 978-7-308-22797-1
定　　价　48.00 元

版权所有　翻印必究　印装差错　负责调换
浙江大学出版社市场运营中心联系方式：（0571）88925591；http://zjdxcbs.tmall.com

第二版前言

为了适应无线通信技术的发展和21世纪高等教育培养高素质人才的需要，我们在第一版的基础上，总结课程改革的经验以及学生的反馈意见，对教材内容进行了修改和增补。为了更加方便初学者学习，我们对原理图进行了大量的修改，增补了每个任务的实物连接图；根据不同专业的需求，对书中第3章、第4章、第5章的内容进行了扩充；随着无线通信在日常生活中的应用越来越多，特意增加了第6章无线传输模块。第二版全书由浙大宁波理工学院吴飞青主编。吴飞青的编写字数为32万字，方伟的编写字数为1.5万字，孙炯的编写字数为0.8万字。由于编者的能力和水平有限，书中错误和不妥之处在所难免，敬请读者不吝指正，以便编者今后能加以改正。

编　者

2022年2月

第一版前言

“单片机原理及应用”是一门技术性、应用性较强的课程，对学生的应用能力、创新能力培养影响深远。从近些年来的就业情况来看，单片机开发能力强的学生就业口径相对较宽，比较容易找到工作，因而各校都较重视对该课程的改革，如何激发学生的兴趣也一直是本课程改革的重点和难点。不管是国外教材还是国内教材，传统单片机教材的编写顺序是先讲解单片机的内部硬件结构，再讲解指令和编程基本知识，最后是外围扩展到应用举例。这种编写模式让学生感觉很枯燥，学生学到后面内容的时候几乎把前面的知识全部忘记了，难以调动学生的兴趣。

本书的目的是打破传统单片机教材的编写方式，以实际工程系统的技术需求作为本教程编写的主线，各章的内容从“系统模型”的某个环节展开。从实际工程和生活案例——洗衣机控制器出发，按照洗衣机控制器的功能分解出一个个小任务，每个小任务都是一个具体的案例，让学生主动参与，在讲解任务的同时讲解与任务有关的硬件和编程知识，任务之间循序渐进。这样可以让学生在具体任务中更好地理解外围硬件和编程语言的应用，不再像传统的单片机知识讲解方式那样的空洞及零散，减轻学生学习硬件结构和指令的枯燥及痛苦。上述措施虽对学习单片机原理和编程有很大帮助，但要理解好以硬件为主的接口方法，必须通过搭建硬件电路，同时进行软件编程，这样才可以使学生很直观地理解，因而本教材引入英国 Labcenter Electronics 公司开发的 EDA 工具软件 Proteus 对每个实例进行仿真，可全天候进行实验并在实例中理解内容，还可通过扫描二维码在线获取？让学生对所学知识有直观形象的认识，真正领会其含义，便于学生课后自主探索和互动学习。同时每个任务配有教学讲解视频，以此来改变学生的学习习惯及方式，激发学生的学习兴趣，提高学生的工程实践动手能力和设计创新能力。本教材对探索循序渐进的、可行的适用于应用型本科院校学生的单片机应用能力的培养模式、方法和途径有着积极的现实意义，也可为其他课程的编写提供参考。

近些年，为解决我国产业化面临的问题，政府提出“中国制造 2025”计划。智能控制

是智能制造中的重要组成部分,“中国制造 2025”的顺利实施具有决定性作用,因而培养智能控制相关的应用性人才迫在眉睫。我校为应用型本科院校,主要是为社会和企业培养应用性技术人才。不得不说,当前面临的突出问题是学生的创新精神、实践能力不足,如何有效提高学生的创新精神和实践能力是我校也是所有应用型本科院校的教学重点和难点。本教材编写的目的是提升高校创新创业教学能力,提高学生的实践动手能力,提高应用型本科院校学生的就业竞争力,为培养“中国制造 2025”国家战略急需的创新性人才提供支撑。同时本教材还是目前流行的电子创客及创意机器人核心课程的配套教材,还可为创新创业人才提供支撑。

本教材第一版由浙大宁波理工学院吴飞青、屈稳太、喻平、吴成玉、吴双卿共同编写,全书由吴飞青统稿。本教材配套的资料有 PPT 课件、书中所有的源程序。

本书获批浙江省普通高校“十三五”首批新形态教材,受浙大宁波理工学院特色专业(2018)建设经费资助。在本书的编写、出版过程中,我们参考了许多优秀教材也借鉴了它们的宝贵经验,得到了浙江大学出版社的帮助和支持,同时陆佳斌、章丽姣、杨丰源、何韬和黄泽玺等同学做了大量的程序调试工作,在此一并表示诚挚的感谢。

由于编者水平有限,书中错误和不妥之处在所难免,敬请读者不吝指正。

编　者

2019 年 11 月

目 录

第1章　Arduino 硬件和软件

1.1　Arduino 硬件

1.1.1　Arduino 简介

早在 Arduino 出现以前，已有各种功能丰富的单片机广泛应用于工农业、军事、航天航空和日常生活等各个领域。这些单片机一般是将中央处理器(CPU)、存储器、定时器/计数器、中断系统、输入/输出(I/O)接口等部件制作在同一块集成电路芯片上，相当于一台尺寸极其微小的迷你型计算机。但是，一般单片机的学习开发门槛较高，阻碍了许多有创意和想法的设计人员使用。2005 年末，意大利伊夫雷亚互动设计学院(Interaction Design Institute Ivrea)的教师 Massimo Banzi 为了解决机器人设计中的控制器问题，让他的学生 David Mellis 和西班牙的微处理器设计工程师 David Cuartielles 一起共同设计了 Arduino (见图 1.1)，它实际上是一套包含了硬件和软件的开源单片机开发工具集。Arduino 是以伊夫雷亚互动设计学院附近一个酒吧的名字命名的，而该酒吧的取名源于意大利一个古老国王的名字。

图 1.1　Arduino 的开发团队

Arduino 基于一种共享创意许可的方式在互联网上发布，是一个同时包含软件和硬件的开源项目。它一出现便快速流行起来，甚至被很多非电类专业的设计人员所掌握。使用者只需稍加学习即可用 Arduino 单片机快速实现设计原型。对于熟悉软件编程的设计人员来讲，学习 Arduino 单片机就更容易上手了。因为 Arduino 已经将一些常用硬件功能以函数的形式封装起来，直接供用户调用。从这个意义上讲，Arduino 又好像是一套微控制器的软件编程框架，是一种易于学习、使用简单、功能却十分强大的微控制器。由于 Arduino 的开放特性，使得它最初的设计得到了逐步改进，新的版本也不断推出。据官方统计，仅 2013 年从官方渠道售出的 Arduino 板就超过了 70 万套。此外，Arduino 还通过许多分布在世界各地的分销商进行销售。

1.1.2 Arduino 的硬件资源

Arduino
硬件资源

自从第一版 Arduino 发布以来，已经相继发布了数十个不同版本，但一般都包含一片 8 位的 Atmel 单片机。其中比较经典的版本包括 Arduino Uno、Arduino Duemilanove、Arduino Nano 和 Arduino Mega 等。本教材将以 2010 年底发布的标准版本 Arduino Uno(见图 1.2)为例介绍 Arduino 的硬件资源。Arduino 电路板主要包括以下各个部分。

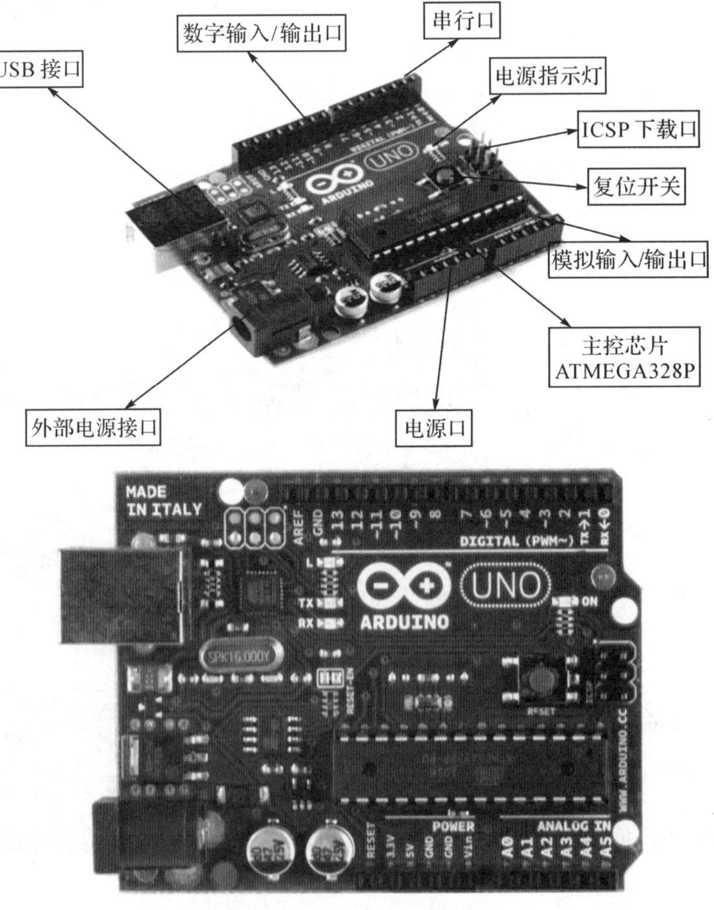

图 1.2 Arduino Uno 电路板

1. 电源

Arduino 要正常工作,必须要对其供电。Arduino Uno 的供电可采用两种最简单的方式:一是使用圆形 DC 电源插孔,用常见的电压变压器就可给 Arduino 提供 7～12V 的电源,如图 1.3(a)所示;另一种是使用方形的通用串行总线(USB)插座,如图 1.3(b)所示。USB 接口除了可以提供 5V(最大供电电流为 500mA)的电源外,同时可将程序从计算机下载到 Arduino 板中,并在 Arduino 板和计算机之间双向传送数据。这使得 Arduino 的开发使用非常方便,即只需要一根外部连接线即可达到同时供电和下载程序的目的。如果 Arduino Uno 同时连接了 USB 和外接直流电源,则会优先选择切换到外接直流电源。

(a) DC电源

(b) USB电源

图 1.3 外接 DC 电源和 USB 电源供电

2. 处理器

处理器是 Arduino 的大脑,在 Arduino Uno 中采用的处理器是 Atmel Atmega 328,它是一片 8 位的高性能单片机。在 Atmega 328 内部封装了中央处理单元(CPU)、用来存储数据和程序的内存、时钟和一些接口电路。内存包含程序存储器和数据存储器。Flash 内存用于写入和保存数据。Atmega 328 提供 32KB Flash 内存,其中0.5KB用于保存特殊程序 Bootloader。静态 RAM 用于运行时临时储存数据,大小为 2KB。RAM 中的数据掉电之后会丢失。1KB 电可擦可编程只读存储器(Electrically Erasable Programmable Read-Only Memory, EEPROM 或 E^2PROM)用来保存程序的额外数据,如数学公式的值,或者 Arduino 读取到的传感器读数。掉电之后,它储存的数据不会丢失。中央处理单元能够按程序执行指令,实现算术和逻辑运算功能。

Atmega 328 在 Arduino Uno 中工作在 16MHz 的频率下。为保持兼容性,其他版本的 Arduino 亦使用此工作频率。

3. 输入/输出(I/O)和其他引脚

Atmega 328 具有功能丰富的引脚。Arduino 重新对这些引脚进行了定义和功能分配。Arduino Uno 的输入/输出引脚分布在电路板的上下两排。上排编号为 0～13 的是数字输入/输出引脚,可以根据指令在不同引脚上检测和产生数字信号。每个管脚能输出或接入最大为 40mA 的电流。其中 2 和 3 管脚为外部触发中断引脚,可设成上升沿、下降沿或同时触发;其中标有波浪号(～)的引脚还可以输出变化的信号,可以将 0～255 的值转换为一个模拟电压输出。11、12 和 13 管脚为 SPI(Serial Peripheral Interface,串行外设接口)通信接口,

11 与 SPI 的 MOSI 相连，12 与 SPI 的 MISO 相连，13 与 SPI 的 SCK 相连。下排引脚分为两组，其中 A0～A5 为模拟信号输入引脚，用于检测这些引脚上输入的模拟信号量，其中 A4 和 A5 可做 I^2C[Inter-Integrated Circuit，内部集成电路总线，又称 TWI(Two-wire Serial Interface)]，两线按上接口，A4 连接 I^2C 接口的 SDA，A5 连接 I^2C 接口的 SCL。另一组为电源引脚(Power)和复位按钮(Reset，有的标为 RES)，可通过电源引脚对 Arduino 供电，或是让 Arduino 输出 3.3V(能提供 50mA 电流)和 5V 电压以供给其他电子设备。VIN 引脚用于使用外部电源为 Arduino UNO 的开发板供电，如可用外部电池通过此引脚供电。当需要让 Arduino 从头开始执行程序时，可直接在 Reset 端输入正确的复位电平，也可直接按下电路板上的 Reset 按钮让电路板复位。通过这些输入/输出引脚还可以扩展电路板的功能，比如为系统添加以太网接口、数码显示屏等扩展板。

4. 程序下载接口

要在计算机(主机)上编写代码以实现所设计的程序控制功能，还需要将代码编译后从主机下载到 Arduino Uno 板的 Atmega 328 芯片中。Arduino Uno 中可使用两种方式下载程序：USB 接口(图 1.3)和 ICSP 下载口。Arduino 中使用 USB 口下载程序实际上利用的是串口，即使用编号为 0 和 1 的数字输入/输出引脚来传输数据，由 USB 插座附近一块额外的小芯片 ATmega8U2 来完成 USB 到串口的转换控制，因此在下载程序时要确保引脚 0 和 1 未被其他外部模块使用。Arduino Uno 也可通过 6 针的 ICSP 插座下载口对空白的处理器烧录引导装载程序固件。这个插座可以把 Arduino 板直接连接到一个芯片编程器，绕过芯片内的引导装载程序固件来烧录程序，但目前已很少使用。

5. LED 指示灯

为了便于程序下载和简单测试，Arduino Uno 还提供了 4 个指示用的发光二极管(LED)指示灯。标有“ON”的指示灯是电源指示灯，在 Arduino 板上电时会点亮，标有“TX”和“TR”的是串口通信收/发指示灯，在向电路板下载程序时会不停闪烁，标有“L”的是预留给用户作简单指示灯使用的，它连接到串联了一个内部电阻的 13 号数字 I/O 引脚上。

1.2 Arduion 软件

1.2.1 Arduino 开发流程

上面介绍了 Arduino 的硬件组成，而要使 Arduino 发挥其强大的功能，还需要配合相应的软件程序。Arduino 设计的初衷就是要让设计人员能快速实现创意的原型，所以应用其开发的流程十分简单。图 1.4 所示是 Arduino 开发的一般流程，主要步骤包括编写程序、编译代码、下载到 Arduino 板、测试和调试等。

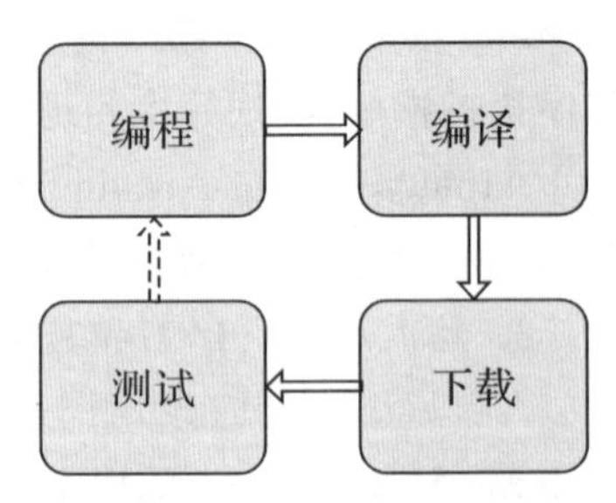

图 1.4 Arduino 的开发流程

(1)编写程序：Arduino 中采用的编程语言类似于 C/C++ 的风格。编写程序的过程就是设计者将期望实现的控制功能以程序语言的方式表达出来。一般高级语言都以一种易被人理解的方式设计，因而只要你熟悉创意的流程就可以较容易地编写出代码。

(2)编译代码:以高级语言编写的代码虽然设计人员较易理解,但却不能被 Arduino 板上的芯片所识别并执行。在数字芯片中,所有的指令都以 010101…的二进制形式进行编码的,因此需要一个从高级程序语言到二进制的转换工具。在下一节我们将要介绍的集成开发环境中就提供了这样一种功能。

(3)下载到芯片:编写程序和编译代码一般都是在开发主机上进行的,所以最终需要将二进制代码下载到 Arduino 中的 Atmega 芯片中,使 Atmega 328 能按照代码正确执行指令。Arduino 中程序下载极其方便,只要将 Arduino 板和开发主机通过 USB 总线相连,使用下面将介绍的集成开发环境的下载功能即可实现一键下载。程序下载的过程中,Arduino 板上标识为“TR”和“TX”的 LED 灯会不停闪烁,表明开发主机是通过串口向 Arduino 板上的芯片传送程序代码,程序下载完成若无错误会立即执行。

(4)测试和调试:已经下载了程序代码的 Arduino 可以无须连接开发主机正常工作,这时电源亦可采用外接变压器供电。通常设计人员还需根据功能来进行测试,看看是否能满足你的需求。如果发现问题或错误,需要重新返回到编写程序的步骤,并重复以上步骤进行调试修改。

1.2.2　Arduino 开发环境

1. 安装驱动程序

Arduino 官方网站以开源形式提供了开发工具软件,在编写本书时的最新正式版本为 1.6.0,下载地址是 http://arduino.cc/en/Main/Software(见图 1.5)。Arduino 软件包括 Windows、Mac OS X 和 Linux 等多个操作系统平台的版本,例如 Windows 下的免安装版文件为 arduino-1.0.6-windows.zip。

首次将 Arduino 板和开发主机通过 USB 总线连接时,计算机并不能立即识别 Arduino

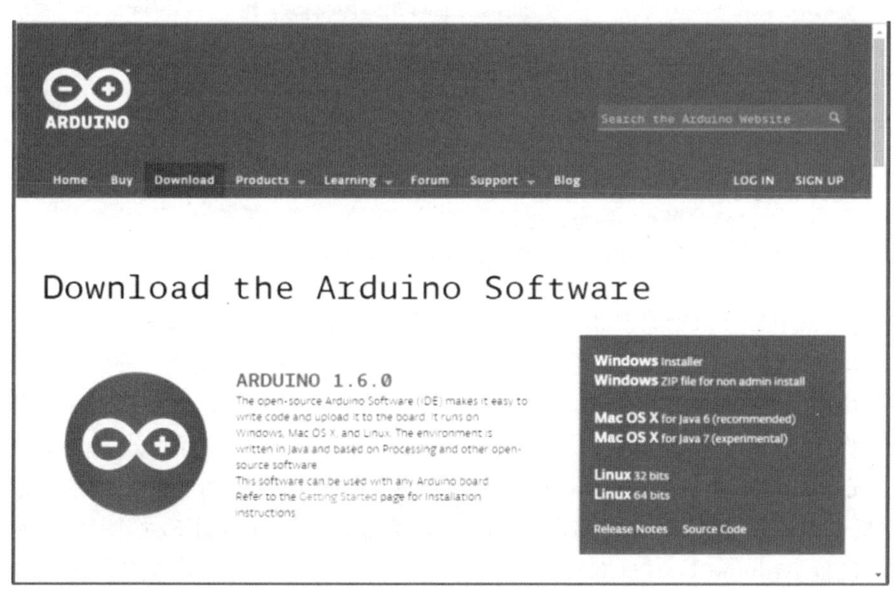

图 1.5　Arduino 软件下载页面

设备(见图 1.6),因而需要安装相应的硬件驱动程序,该驱动程序可以在上述下载的软件包当中找到。以 Windows 7 为例,解压 arduino-1.0.6-windows.zip 文件,将图 1.7 所示目录和文件,Arduino 的驱动程序就位于 drivers 目录下。

图 1.6　未成功安装 Arduino 驱动程序提示

名称	修改日期	类型	大小
drivers	2014/11/22 11:40	文件夹	
examples	2014/11/22 11:40	文件夹	
hardware	2014/11/22 11:40	文件夹	
java	2014/11/22 11:40	文件夹	
lib	2014/11/22 11:41	文件夹	
libraries	2014/11/22 11:41	文件夹	
reference	2014/11/22 11:41	文件夹	
tools	2014/11/22 11:41	文件夹	
arduino.exe	2014/9/16 15:46	应用程序	844 KB
arduino_debug.exe	2014/9/16 15:46	应用程序	383 KB
cygiconv-2.dll	2014/9/16 15:46	应用程序扩展	947 KB
cygwin1.dll	2014/9/16 15:46	应用程序扩展	1,829 KB
libusb0.dll	2014/9/16 15:46	应用程序扩展	43 KB
revisions.txt	2014/9/16 15:46	TXT 文件	39 KB
rxtxSerial.dll	2014/9/16 15:46	应用程序扩展	76 KB

图 1.7　解压后的 Arduino 软件包

从控制面板中打开设备管理器(见图 1.8),可以看到由于主机中没有合适的驱动程序,Arduino Uno 设备图标中显示一个黄色标志。点击右键,从菜单中选择"更新驱动程序软件(P)..."弹出图 1.9 所示的"更新驱动程序"对话框。选择"浏览计算机以查找驱动程序软件(R)",找到图 1.7 中 drivers 目录(见图 1.10),点击"下一步",在进行正式安装前会有一个 Windows 安全确认信息(见图 1.11),点击"安装"可进行驱动程序的安装。成功安装了驱动程序的主机电脑的设备管理器中 Arduino Uno 设备排列在端口类别下,如图 1.12 所示。注意:这里的设备 Arduino Uno (COM3)中 COM3 表示目前的 Arduino 板连接在 COM3 这个串口,在后续的集成开发环境配置中还要使用到这个串口号。

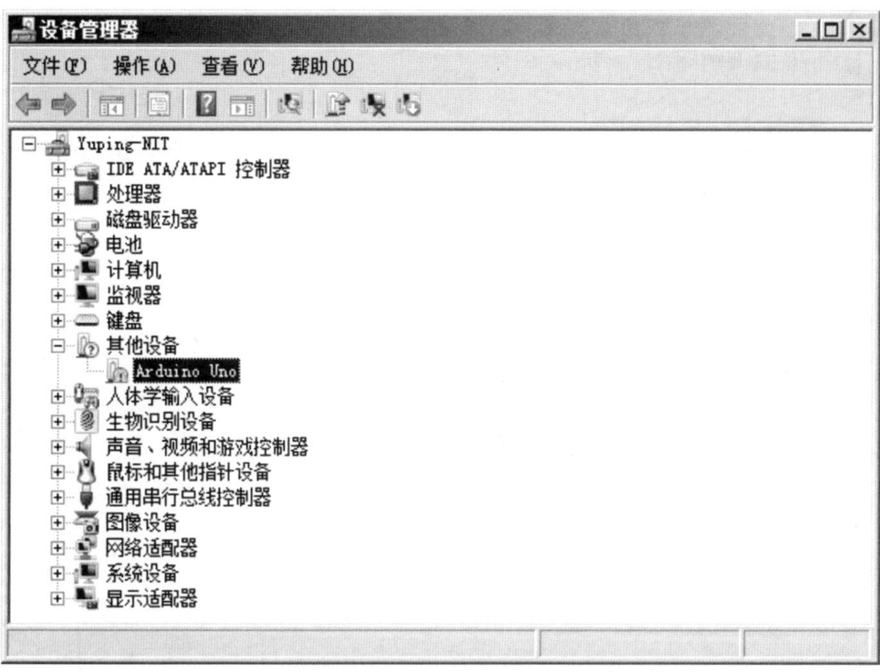

图 1.8 设备管理器中未安装驱动程序的 Arduino Uno

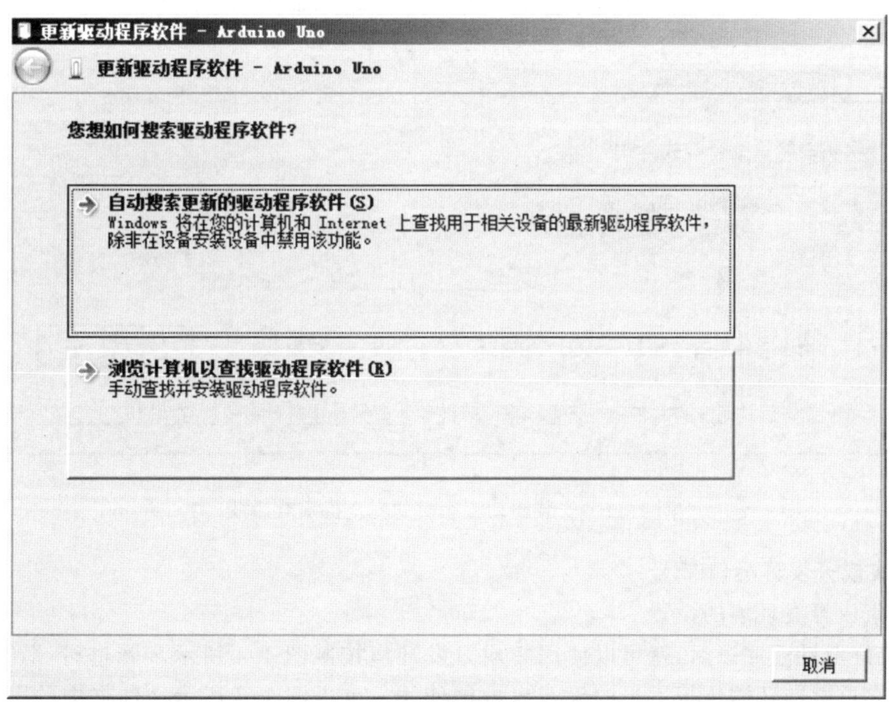

图 1.9 “更新驱动程序”对话框

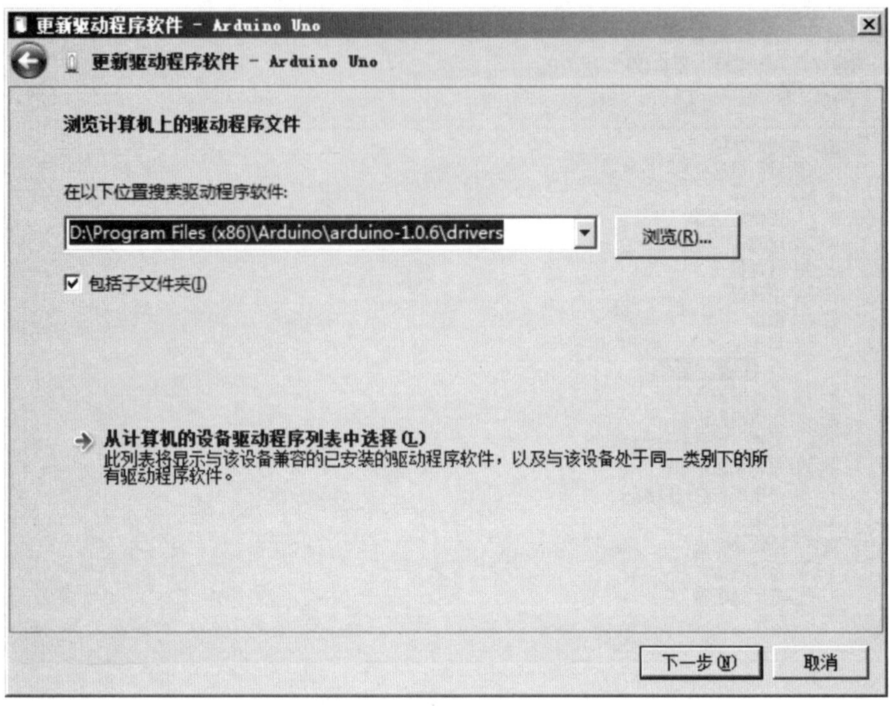

图 1.10　选择“驱动程序位置”对话框

图 1.11　安装驱动程序时的安全提示对话框

2. 集成开发环境(IDE)

(1)集成开发环境的设置

安装好驱动程序以后，就可以使用集成开发环境按照图 1.4 所示步骤进行 Arduino 的开发，但在这之前还需进行适当的设置以方便使用。点击图 1.7 所示文件夹中的可执行文件 arduino.exe 即可打开 IDE 软件(见图 1.13)。为确保正常使用 IDE 进行开发，通常还需要进行以下设置。

更改界面语言：Arduino开发环境默认使用了英文菜单，为使用方便也可将其界面语言

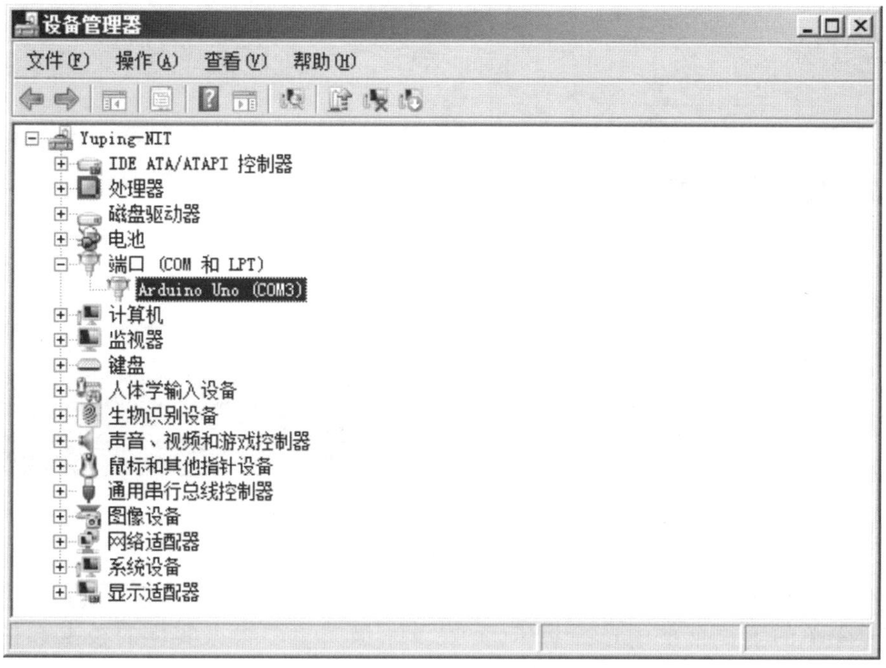

图 1.12　设备管理器中安装好驱动的 Arduino Uno

图 1.13　Arduino 软件的默认界面

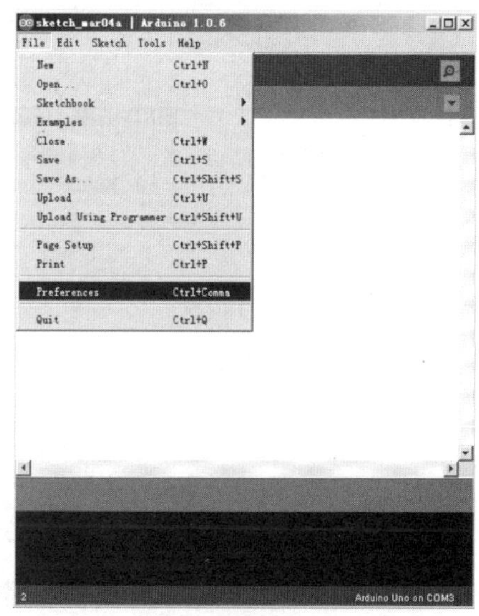

图 1.14　文件菜单的中选项命令

设置为中文。具体步骤是：从菜单栏 File 的下拉菜单（见图 1.14）中选择 Preferences 弹出 Preferences 设置对话框，将 Editor language 修改为“简体中文（Chinese Simplified）”即可（见图 1.15）。更改了语言后，程序界面语言并不会立即更新为中文，需要退出 IDE 软件后重新启动才会生效。重启后的集成开发环境界面如图 1.16 所示。

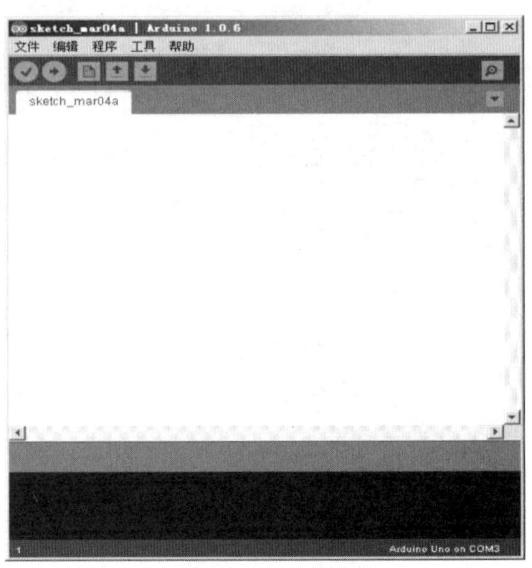

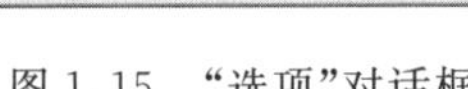

图 1.15 “选项”对话框

图 1.16 IDE 软件中文界面

设置 Arduino 板卡型号：为了让 IDE 能正确编译、下载程序，需设置正确的 Arduino 板型，在工具菜单的下拉菜单中选择板卡，并在下一级菜单中根据实际的板卡选择对应的 Arduino 型号即可。本书任务中板卡选用的是 Uno(见图 1.17)。

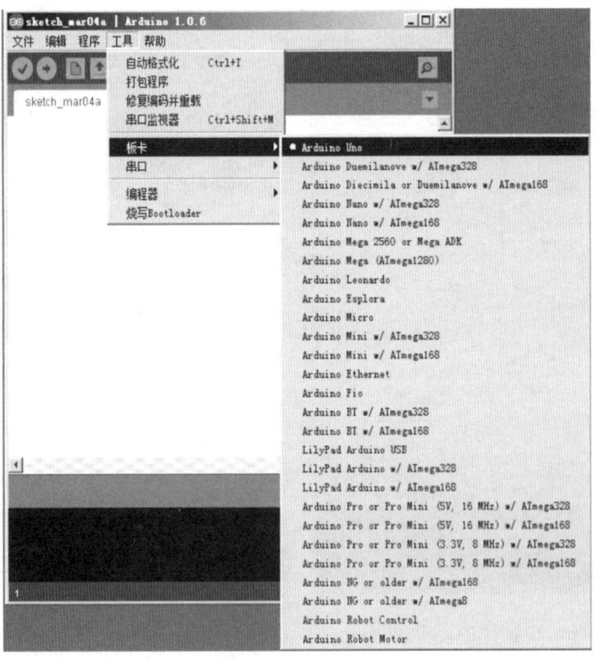

图 1.17 板卡选择菜单

设置连接 Arduino 的串口号：当开发主机连接多张 Arduino 板时，将会使用不同的串口号和 Arduino 板进行通信。为了将程序下载到正确的 Arduino 板上，需要选择相应的串口号。如图 1.18 所示，在工具菜单的下拉菜单中选择串口，在下一级菜单中选择 COM3。由于我们这里只连接了一张 Arduino 板，所以只显示了一个串口 COM3，这个串口与图 1.12 所示设备管理器中的串口号一致。若开发主机未连接任何一张 Arduino 板卡，则此项菜单显示为灰色，即不可用(见图 1.19)。

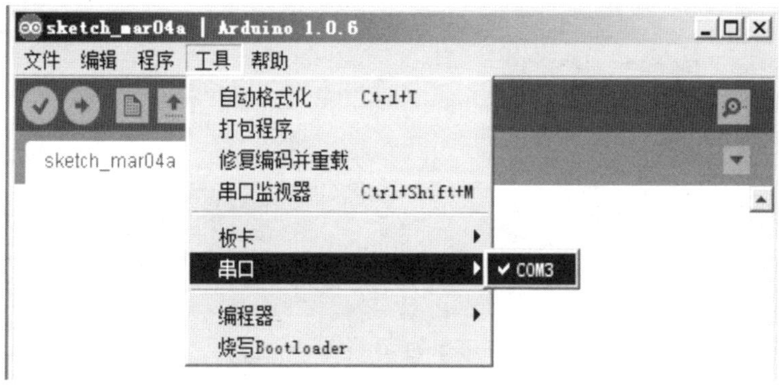

图 1.18　连接串口选择菜单

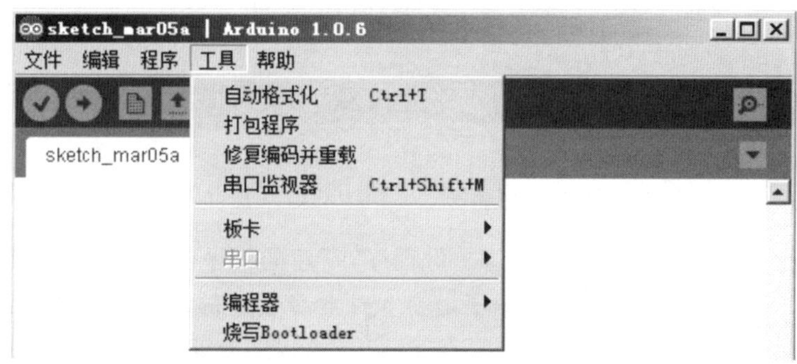

图 1.19　未连接 Arduino 板时菜单中的串口

(2)集成开发环境的使用

Arduino 的 IDE 软件界面主要包括标题栏、菜单栏、常用工具栏、程序编辑区和提示信息区等几个部分。

标题栏：IDE 软件界面的最顶端部分是标题栏，从左侧起依次是 Arduino 的图标、当前程序(Sketch)的名字、Arduino 版本号和控制按钮，如图 1.20 所示。

图 1.20　标题栏

菜单栏(见图 1.21)：提供了 Arduino 的 IDE 软件所有功能的入口，分为文件(File)、编辑(Edit)、程序(Sketch)、工具(Tools)和帮助(Help)五个菜单入口(见图 1.22)。

常用工具栏(见图 1.23)：提供了开发中经常使用到的程序功能。校验工具对当前的代码校验查错并进行编译，如果代码有错误会在信息提示区报告相应错误信息。下载工具编译程序代码并将其写入 Arduino 的芯片程序存储器当中，这些代码中的指令将指挥处理器

文件 编辑 程序 工具 帮助

图 1.21 菜单栏

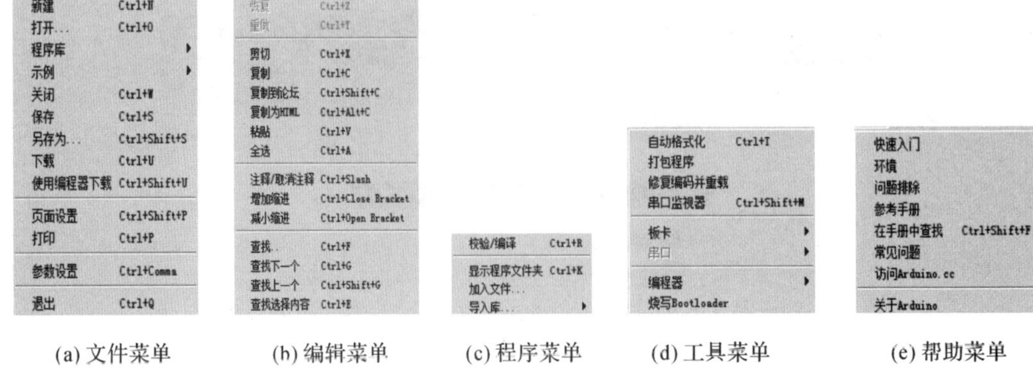

(a) 文件菜单　(b) 编辑菜单　(c) 程序菜单　(d) 工具菜单　(e) 帮助菜单

图 1.22 菜单栏的下拉菜单

图 1.23 常用工具栏

按既定要求运行。新建工具会重新创建一份程序，新建的程序会默认以当前的日期命名，如图 1.24 中的 sketch_mar05a，表示该程序是在 3 月 5 日创建的，a 表示是当天创建的第一份程序。打开和保存工具分别实现打开一个已经存在的程序或保存当前正在编辑的程序。在常用工具栏的最右边，还有一个非常实用的工具——串口监视器。通过串口监视器可以查看和当前 Arduino 板之间以串口方式进行通信的有关数据信息，方便程序的调试和查错。

程序编辑区：Arduino 中程序以文件夹的形式进行管理，同一程序可能会包含多个代码文件，这些文件的扩展名为.ino，其管理方式类似于 C/C++中的一个项目。例如，保存当前的 sketch_mar05a 程序会将 sketch_mar05a.ino 保存到一个名为 sketch_mar05a 的文件夹当中。随着编写的程序越来越长，通常希望将其分成几个文件进行保存，这时可通过点击程序编辑区右侧的小箭头弹出下拉菜单选择新建标签命令(见图 1.25)创建新的代码文件(标签)。输入程序代码文件名后保存，就会在程序编辑区内产生一个新的标签，如图 1.26 中的 function_a。若保存当前程序则会在 sketch_mar05a 文件夹中产生 function_a.ino 文件(见图 1.27)。利用图 1.25 中的下拉菜单还可以实现标签的选择、删除和重命名等。

图 1.24 程序编辑区

图 1.25 标签管理菜单

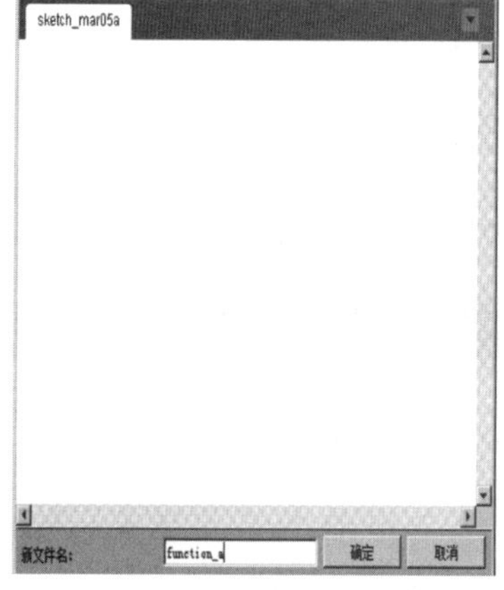

图 1.26 为创建新标签命名提示

图 1.27 新建立的标签

信息提示区(见图 1.28):IDE 软件界面最底部为信息提示区,包括三类信息:IDE 软件运行提示信息,代码编译或错误信息,行号、Arduino 类型和连接串口信息。在程序开发过程中,经常要结合编译信息或错误信息进行修改和调试。

图 1.28 信息提示区

为便于初学者学习使用,Arduino 软件还提供了大量的示例程序,同学们可以从“文件”

→“示例”的下一级菜单中打开(见图 1.29)。下面以内建演示程序 blink. ino 为例介绍具体操作步骤。从图 1.30 的 blink. ino 的源代码中可见,Arduino 采用的开发语言类似于 C/C++的风格:使用“/ * … * /”或“//”表示程序的注释说明,函数体都采用一对花括号“{…}”,语句皆以分号“;”结束等。但不同的是,这里并没有 C/C++语言中必需的主函数 main,取而代之的是 setup 和 loop 函数。这两个函数是一个典型 Arduino 程序的基本函数。setup 又称为初始化函数,即为 loop()中程序运行做好准备工作。

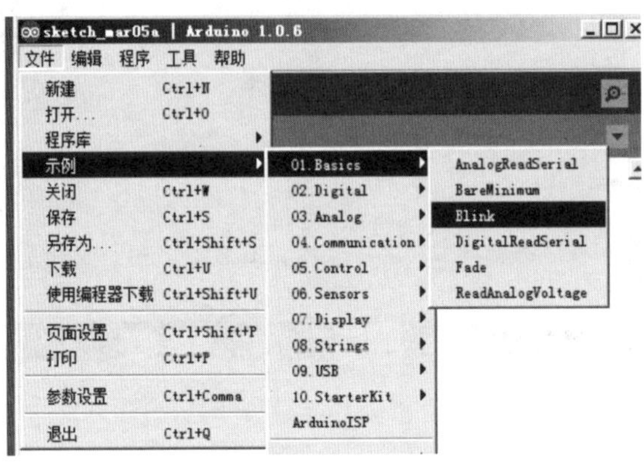

图 1.29　打开 blink 示例程序菜单

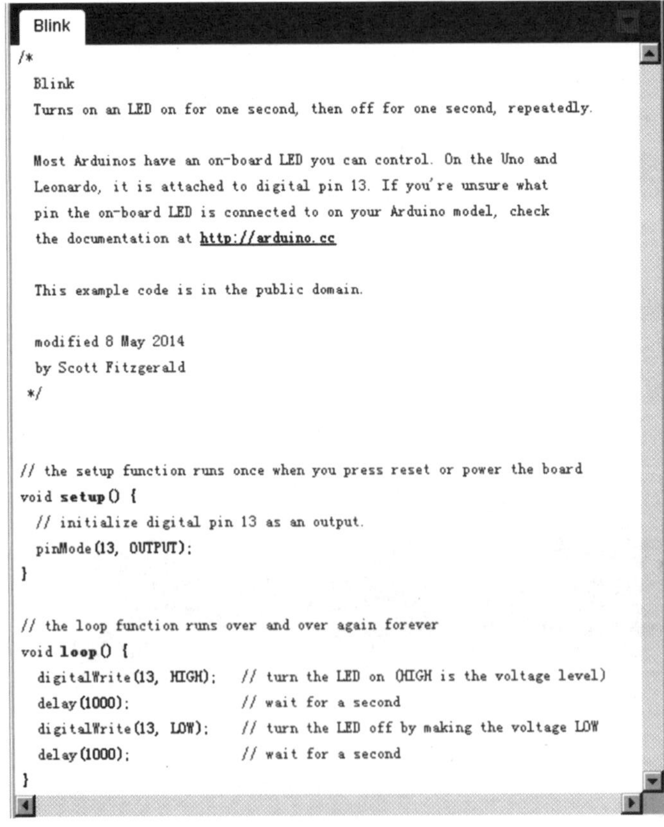

```
Blink
/*
  Blink
  Turns on an LED on for one second, then off for one second, repeatedly.

  Most Arduinos have an on-board LED you can control. On the Uno and
  Leonardo, it is attached to digital pin 13. If you're unsure what
  pin the on-board LED is connected to on your Arduino model, check
  the documentation at http://arduino.cc

  This example code is in the public domain.

  modified 8 May 2014
  by Scott Fitzgerald
 */


// the setup function runs once when you press reset or power the board
void setup() {
  // initialize digital pin 13 as an output.
  pinMode(13, OUTPUT);
}

// the loop function runs over and over again forever
void loop() {
  digitalWrite(13, HIGH);   // turn the LED on (HIGH is the voltage level)
  delay(1000);              // wait for a second
  digitalWrite(13, LOW);    // turn the LED off by making the voltage LOW
  delay(1000);              // wait for a second
}
```

图 1.30　blink 示例程序源代码

本例中 setup 函数为：pinMode(13，OUTPUT)；语句告诉 Arduino 将数字引脚设为输出引脚，后面在 loop 函数中将会用到。loop 函数会不停地执行其内部的语句，这里包括了两个函数：digitalWrite 和 delay。delay 是一个延时函数，该函数告诉处理器等待，delay(1000)则是指示处理器等待 1000ms 而不做任何操作。digitalWrite 则是向某引脚上输出特定电压，这里 digitalWrite(13，LOW)是向 13 引脚上输出高电平，而 digitalWrite(13，HIGH)是向 13 引脚上输出低电平。由于数字 13 引脚连接了标示为“L”的 LED 灯，因而 blink.ino 程序代码的功能就是反复点亮和熄灭该 LED 灯。Arduino 将大多数常用的单片机硬件操作封装在此类函数当中，设计人员直接调用或作少量修改即可使用。

在程序编辑区内，注释、函数、数值和常量等皆以不同颜色显示，方便程序的编写和修改。点击“常用工具栏”上的“编译”按钮，IDE 将调用相应的编辑工具对当前的程序进行编译，并给出可能的错误等提示信息(见图 1.31)。如果编译结果提示没有错误，就可以将程序下载到 Arduino 板了。点击“常用工具栏”当中的下载按钮，IDE 会首先对当前程序进行编译，如果没有错误，则会启动相应的连接端口将编译后的二进制代码下载到 Arduino 的 atmega 芯片中存储起来，信息提示区会报告下载的结果(见图 1.32)。处理器会执行这些指令，显示出相应的效果。这里我们会立即观察到 Arduino 板上标示为“L”的 LED 灯不断闪烁。

图 1.31 编译完成提示信息

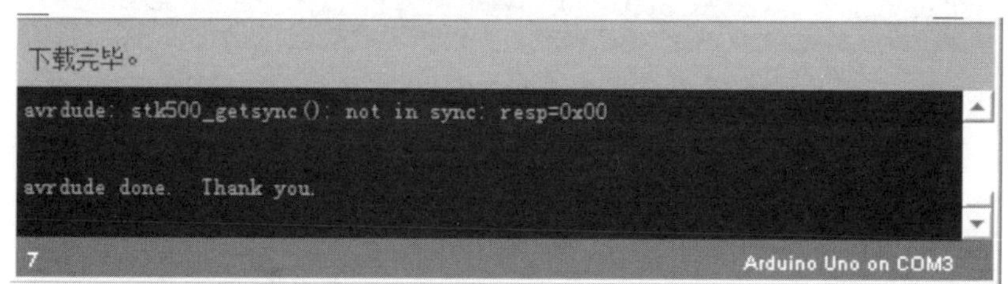

图 1.32 下载结果提示信息

3. 加载第三方库

我们知道 Arduino 是一款便捷灵活、方便上手、非常流行的开源平台，有着众多的开发者和用户，对于非专业的开发者来说，开发简单的项目不会有太大问题，难度较大的项目则会困难重重。如果有了库(分为平台自带库和第三方库)，也就是有了一系列跟项目相关且已经编写好的文件，开发者只要知道这些文件的用途及如何用，然后把这些文件添加到编译器的库目录中，就可以独立且很轻松地实现很多项目的开发，而这些库在互联网上有很多且供开发者免费下载，这里推荐一个网站 https://github.com。

添加第三方库大致有以下三种方法：一是通过 Manage Libraries 来添加第三方库。首先找到 Manage Libraries 菜单如图 1.33 所示，然后在图 1.34 的右上角输入所要添加库的关键字，就会把搜索到的相关信息全部列出来，这时可以点击所需要添加的库，如图 1.35 所示，然后点击“INSTALL”即可。二是通过压缩包来添加第三方库。首先从网站上找到并下载好项目所需要的第三方库的压缩包，然后按图 1.36 和图 1.37 的步骤进行操作即可。三是先从网站上找到并下载好项目所需的第三方库的文件，然后把这些文件拷贝到 Arduino 编译器的 Libraries 目录中，如图 1.38 所示。

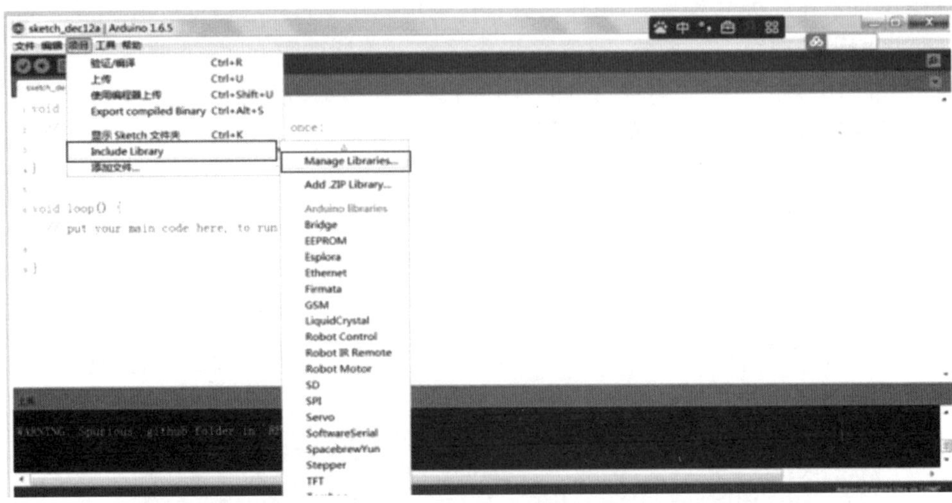

图 1.33　Manage Libraries 菜单

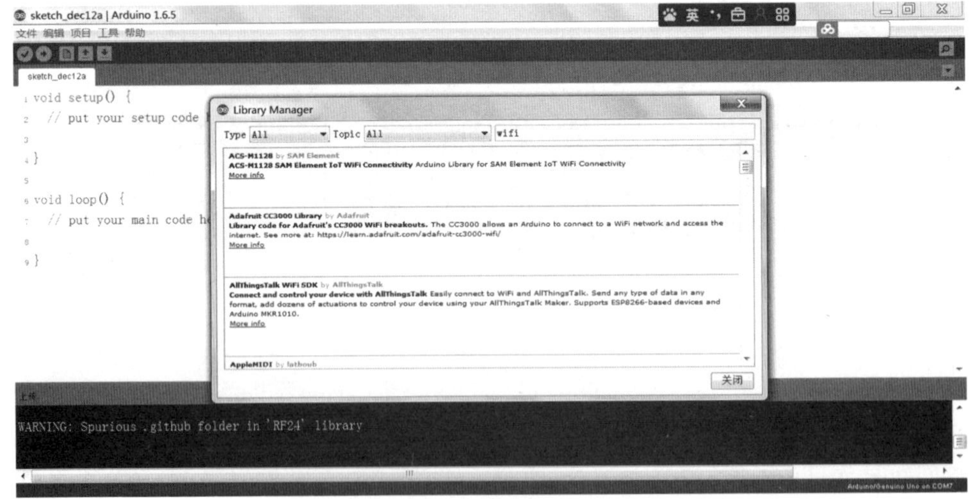

图 1.34　第三方库查找

方法一:通过 Manage Libraries 来添加第三方库。

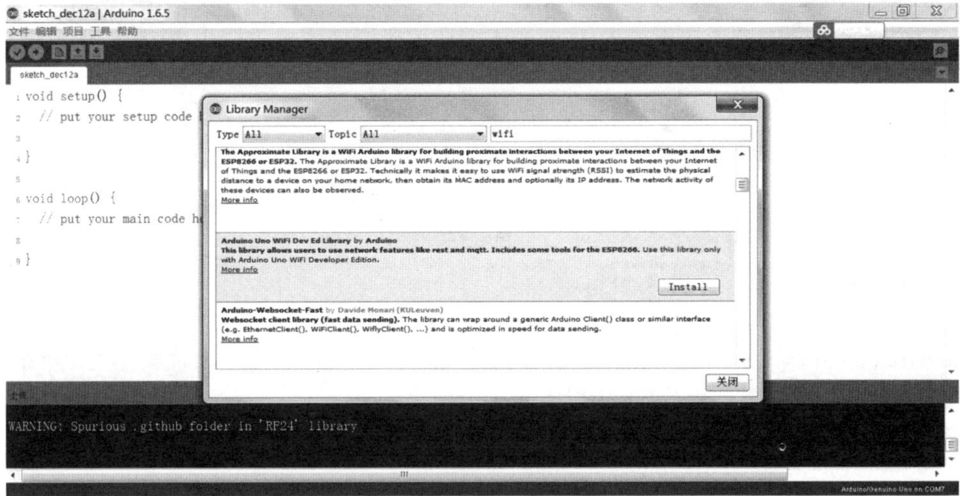

图 1.35　第三方库安装

方法二:通过压缩包来添加第三方库。

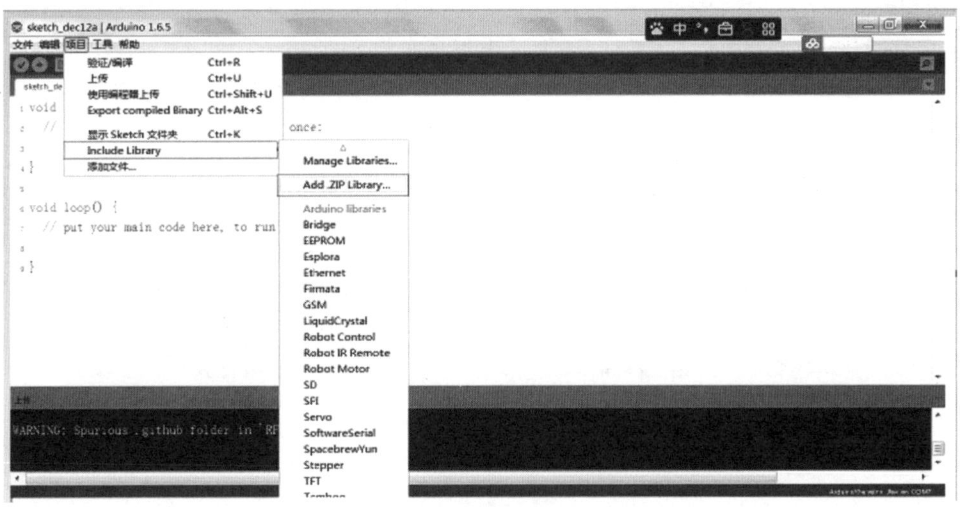

图 1.36　添加压缩包菜单

图 1.37　压缩包添加

方法三:添加到编译器的库(libraries)目录。

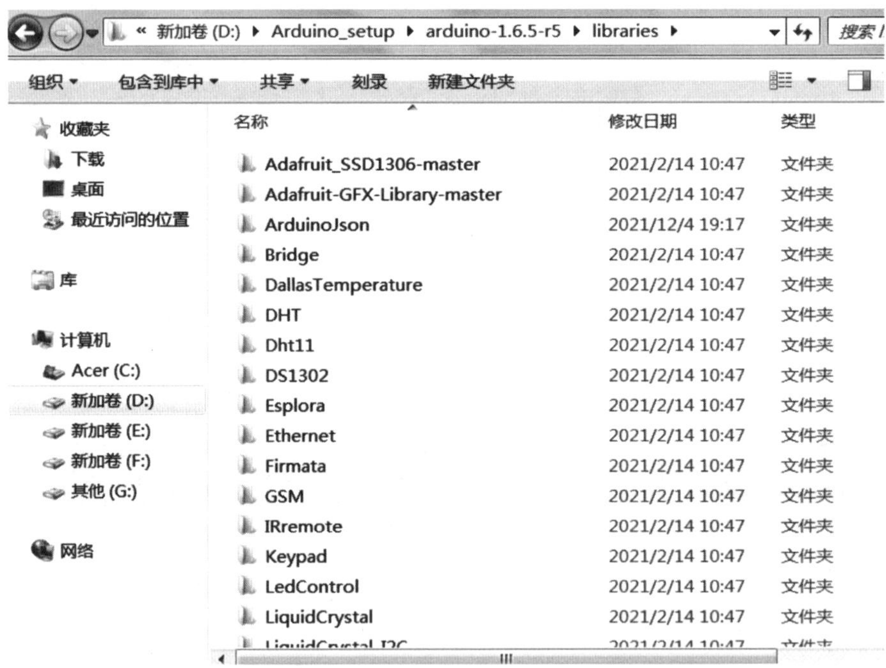

图 1.38　编译器 libraries 的路径

第 2 章　Arduino 控制器的仿真软件

Proteus 软件是由英国 Labcenter Electronics 公司开发的 EDA 工具软件，由 ISIS 和 ARES 两个软件构成，其中 ISIS 是一款便携式的电子系统仿真平台软件，ARES 是一款高级的布线编辑软件。在 Proteus 中，从原理图设计、单片机编程、系统仿真到 PCB 设计一气呵成，真正实现了从概念到产品的完整设计。

2.1　Proteus 仿真软件介绍

Proteus
仿真软件

2.1.1　Proteus 软件的安装与运行

Proteus 软件对计算机的配置要求不高，一般的计算机上都能安装，安装结束后，在桌面的“开始”程序菜单中，单击运行原理图(ISIS 7 Professional)进入运行界面，如图 2.1 所示。

图 2.1　ISIS7 Professional 运行界面

Proteus ISIS 的工作界面是一种标准的 Windows 界面，窗口包括工具栏、绘图工具栏、对象旋转控制按钮等，如图 2.2 所示。

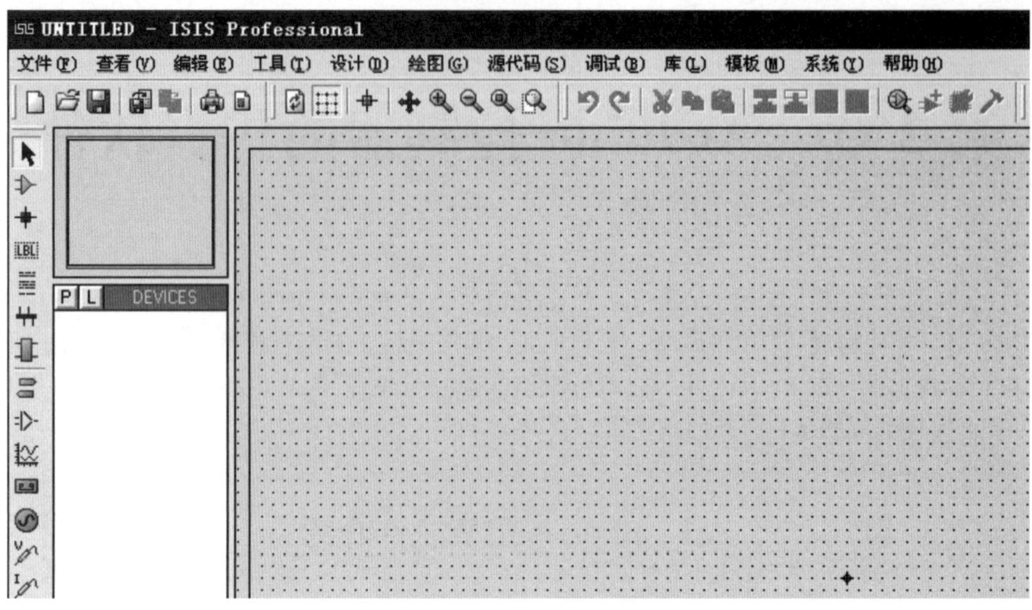

图 2.2 Proteus ISIS 的工作界面

2.1.2 Proteus ISIS 编辑环境简介

1. 工具箱

Proteus 工具箱中各图标的具体功能如图 2.3 所示。

2. 主工具栏按钮和仿真工具栏按钮

主工具栏按钮和仿真工具栏按钮的具体功能如图 2.4 所示。

2.1.3 Proteus ISIS 编辑环境

对整个 Proteus ISIS 开发界面有了初步的了解之后，下面将以新建设计文件为例来说明编辑环境的使用。

1. 文件的新建和保存

在 Proteus ISIS 窗口中，选择“文件”→“新建设计”菜单项，弹出如图 2.5 所示对话框。选择合适的模板(通常选择 DEFAULT 模板)，单击“确定”按钮，即可完成新设计文件的创建。

选择“文件”→“保存设计”菜单项，将弹出如图 2.6 所示对话框。

在“保存”下拉列表框中选择目标存放路径，并在“文件名”框中输入该设计的文档名称。同时，保存文件的默认类型为“Design File”，即文档自动加扩展名“.DSN”，单击“保存”按钮即可。

Proteus ISIS 有友好的用户界面及强大的原理图编辑功能，在图形编辑窗口内就可以完成电路原理图的编辑和绘制。

2. 电路原理图的设计方法和步骤

(1)创建一个新的设计文件。

(2)设置工作环境。

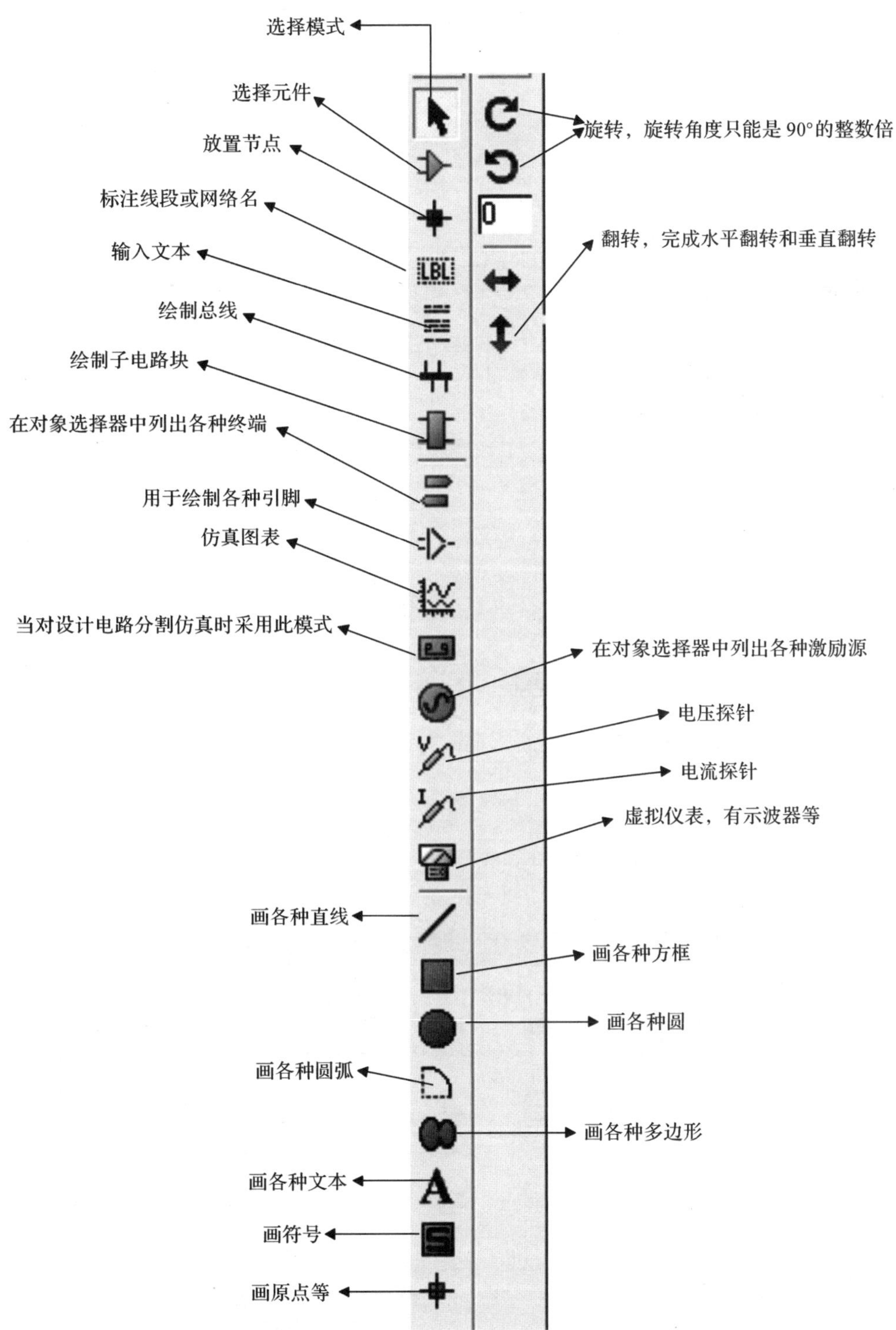

选择模式
选择元件
放置节点
标注线段或网络名
输入文本
绘制总线
绘制子电路块
在对象选择器中列出各种终端
用于绘制各种引脚
仿真图表
当对设计电路分割仿真时采用此模式
旋转，旋转角度只能是90°的整数倍
翻转，完成水平翻转和垂直翻转
在对象选择器中列出各种激励源
电压探针
电流探针
虚拟仪表，有示波器等
画各种直线
画各种方框
画各种圆
画各种圆弧
画各种多边形
画各种文本
画符号
画原点等

图 2.3　工具箱图标功能

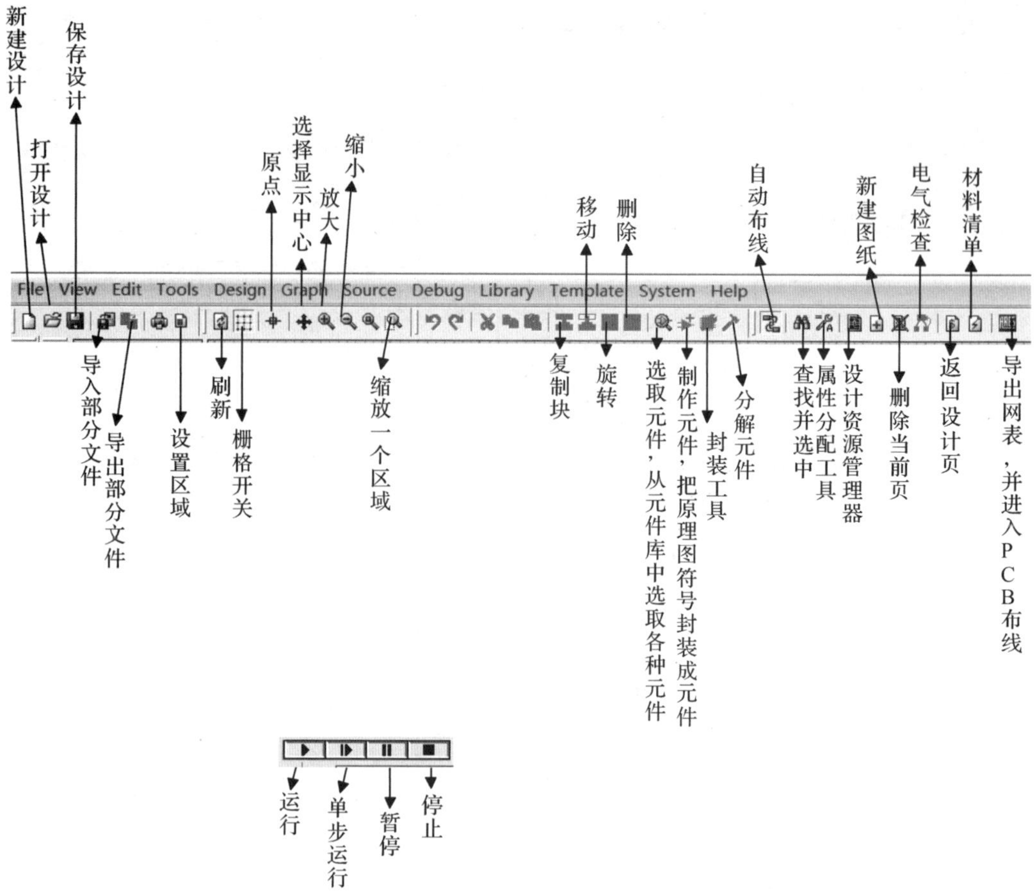

新建设计
打开设计
保存设计
原点
选择显示中心
放大
缩小
移动
删除
自动布线
新建图纸
电气检查
材料清单
File View Edit Tools Design Graph Source Debug Library Template System Help
导入部分文件
导出部分文件
设置区域
刷新
栅格开关
缩放一个区域
复制块
旋转
选取元件，从元件库中选取各种元件
制作元件，把原理图符号封装成元件
封装工具
分解元件
查找并选中
属性分配工具
设计资源管理器
删除当前页
返回设计页
导出网表，并进入PCB布线
运行
单步运行
暂停
停止

图 2.4　主工具栏和仿真工具栏功能

新建设计
为新建的设计选择一个模板：
DEFAULT
Landscape A0
Landscape A1
Landscape A2
Landscape A3
Landscape A4
Landscape US A
Landscape US B
Landscape US C
Portrait A0
Portrait A1
Portrait A2
Portrait A3
Portrait A4
Portrait US A
Portrait US B
Portrait US C
C:\Program Files\Labcenter Electronics\Proteus 7 Professional\TEMPLATES\DEFAULT.DTF
确定(O)
取消(C)

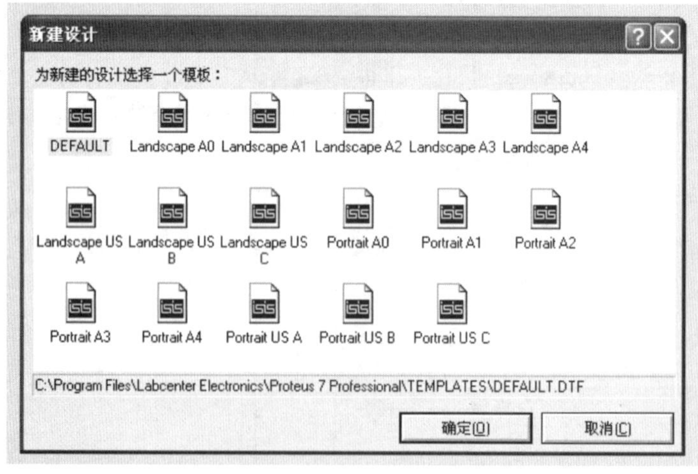

图 2.5　建立新的设计文件

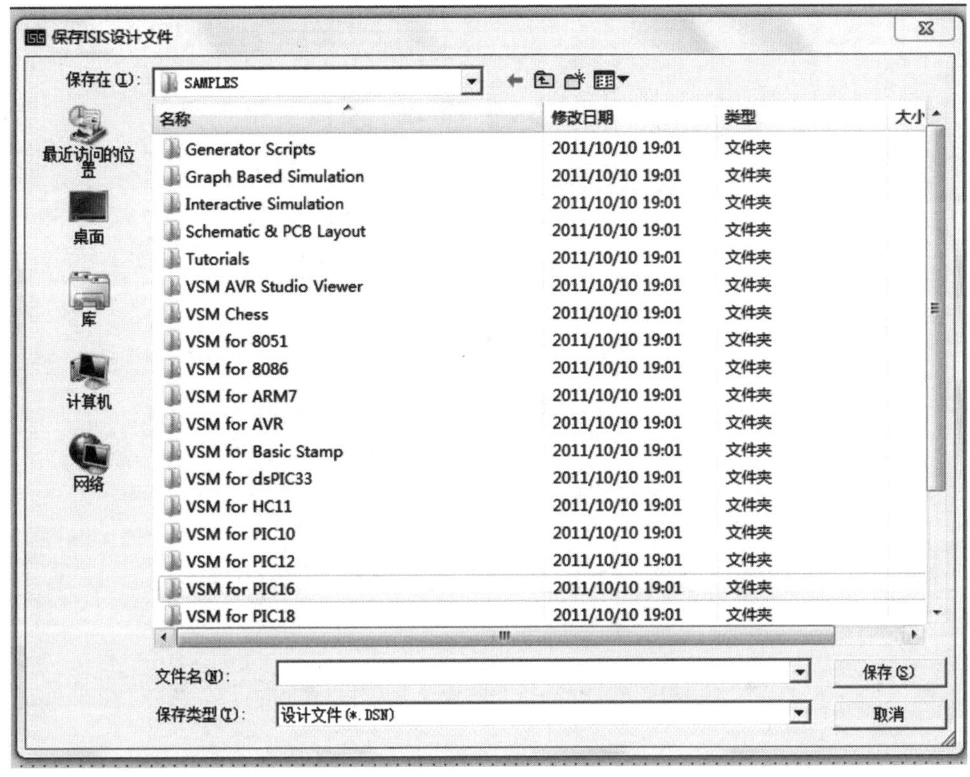

图 2.6　保存 Proteus ISIS 设计文件

(3)选择元器件。

①将 Proteus ISIS 设置为元件模式,选中元件图标(1)后,单击对象选择器中的(2)按钮,将弹出“元件库浏览”对话框,如图 2.7 所示:

(2)在“关键字”文本框中输入一个或多个关键字(电阻输入 res,二极管输入 diode,发光二极管输入 led,电容输入 cap,电感输入 inductor,变压器输入 transform,电源输入 simu 等),如在图 2.8 中输入 328p,则在结果区域显示出元件库中元件名或元件描述中带有“328p”的元件。或使用元器件类列表和元器件子类列表,滤掉不希望出现的元器件,定位要查找的元器件,并且将元器件添加到设计中。

(3)在元器件列表区域中双击“元器件”(或选中之后再点击右下角的“OK”按钮),即可将元器件添加到设计中。

(4)当完成元器件的提取后,单击“确定”按钮关闭对话框,并返回 Proteus ISIS。

3. 放置元器件

(1)用鼠标指向选中的元器件,并且点击。

(2)在编辑窗口中希望元器件出现的位置双击,即可放置元器件(见图 2.9)。

(3)根据需要,使用旋转及镜像按钮确定元器件的方位。

4. 删除元器件

用鼠标指向选中的元器件,单击右键可以删除该元器件,同时删除该对象的所有连线。

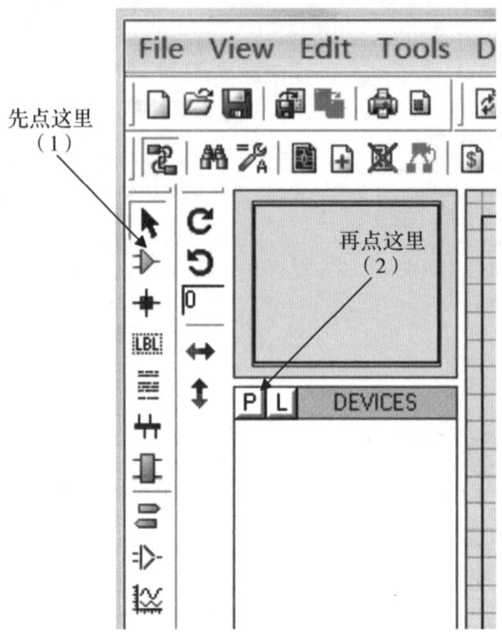

图 2.7　Proteus ISIS 设置为元件模式

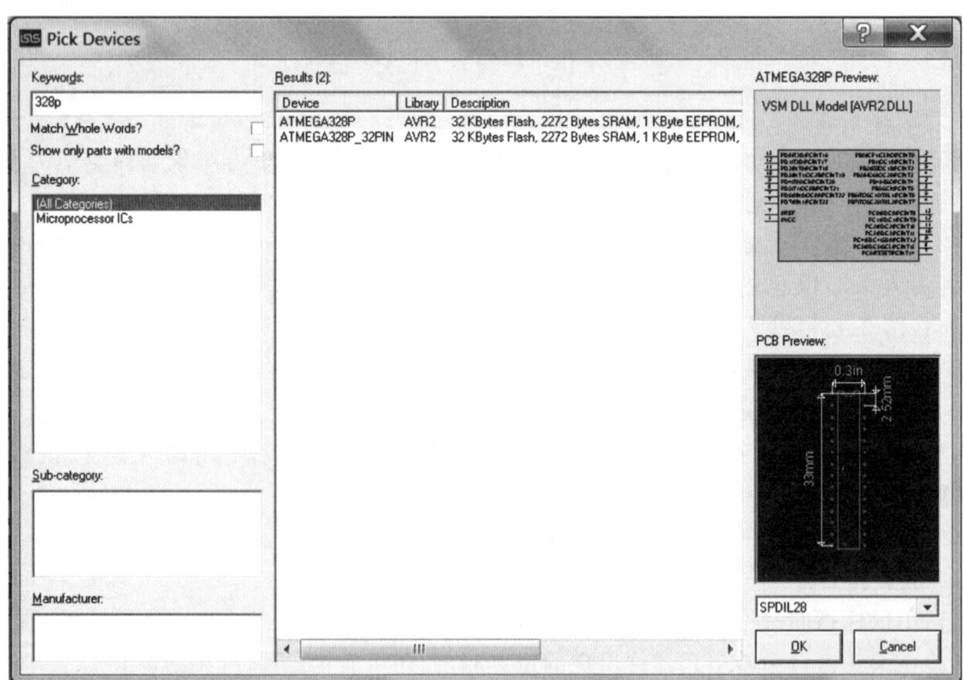

图 2.8　“元件库浏览”对话框

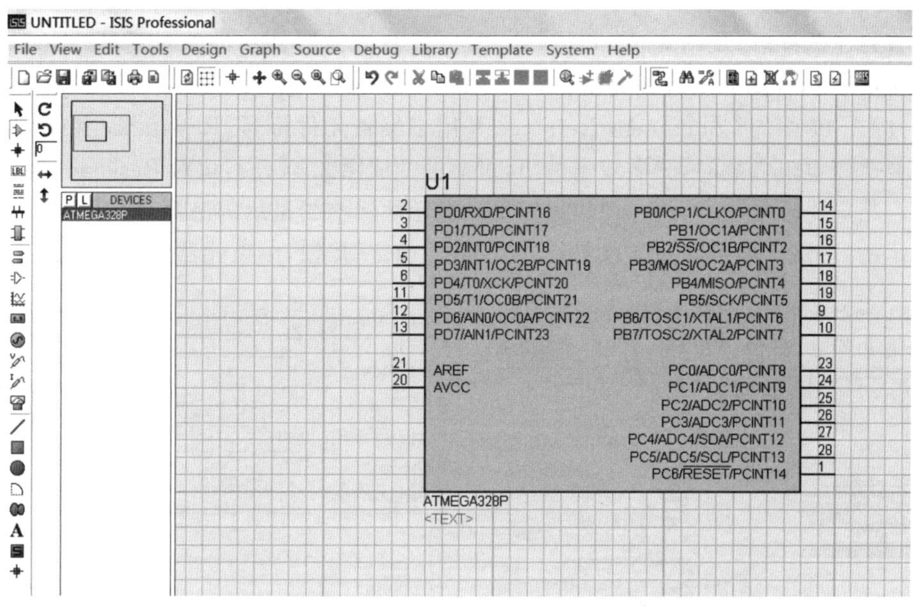

图 2.9 放置元器件

5. 拖动元器件

拖动元器件可通过以下两种方法实现:①当元器件被选中后,用鼠标指向选中的元器件,再用左键拖动该元器件到希望放置的位置。②当执行块对对象拖动时,可先单击左键,然后按住不放来选中块,然后整体拖动。

6. 放置电源、地(终端)

放置电源操作步骤为:单击模式工具栏中的“终端”按钮(见图 2.10),在 ISIS 对象选择器中单击“POWER”,再在编辑区要放置电源的位置单击“完成”。放置地及其他终端的操作与正电源类似。

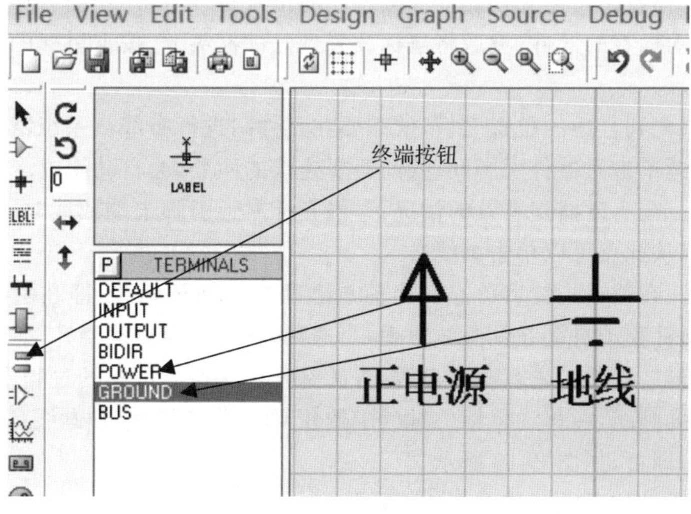

图 2.10 放置元器件到图形编辑窗口

7. 编辑元器件

放置好元器件后，双击相应的元器件，即可打开该元器件的编辑对话框。下面以电阻(R)的编辑为例，介绍元器件的编辑。

(1)图 2.11 中的 Component Refrence 是用于编辑元件标号，Resistance 用于编辑元件值。需要改变电阻参数时，只需双击电阻，对话框变成图 2.11(b)，可对 Resistance 中的值进行修改。当电路较复杂时，用户可根据需要设置元件标签的显示与隐藏，此时用户只需点击图中显示的“隐藏”，即可隐藏元件的标签。单击“确定”按钮，结束元器件的编辑。

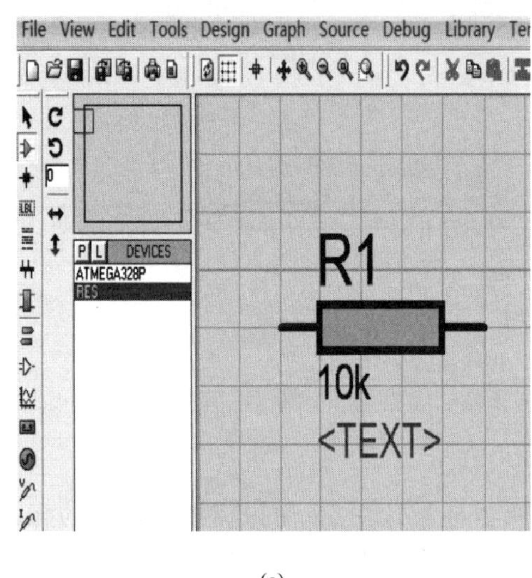

(a)

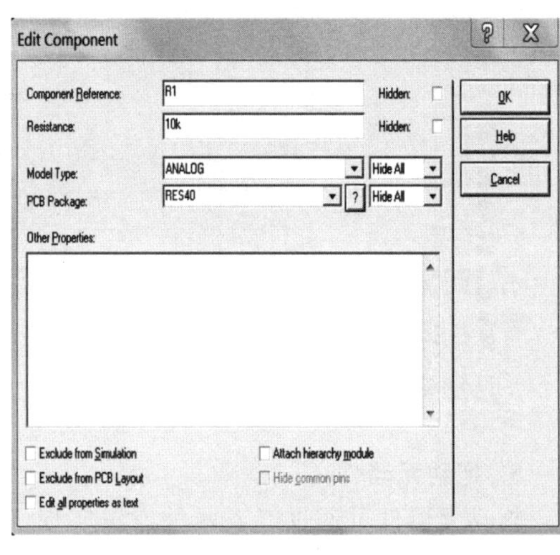

(b)

图 2.11　编辑元件对话框

(2)连续编辑多个对象的标签。点击 图标后，依次用鼠标左键单击各个标签，都将弹出一个如图 2.12 所示的对话框。其中，“Lable”选项用于设置对象标签的名称和位置。

(3)移动元件标签。当需要在元件标签所在的位置布线时，用户需要移动元件标签。方法是选中所需移动标签的元件，然后将鼠标放置到元件标签上，按下鼠标的左键移动元件标签，如图 2.13 所示。

(4)将元件放置到合适的位置之后，就需要在元件间进行布线。系统默认实时捕捉和自动布线有效。相继单击元器件引脚间、线间等要连线的两处，会自动生成连线。

①实时捕捉。在实时捕捉有效的情况下，当光标靠近引脚末端或线时，该处会自动感应出一个“×”，表示从此点可以单击画线。

②自动布线。在前一指针着落点和当前点之间会自动预画线，即在引脚末端选定第一个画线点后，随指针移动自动在预画线出现，当遇到障碍时，会自动绕开，如图 2.14 所示。

③手工调整形。要手工进行画直角线，方法是直接在移动鼠标的过程中单击鼠标左键。若要手工任意角度画线，在移动鼠标的过程中按住 Ctrl 移动指针，预画线自动随指针成任意角度，确定后单击即可，如图 2.15 所示。

发光二极管驱动仿真电路如图 2.16 所示。

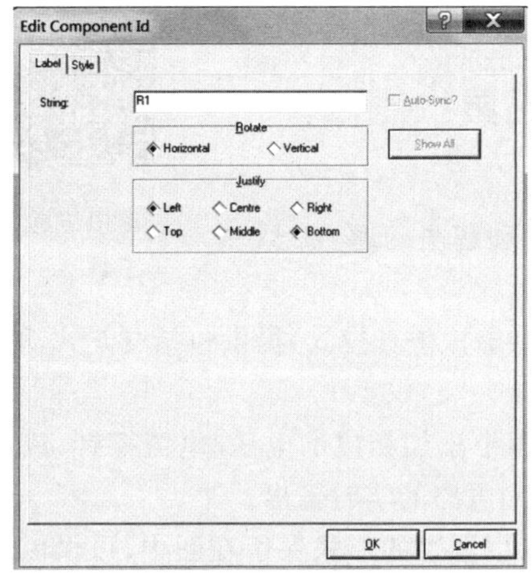

图 2.12　编辑元件标签的对话框

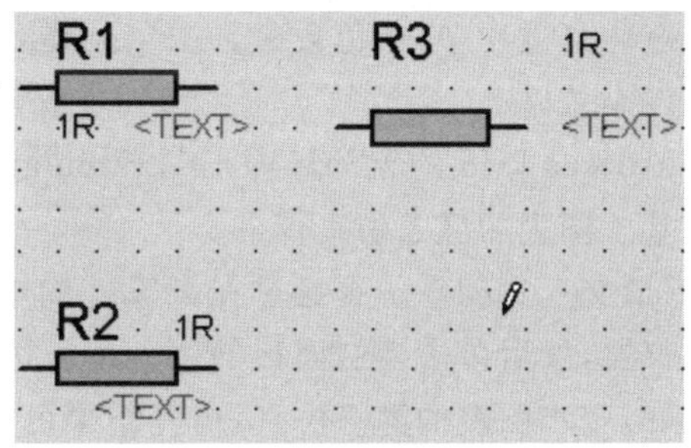

图 2.13　编辑窗口布线

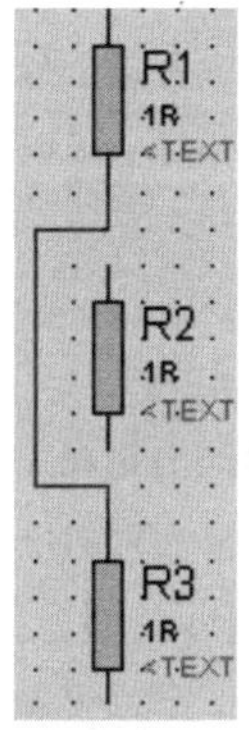

图 2.14　自动画线绕开电阻 R_2

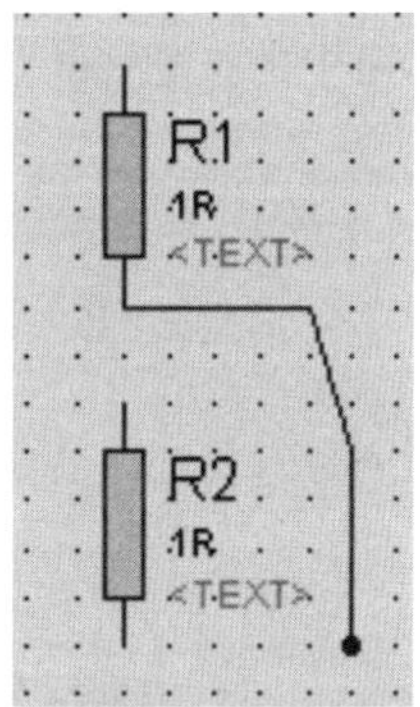

图 2.15　画线中任意角度画线

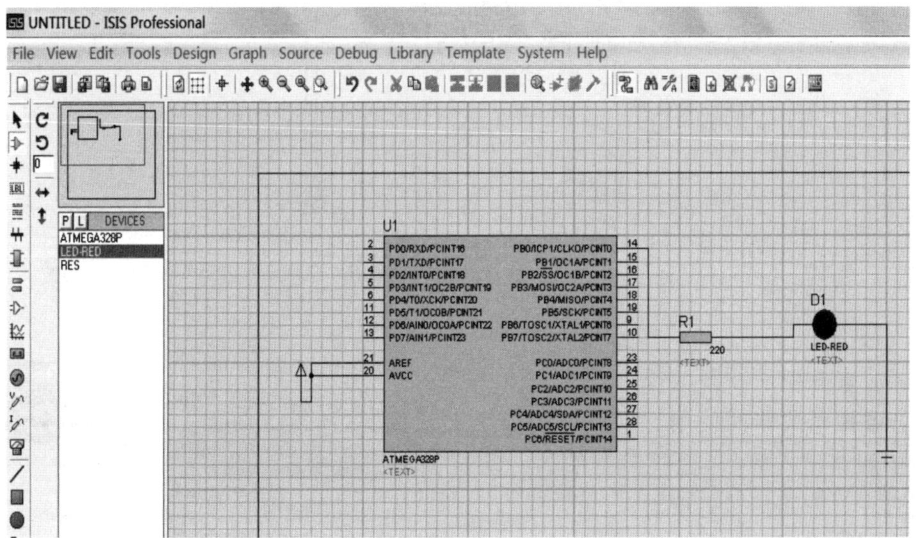

图 2.16　发光二极管驱动仿真电路

2.2 Proteus的虚拟仿真工具

虚拟仿真工具

在仿真过程中，难免会碰到很多问题，为了查找和解决问题，需要一些测试设备。

Proteus ISIS的VSM(Virtual Simulation Mode，虚拟仿真模式)提供包括交互式动态仿真和基于图表的静态仿真仪器。

(1)交互式动态仿真通过在编辑好的电路原理图中添加相应的电压/电流探针，或放置虚拟仪器，然后单击控制面板的仿真运行按钮，即可测电路的实时输出。

(2)基于图表的静态仿真，仿真结果可随时刷新，以图表的形式保留在图中，可供以后分析或随图纸一起打印输出。

2.2.1 虚拟仪器

单击工具箱中的按钮，对象选择窗口列出所有的虚拟仪器名称，具体功能如图2.17所示。

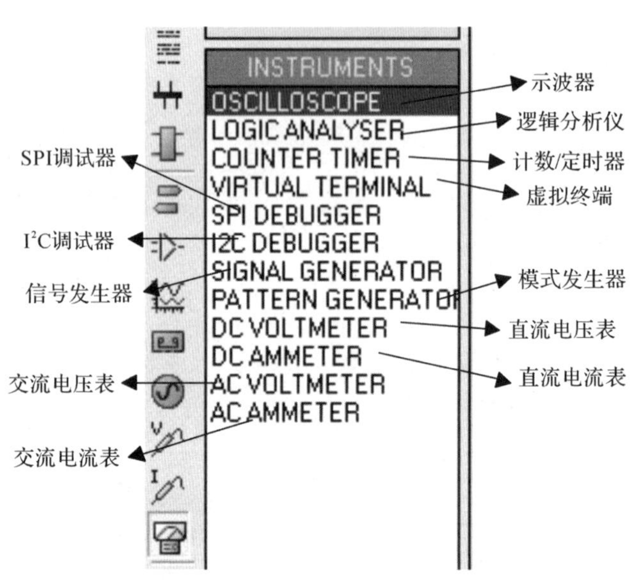

图2.17 虚拟仪器列表

1. 示波器

(1) 放置虚拟示波器，如图2.18所示。

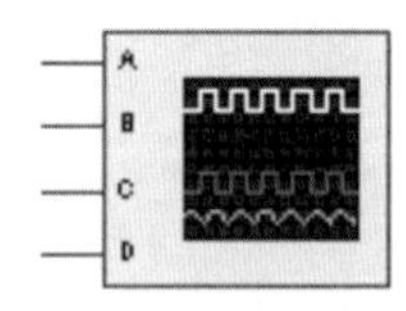

图2.18 虚拟示波器

(2) 虚拟示波器的使用。示波器的四个接线端A、B、C、D可以分别接四路输入信号，这些信号的另一端应接地。该虚拟示波器能同时观看四路信号的波形。

(3)按仿真运行进行仿真，出现如图2.19所示的示波器运行界面。

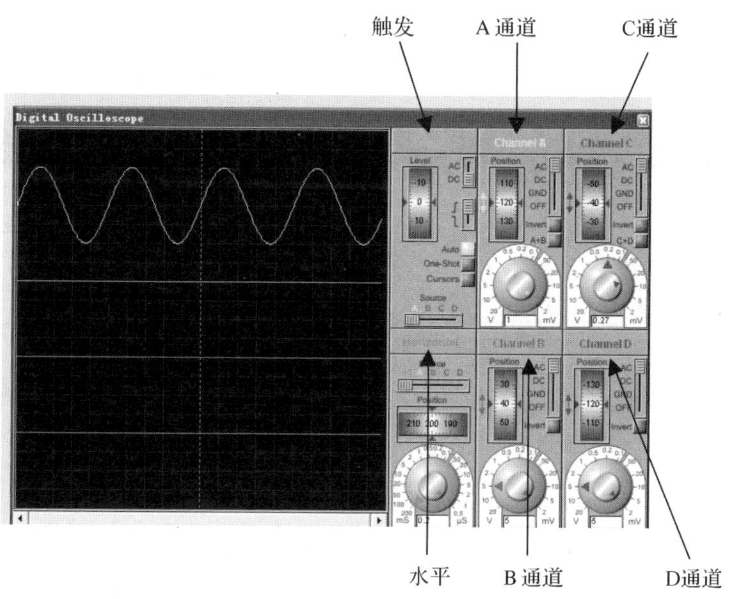

图 2.19 仿真运行后的示波器界面

(4)调节示波器模块,如图 2.19 所示。

①通道区:虚拟示波器共有四个通道区,每个通道的操作功能都一样,主要有两个旋钮,"Position"用来调整波形的垂直位移;"Position"下面的旋钮用来调整波形的幅值档位,内旋钮是微调,外旋钮是粗调。

②触发区:"Level"用来调节水平坐标。"Auto"一般为粉红色选中状态。"Cursors"光标按钮选中后,可以在示波器界面标注横坐标值和纵坐标值,从而读出波形的电压和周期。

③水平区:"Position"用来调整波形的左右位移;"Position"下面的旋钮用来调整扫描频率档位。

2. 电压表和电流表

Proteus VSM 提供了四种电表,它们的符号及功能如图 2.20 所示。

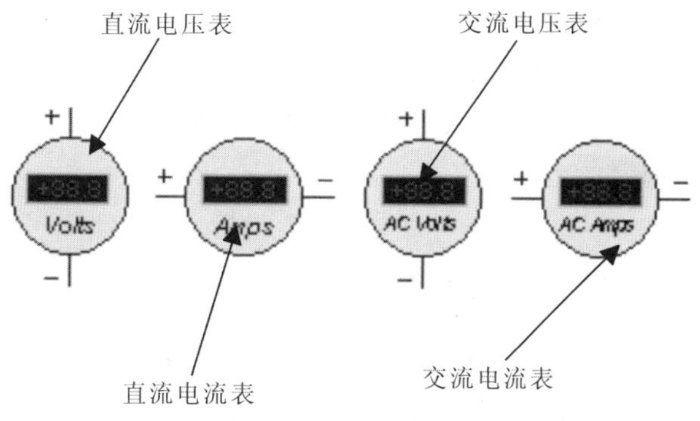

图 2.20 各种电表的原理图符号

下面进行属性参数设置。

双击任一电表的原理图符号，出现其“属性设置”对话框，如图 2.21 所示是直流电压表的属性设置对话框。

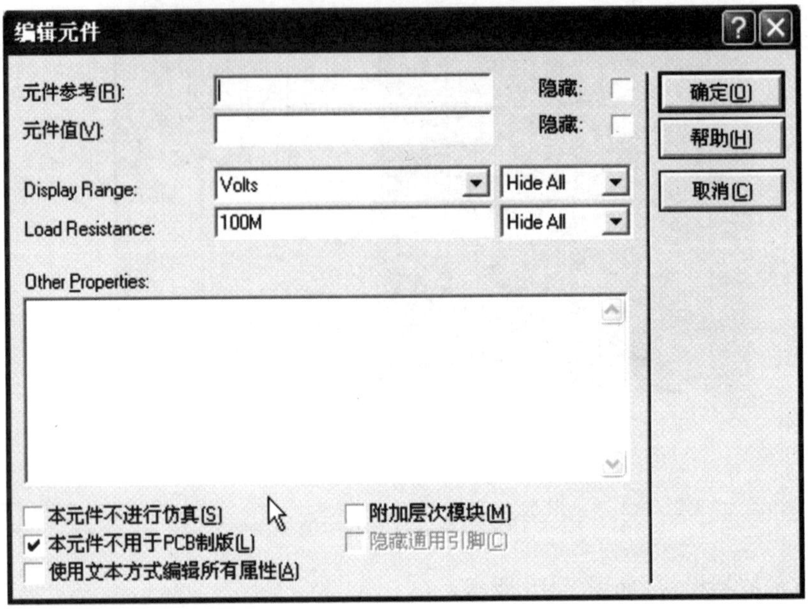

图 2.21　直流电压表的“属性设置”对话框

在“元件参考”项给该直流电压命名，“元件值”不填，在显示范围“Display Range”中有四个选项，用来设置电压是伏、毫伏或微伏，缺省值是伏。

2.2.2　图表仿真

Proteus VSM 的虚拟仪器为用户提供交互动态仿真功能，并且还提供一种静态的图表仿真功能，即图表仿真，图表仿真可以得到整个电路分析结果，并且可以直观地对仿真结果进行分析。同时，图表分析能够在仿真过程中放大一些特别的部分，进行一些细节上的分析，如交流小信号分析和噪声分析等。

图表仿真功能的实现包含以下步骤：

(1)在电路中对被测点加电压探针，或在被测支路加电流探针。

(2)选择放置波形的类别，并在原理图中拖出用于生成仿真波形的图表框。

(3)在图表框中添加探针。

(4)设置图表属性

(5)单击图表仿真按钮生成所加探针对应的波形。

(6)存盘及打印输出。

1. 放置探针

基于图表的电路仿真就是探针记录电路的波形，最后显示在图表中。单击“电压探针”按钮，将在浏览窗口中显示电压探针的外观。可以使用旋转按钮调整探针的方向，再在编辑窗口将电压探针放置到合适的位置。用鼠标右键单击电压探针，此时，电压探针呈现高亮显示，再用鼠标左键单击该探针，弹出“电压探针编辑”对话框，在此可编辑探针的名称，如图 2.22 所示。

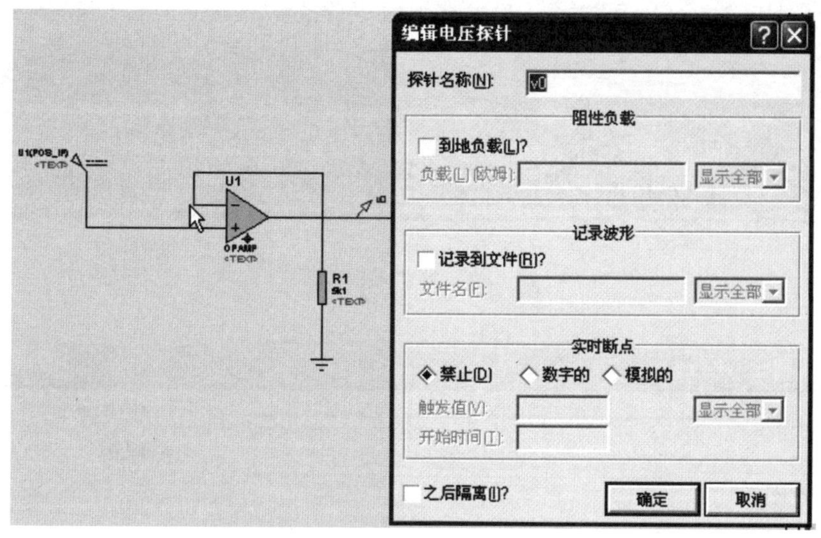

图 2.22 设置探针属性

2. 添加设置仿真图表

在 Proteus ISIS 左侧工具箱中选择“图形” 按钮，在对象选择区列出了所有的波形类别，如图 2.23 所示。

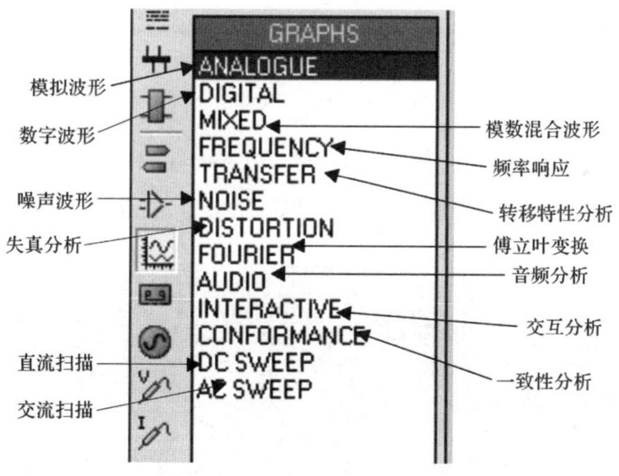

图 2.23 仿真波形选择

如选择“ANALOGUE”按钮，在编辑窗口放置图表的位置按下鼠标左键，并拖动鼠标，此时将出现矩形图表轮廓，将图表拖到合适的大小，松开鼠标左键，将会出现如图 2.24 的图表。

(1)在图表中添加探针。选择主菜单“绘图”→“添加图线”，打开如图 2.25 所示的“轨迹添加”对话框。

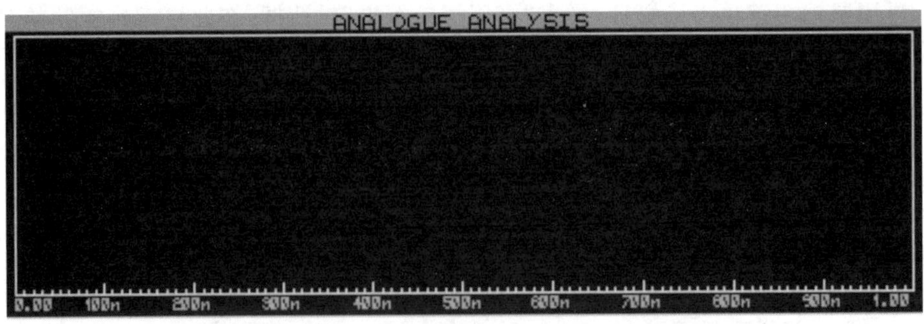

图 2.24　拖出的图表框

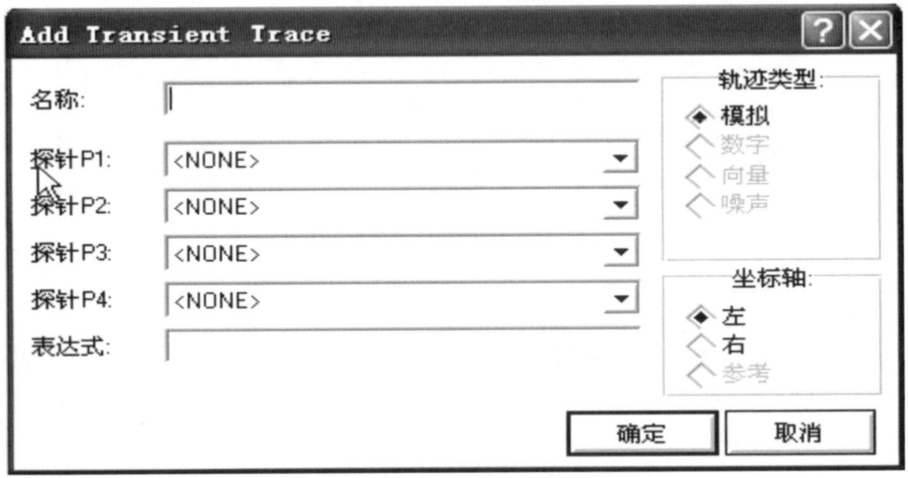

图 2.25　添加轨迹对话框

在图 2.25 中，选择轨迹类型下面的“模拟”，单击“探针 P1”的下拉箭头，出现所有的探针名称。选中所需的探针；选中图表分析框(见图 2.26)，此时矩形框呈高亮显示。

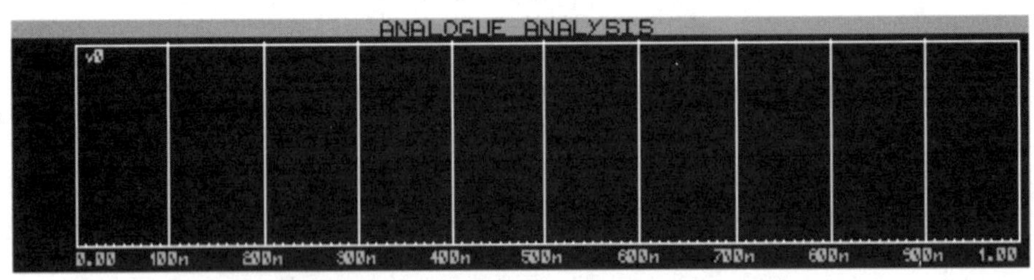

图 2.26　添加探针后的图表框

选中图表分析框，此时矩形呈高亮显示，用鼠标左键单击图表分析框，弹出如图 2.27 所示的对话框。在此设置标题、仿真起始时间、仿真终止时间等。

电路仿真。单击“绘图”→“仿真图表”菜单命令，启动图表仿真，如图 2.28 所示。

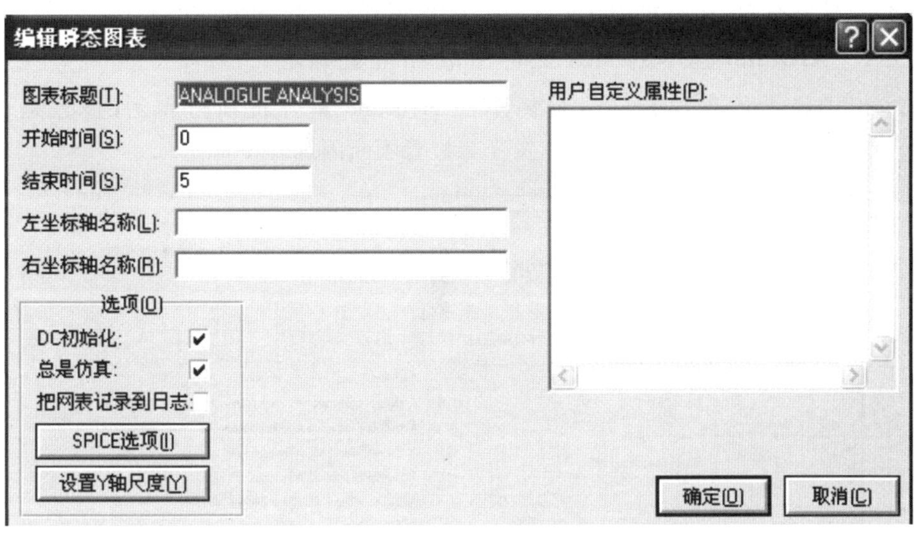

图 2.27　“编辑图形属性”对话框

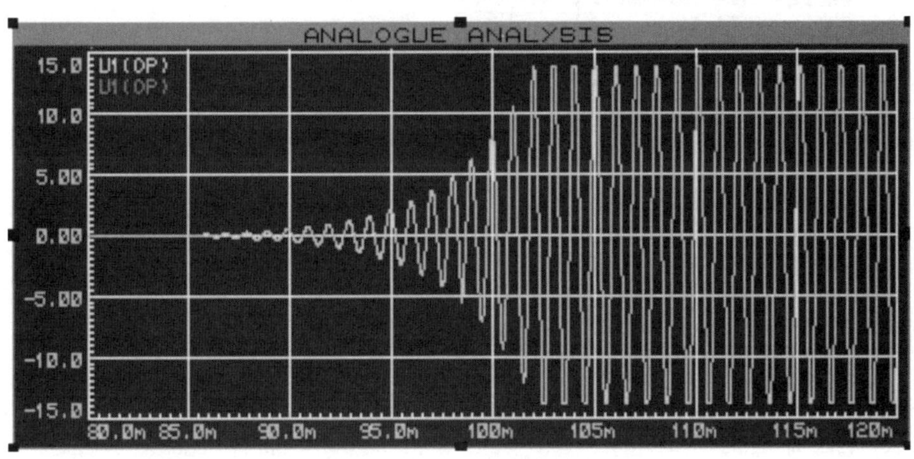

图 2.28　仿真波形

2.3　Arduino 单片机与 Proteus 仿真的联调

联调

Arduino 单片机的 Proteus 仿真的基本过程是：软件在 Arduino IDE 编程软件里编写，硬件在 Proteus ISIS 软件模块里通过绘制电气原理图建立。程序编写完后，选择 Arduino IDE 编程界面菜单栏的 Tools 菜单项，再选择“Board”→“Arduino Duemilanove w/ ATmega328”，也可以选择“Board”→“Arduino Uno”，然后点击“编译”按钮，生成 Hex 文件(二进制机器码文件)。有了 Hex 文件，接着转到 Proteus 电气原理图，双击原理图中型号为 ATMEGA328P 的单片机芯片，出现对话框，通过文件目录浏览的方法确定 Hex 文件存储位置，并进行一些单片机芯片工作状态参数的设置，最后点击 Proteus ISIS 软件界面左下方的

播放按钮，就可以看到 Arduino 单片机在 Proteus 仿真环境中的运行效果了。

2.3.1 Arduino 程序的 Hex 文件生成和位置确定

图 2.29 中显示的程序是一个最简单的 Arduino 单片机项目实例，任务是让连在 Arduino 单片机数字端口 13 上的 LED 发光二极管不断闪烁。

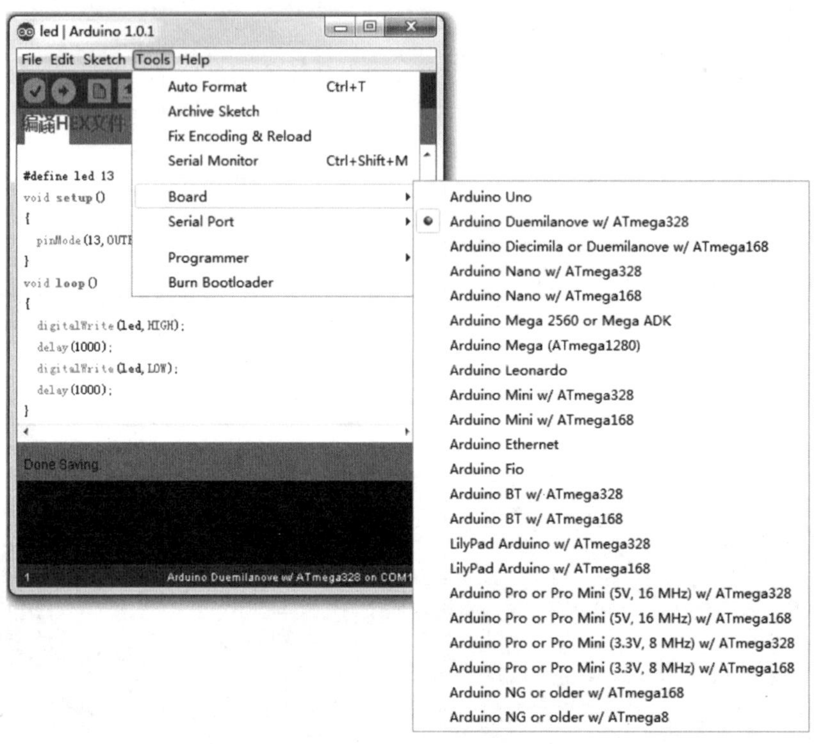

图 2.29 Arduino 程序的编译

Arduino 编译之后，首先要在 D 盘建立一个文件夹，用来专门放置 Hex 文件，文件名可以随便取，本书命名为 Arduino_Hex，然后点击 Arduino 软件界面菜单栏的“File”→“Preferences”，打开对话框，如图 2.30 所示。把 Show verbose output during 的两个参数项打钩，双击“preferences.txt”文件，找到文件所在位置，并用记事本打开文件。这时要点击 Arduino 界面 preferences 对话框下方的“OK”按钮，接着关掉 Arduino IDE 编程界面。最后，在刚才打开的 preferences 文档的最后一行编辑加入 build.path=d:\Arduino_Hex，保存文档。这样以后您再编译 Arduino 程序，就可以在 d:\Arduino_Hex 中，看到编译的 Hex 目标文件了。

2.3.2 Proteus 原理图中的 Atmel328P 芯片中 Hex 文件加载和工作参数设置

在 Proteus 软件里绘制 Arduino 单片机控制 LED 闪烁的原理图，如图 2.31 所示。双击图 2.31 中的 Proteus 电气原理图中 ATMEGA328P 单片机，出现“编辑”对话框，点击“Program File”参数项的“文件夹”按钮，确定 Hex 文件的位置。到 d:\Arduino_Hex 文件夹中可以找到当前程序的 Hex 文件。上个程序的 Hex 文件会被新编译的 Hex 文件“冲掉”，所以您每次仿真项目时，都要编译一次 Arduino 程序。然后把“CLKDIV8(Divide clock by

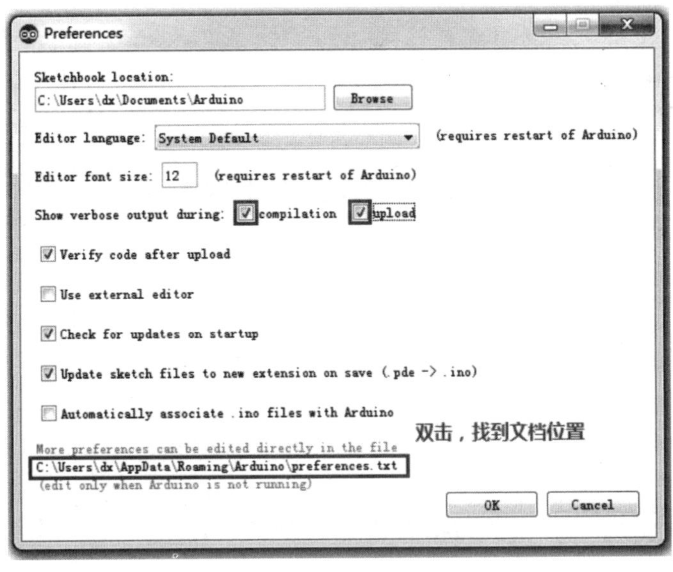

图 2.30　Arduino 的 Preference 参数设置

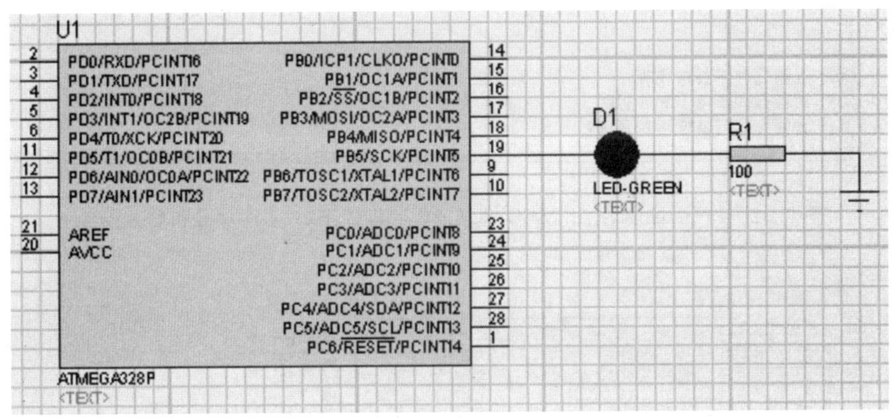

图 2.31　Arduino 项目实例 LED 闪烁的硬件原理

8)”参数项修改为“Unprogrammed”；把“CKSEL Fuses”参数项修改为“(1111)Ext. Crystal 8.0MHz”；把 Advanced Properties 的 Clock Frequency 参数项设为 16MHz，如图 2.32所示。最后，点击“编辑”对话框的“确定”按钮，就可以仿真了。

在使用控制板的时候，控制板上的管脚与仿真软件上的芯片管脚的编号是不一样的，图 2.33是 Arduino UNO 端口与 Atmel328P 管脚的对应图。

图 2.32　Proteus 中的 ATMEGA328P 单片机的 Hex 文件加载和参数设置

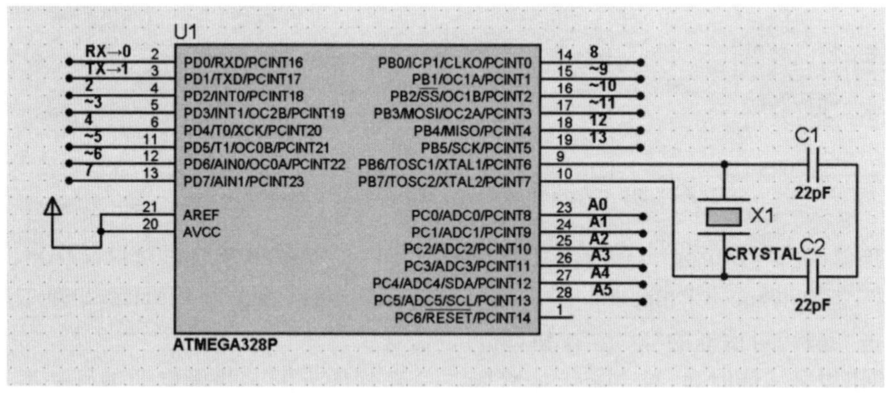

图 2.33　Arduino UNO 端口与 Atmel328P 引脚

第3章　显示模块

Arduino 语言是建立在 C/C++基础上的，其实也就是基础的 C 语言，Arduino 语言只不过把 AVR 单片机(微控制器)相关的一些参数设置都函数化，不用开发者去了解它的底层，这让不了解 AVR 单片机(微控制器)的开发者也能轻松上手。传统单片机教材的编写顺序是先写内部硬件结构，然后是指令、编程基本知识，最后是外围扩展到应用举例。本书颠覆了传统单片机的编写方式，通过实际生活案例——洗衣机控制器，将控制器所需外围器件的功能分为显示模块、信号采集、检测模块和驱动模块，然后从这些模块的功能中分解出一个个小任务，每个小任务都是一个具体的案例，在讲解任务的同时讲解与任务有关的硬件和编程知识，任务之间是循序渐进的，每个任务配套有原理图、带参考程序的仿真图等。

3.1　发光二极管

发光二极管的点亮

任务一　点亮发光二极管

在洗衣机控制中，通过控制发光二极管的亮灭来提醒操作者，那么如何来实现点亮发光二极管任务。

点亮发光二极管的原理图如图 3.1 所示，其由 Arduino 控制板、一个发光二极管和一个电阻元件(220Ω)构成，它们之间的连接关系如图 3.2 所示。其通过 Arduino 控制板 13 引脚输出高低电平来控制发光二极管的亮灭。

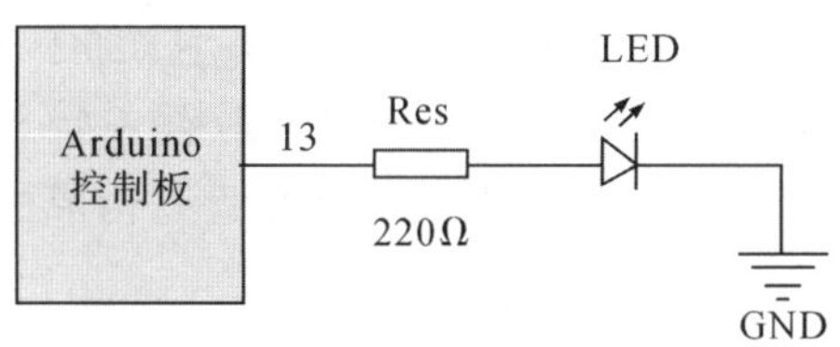

图 3.1　发光二极管驱动电路原理

√ **参考程序**

```
#define ledPin 13        //声明 ledPin 为数字接口 13
    void setup( )        //初始化函数
    {
      pinMode(ledPin,OUTPUT);   //设定数字接口 13 为输出接口
    }
```

```
void loop(      )         //主函数
    {
      digitalWrite(ledPin,LOW);      //将 LED 点亮
    }
```

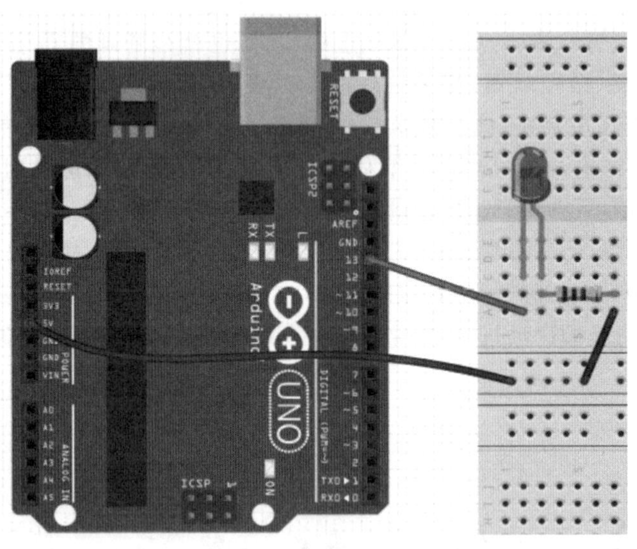

图 3.2 发光二极管驱动电路硬件连接方式

✓ **硬件说明**

发光二极管是二极管的一种。下面介绍一下二极管的制造工艺。在一块完整的晶片上，用不同的掺杂工艺使晶体的一边形成 P 型半导体，另一边形成 N 型半导体，那么在两者的交界处就会形成 PN 结。PN 结是构成二极管、三极管、场效应管等半导体器件的基础。当 PN 结两端加正向电压(即 P 侧接电源的正极，N 侧接电源的负极)，此时 PN 结呈现的电阻很低，正向电流大(导通状态)；当 PN 结两端加反向电压(即 P 侧接电源的负极，N 侧接电源的正极)，此时 PN 结呈现很高的电阻，反向电流微弱(截止状态)，这就是 PN 结的单向导电性。二极管是由一个 PN 结，加上引线、接触电极和管壳构成的器件(见图 3.3)。半导体

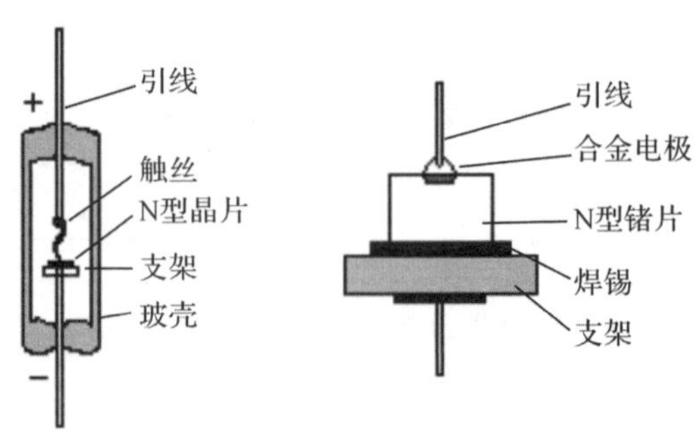

图 3.3 二极管的结构

二极管又称晶体二极管，简称二极管，它是只往一个方向传送电流的电子元件。二极管有多种分类方法，按用途分为整流二极管、稳压二极管、检波二极管、发光二极管、开关二极管、光电二极管等。举例如图 3.4 所示，部分符号如图 3.5 所示。

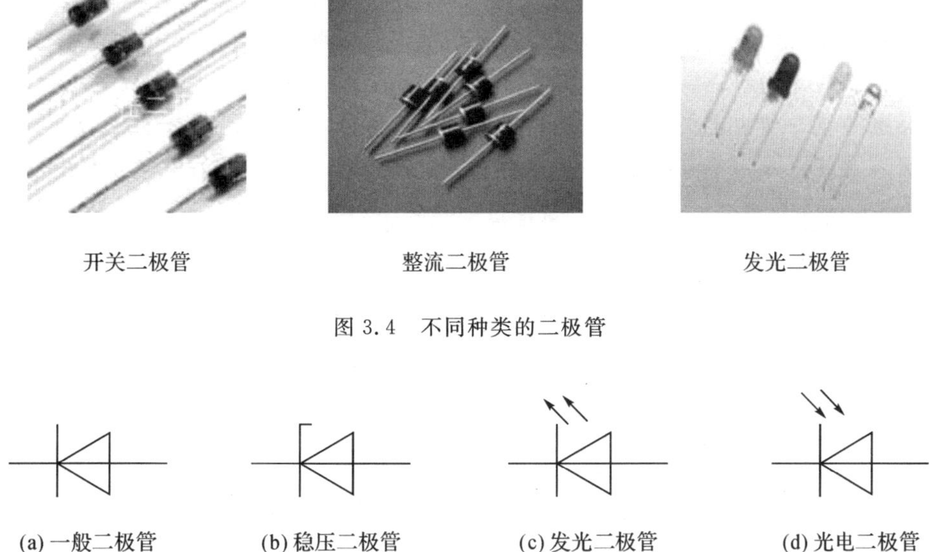

开关二极管　　整流二极管　　发光二极管

图 3.4　不同种类的二极管

(a) 一般二极管　(b) 稳压二极管　(c) 发光二极管　(d) 光电二极管

图 3.5　不同类型二极管的符号

发光二极管是直接将电能转变为光能的发光器件，也具有普通二极管的单向导电性。发光二极管的正向电压一般为 1.3～2.4V，亮度与正向电流成正比，一般需要几个毫安以上的电流。

如何点亮二极管？除了注意二极管的极性以外，还要注意二极管的电压和电流，从图 3.6可以看出，二极管的左边必须给高电压，右边必须给低电压，也就是说左边电压必须要高于右边电压，如果两边电压之差小于其阈值（又称导通）电压，二极管不能点亮，这时需增加电压差，但又不能无限增加，若超出了发光二极管所能承受的耐压，发光二极管会直接烧毁，因而为了避免发光二极管烧毁，一般都串联一个电阻。这个串联电阻不能太大，如果为 1kΩ，则电流太小，看不到亮度；如果串联电阻太小，电流过大会导致烧毁二极管，一般取 220kΩ 左右。

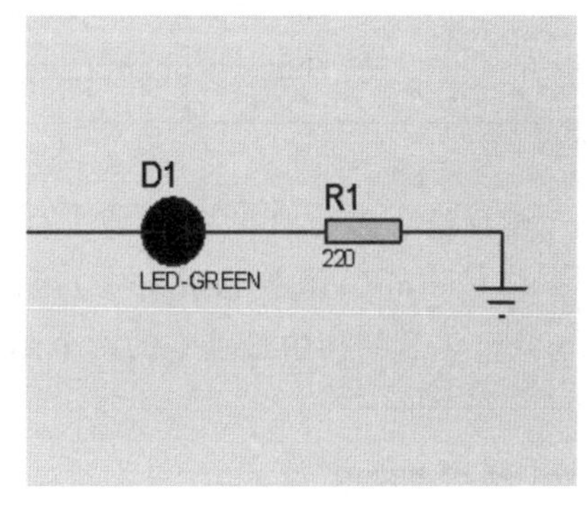

图 3.6　限流电阻电路

✓ **语言说明**

(1) ;（分号）表示 Arduino 语言语句的结束符号。Arduino 语言规定，语句的结束符用分号（;）来进行标识。

(2) {}表示 Arduino 语言的函数体。

(3) //表示 Arduino 语言的解释部分，也可以用/＊……＊/。

(4) 关键字 Define——预处理命令。Define 是预处理命令,用于宏定义,可以提高源代码的可读性,为编程提供方便。预处理命令以"#"号开头,如包含命令#include,宏定义命令#define 等。一般都放在源文件的前面,它们称为预处理部分。预处理是指在进行编译之前所做的工作。预处理是C语言的一个重要功能,它由预处理程序负责完成。当对一个源文件进行编译时,系统将自动引用预处理程序对源程序中的预处理部分作处理,处理完毕自动进入对源程序的编译。预处理功能主要有以下三种:①宏定义;②文件包含;③条件编译。接下来重点介绍宏定义,文件包含与条件编译请参考相关书籍。

常常在程序中采用符号常量,符号常量采用宏指令#define 定义,其定义格式如下:

```
      #define    常量名    常量值
例如: #define    PI        3.1416
```

采用如下指令定义 PI,在其后程序中,所有出现 PI 的地方,编译程序都会把它编译成 3.1416,相当于汇编语言伪指令"EQU"。

```
#define PI 3.1416
    float r=2.3;
    viod setup(  )
    {
    Serial.begin(9600);
    }
    viod loop( )
    {float area;
    area=PI * r * r;
    Serial.print(area);}
```

编译结束后会把有 PI 的地方全部成 3.1416,因而 area=3.1416 * r * r;

(5) setup()函数和 loop( )函数——两个基本函数。setup()函数和 loop( )函数是 Arduino 语言结构中最基本的两个函数,基本结构如下:

```
void setup()
{
}
void loop()
{
}
```

当项目开始运行时会调用 setup( )函数,这个函数的功能是初始化一些变量、引脚状态及一些调用的库等。当 Arduino 控制器通电或复位后，setup 函数会运行一次。loop( )函数是 Arduino 语言结构中不可缺少的一个函数，即 Arduino 语言中的主函数，因而应把编写好的代码放入 loop( )函数中。loop( )函数是在 setup( )函数之后(即初始化之后)，让控制程序循环地被执行。

(6) pinMode(ledPin，OUTPUT)——定义引脚模式的函数。pinMode( )函数格式：pinMode(pin，mode)——数字 I/O 口输入输出模式定义函数，pin 表示管脚，范围是 0～13(数字管脚)，mode 参数为 INPUT 或 OUTPUT。在使用 Arduino 的引脚(端口)前，先要在 setup( )函数中定义引导的模式，如 pinMode(5，INPUT)；定义单片机 5 引脚为输入引脚。

(7) digitalWrite(ledPin，HIGH)函数。digitalWrite( )函数格式：digitalWrite(pin，value)——数字 I/O 口输出电平定义函数，pin 表示管脚，范围为 0～13(数字管脚)，value 的值为 HIGH 或 LOW，如定义 HIGH 表示输出高电平，本任务根据图 3.1 的外围电路可知输出高电平可以点亮对应的发光二极管；如定义 LOW，则相反。

digitalWrite( )函数是对数字引脚进行输出操作，如果要从单片机外围电路中读取数字信号呢？这就要用到 digitalRead( )函数，digitalRead( )函数格式：digitalRead(pin)——数字 I/O 口输入电平定义函数，pin 表示管脚，范围为 0～13(数字管脚)。

上述函数都是针对数字信号的，Arduino 也可以处理模拟信号，如果是模拟信号只要把 digital 单词改成模拟的单词即可，模拟输入为 analogRead( )和模拟输出为 analogWrite( )。

模拟读函数格式：analogRead(pin)——模拟 I/O 口读函数，pin 表示为模拟引脚 0～5(Arduino UNO 为引脚 A0～A5，注意是模拟引脚，不是数字引脚)，读取引脚的模拟量电压值，每读一次需要花 100ms 的时间，返回值为 int 值。这是因为 Arduino 单片机在读取模拟量的时候通过 10 位的 A/D 转换器把输入模拟量直接转换成数字量输出，模拟输入范围为 0～5V，对应的数字量范围为 0～1023。如果 A0 输入的模拟量为 2.2V，analogRead(A0)的输出是数字量(读者不用考虑，单片机自动会转换好)。如何根据换转好的数字量来获取模拟输入量？可以用表达式(转换好的数字量×5.0)/1023 即可。

Arduino 单片机严格意义上来说是没有模拟信号输出口的，它是通过数字引脚输出不同的高低电平来模拟模拟信号实现(即改变有效电压)。改变高低电平的时间称为脉宽调制(Pulse Width Modulate，PWM)。能用来输出模拟信号的引脚只有数字引脚 3，5，6，9，10，11(Arduino UNO 对应这些管脚，其他型号参考其他资料)。这些管脚在硬件板上一般会在引脚前标注～，其余管脚不能实现脉宽调制。模拟信号可用于电机调速、控制发光二极管的亮度、三色灯的颜色以及音乐播放等。

模拟输出函数格式：analogWrite(pin，value)——pin 表示引脚 3，5，6，9，10，11，value 值为 0～255，将 0～255 的值转换为一个模拟电压输出即该引脚将产生一个指定占空比的稳定方波(PWM 信号)，直到下一次调用 analogWrite()结束，PWM 的信号频率约为 490Hz。value 值的范围为 0～255，对应的模拟电压为 0～5V，即 value 值为 0，输出为全低电平，模拟电压为 0V；value 值为 255，输出为全高电平，模拟电压为 5V；value 值为 128，输出占空比为 50%，模拟电压为 2.5V；转换关系为模拟量＝(5/255)×(value 值)，如 analogWrite(8，200)，其 8 引脚对应的模拟量输出量为(5/255)×200≈3.92V。

发光二极管的亮度能不能改变，根据具体情况来定。比如，引脚 3，5，6，9，10，11 除外，与发光二极管的串联电阻不变的话，它的亮度是不可改变。通过引脚 3，5，6，9，10，11

控制的发光二极管,可以对其亮度进行改变,那么是如何实现的?改变管脚的输出电压即可。下面通过引脚6来控制发光二极管的亮度,并用程序来说明(可参考图3.7)。

图3.7 呼吸灯的硬件连接方式

```
int  led=6;     //定义led变量为数字接口6
    int  fadevalue=0;
    void setup( )
    {
    pinMode(led,OUTPUT);   //定义数字接口6为输出接口
    }
        void loop( )
        {
       analogWrite(led,fadevalue); //数字接口6输出模拟信号
    if(fadevalue>=255)
         fadevalue=fadevalue-5;    //改变数字接口6输出的模拟信号大小(减小)
    else fadevalue=fadevalue+5;    //改变数字接口6输出的模拟信号大小(增大)
       delay(50);
    }
```

上述函数用到一些参数如INPUT或OUTPUT、HIGH或LOW等,而这些参数是Arduino语言中的数据类型。根据存储空间中的数据能否改变,把数据分为常量和变量。

①常量:在程序运行过程中不允许改变,一旦改变就会出现语法错误。

HIGH | LOW——表示数字I/O口的电平,HIGH表示高电平(1),LOW表示低电平(0)。

INPUT | OUTPUT——表示数字I/O口的方向,INPUT表示输入(高阻态),OUTPUT表示输出(Arduino UNO能提供5V电压,40mA电流)。

TRUE|FALSE——TRUE 表示真(1),FALSE 表示假(0)。

②变量:在程序运行过程中,可以改变数值的存储空间,即可改变存储在这个空间的数值大小,但是不能改变其数据类型,原先定义是整数类型,改变后的数值还需是整数。

在使用之前,要告知变量的数据型态,这样微处理器才可以分配空间。根据储存空间的特性不同,数据类型又可分为图 3.8 所示。不同的数据类型允许的输入数据不一样,且存储长度也不一样,即存储空间大小不一样。

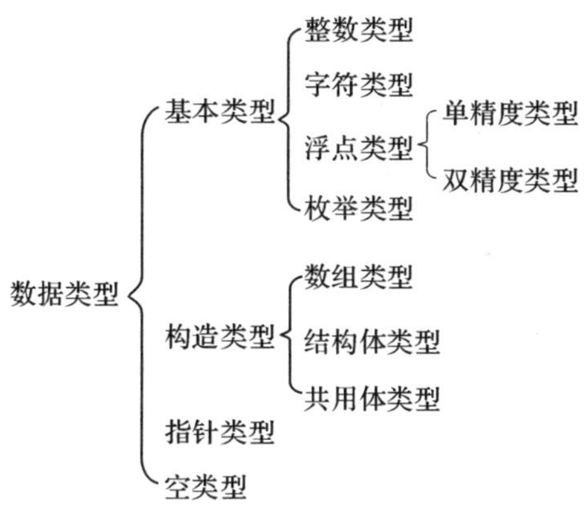

图 3.8　数据类型分类

下面对几种数据类型进行具体介绍:

(1) boolean ——布尔型,占一个字节存储空间,其值只能为真(true)或假(false),其中真的值大部分为 1,有些情况下为非 0;假的值为 0。

(2) char——字符型,占一个字节存储空间,单一字符,但在存储空间中是以数字来存储的,有效范围为－128 到 127,可对字符进行算术运算,如'A'+1 的值为 66,其中字符 A 存储的是 ASCII 值,因为大写字母 A 的 ASCII 的数值为 65。

目前有两种主流的计算机编码:ASCII 和 UNICODE,UNICODE 可表示的字符量比较多,在现代计算机操作系统内可以用来表示多国语言;在位数需求较少的信息传输时,一般采用 ASCII 码,如阿拉伯数字和一般常见符号,ASCII 表示了 127 个字符,可参考相关的 C 语言书籍;

unsign char——无符号字符型,占一个字节空间,有效存储范围是 0～255。

(3) byte——字节类型,储存的数值范围为 0 到 255。如同字符型一样,字节类型的变量只需要用一个字节(8 位)的内存空间储存。

(4) int——整数,整数数据类型用到 2 字节的内存空间,可表示的整数范围为－32768 到 32767,整型是最常用到的数据类型;

short int——短整数,2 字节,数据范围参考 int;

unsigned int——无符号整数,2 字节,可表示的整数范围为 0 到 65535;

long——长整数,4 字节,可表示的整数范围从－2147483648 到 2147483647;

unsigned long——无符号长整数,4 字节,可表示的整数范围为 0 到 4294967295。

(5) float——单浮点数,4 字节,浮点数就是用来表达有小数点的数值,可表达的最大值为 3.4×10^{38},4 字节的 RAM,由于 Arduino UNO 的内存空间有限,在使用过程中要谨慎。

(6) double——双浮点数,4 字节(UNO,其他型号参考相关资料),可表达范围为 3.4×10^{38},跟 float 一样,谨慎使用。

(7) string——字符串,由多个 ASCII 字符组成,字符串中的每一个字符都用一个字符空间储存,并且在字符串的最尾端加上一个空字符以提示 Ardunio 处理器字符串的结束。

例如:char string1[] = "Arduino"; 声明了一个没有明确大小的数组,编译器会自动计算元素大小,并创建一个合适大小的数组,7 字符+1 空字符=8 字符空间大小的数组。

```
char string2[8] = "Arduino";      // 与 char string1[] = "Arduino"相同
```

(8) array——数组,数组中的元素在单片机中是连续存储,可以通过索引直接取得。

例如:intlight[5] = {0, 20, 50, 75, 100}; 定义了一个数组,这个数组有 5 个元素,分别为 0,20,50,75,100。

此外,在有些运算中要求数据之间必须是相同的类型才能进行操作,这样就必须把不同类型的数据转换成相同的数据,Arduino 提供了相应的转换函数:char(),byte(),int(),long(),float()。如 float a=5.0;int b;b=int(a);在强制转换之前变量 a 是浮点数,int(a)就是把变量 a 强制转换成整数赋值给变量 b。

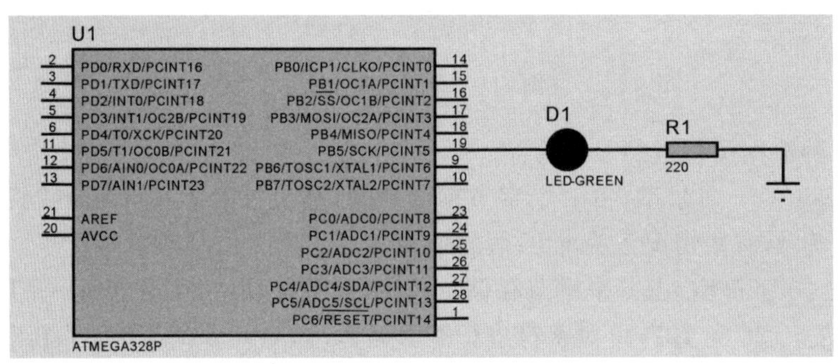

图 3.9 发光二极管驱动仿真电路

为了更好地理解如何控制发光二极管的亮灭,设计了基于 Proteus 的仿真图(见图 3.9)。在这个仿真图中用到三种元器件:一种是控制芯片元件,其关键词为 328p;一种是发光二极管元件,其关键词为 led,选中其中的 LED-GREEN;另一种是电阻元件,其关键词为 res,放置好后修改其阻值为 220Ω。仿真图中还用到电源地,可以参考 2.1.3 节。首先在 Arduino IDE 编译器中对上面的程序进行编译,得到可执行文件(.exe),然后把可执行文件加载到仿真控制器中(具体步骤可参考第二章内容),最后点击左下角的运行按钮,可观察到发光二极管点亮。

思考题:如何在现有硬件的基础上,改变发光二极管的亮度?

任务二 使发光二极管进行闪烁

发光二极管的闪烁

控制发光二极管闪烁的原理图如图 3.10 所示,其由 Arduino 控制板、发光二极管、电阻元件构成,它们之间的连接关系如图 3.11 所示。其通过 Arduino 控制板 13 引脚输出高低电平来控制发光二极管的闪烁。

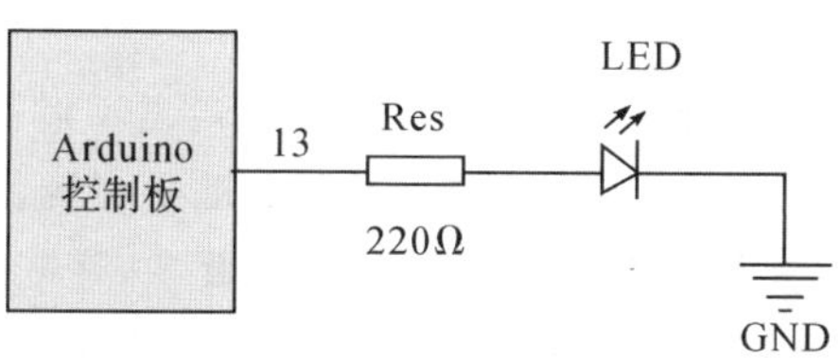

图 3.10　发光二极管闪烁电路

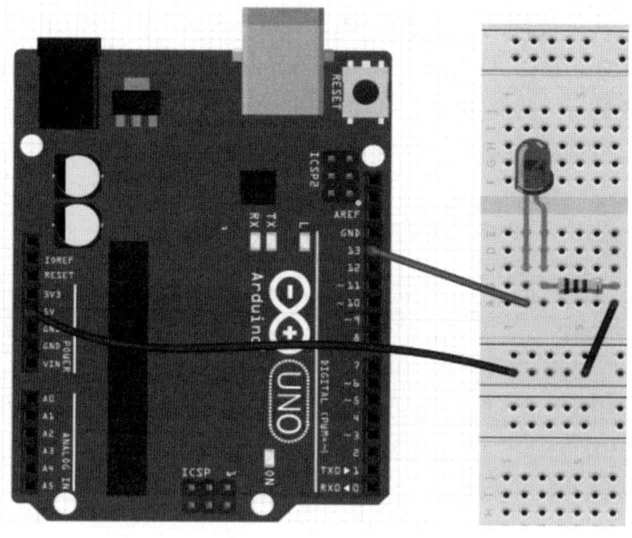

图 3.11　发光二极管闪烁硬件电路连接关系

✓ **参考程序**

```
#define ledPin 13              //声明 LED 接口位数字接口 13
void setup()                   //初始化函数
{
  pinMode(ledPin,OUTPUT);          //设定数字接口 13 为输出接口
}
void loop()                        //主函数
{
  digitalWrite(ledPin,HIGH);          //将 LED 点亮
  delay(1000);                        //延时 1 秒
  digitalWrite(ledPin,LOW);           //将 LED 熄灭
  delay(1000);                        //延时 1 秒
}
```

✓ **语言说明**

delay()函数——时间函数：unsigned long millis( )，返回时间函数(单位 ms)，该函数是指，当程序运行就开始计时并返回记录的参数，该参数溢出大概需要 50 天时间。

delay(number)，函数的括号内需输入相应的时间数字，延时函数(单位 μs)。

delayMicroseconds(number)，函数的括号内需输入相应的时间数字，延时函数(单位 μs)。

为了更好地理解如何控制发光二极管的闪烁，设计了基于 Proteus 的仿真图(见图 3.12)。在这个仿真图中用到三种元器件：一种是控制芯片元件，其关键词为 328p；一种是发光二极管元件，其关键词为 led，选其中 LED-GREEN；另一种是电阻元件，其关键词为 res，修改阻值为 220Ω。先在 Arduino IDE 编译器中对上面的程序进行编译，得到可执行文件(.exe)，然后把可执行文件加载到仿真控制器中(具体步骤可参考第二章内容)，最后点击左下角的运行按钮，可观察到发光二极管闪烁。

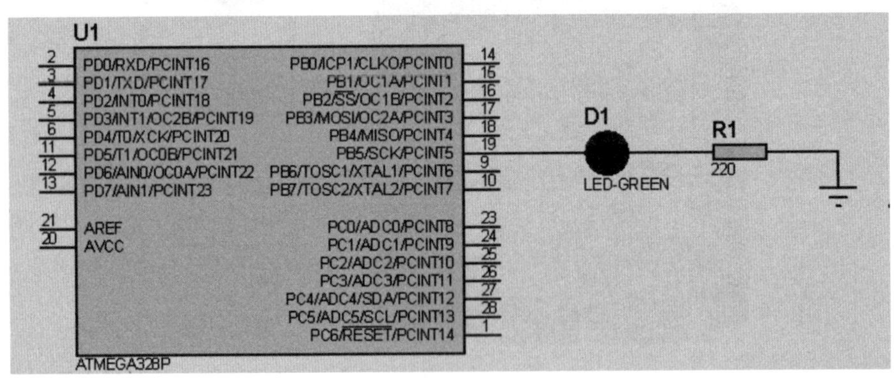

图 3.12 发光二极管驱动仿真电路

思考题：编写一个程序来实现发光二极管的闪灯速度越来越快。

流水

任务三 实现流水灯控制

实现流水灯控制的原理图如图 3.13 所示。其由 Arduino 控制板、发光二极管、电阻元件构成，它们之间的连接关系如图 3.14 所示。其通过 Arduino 控制板中 11、10、9、8、7、6、5 和 3 引脚输出高低电平来控制发光二极管的亮和灭。

✓ **参考程序**

```
int ledPins0 =2;      // 定义 PWM 数字接口 2,3,4,5,6,7,8,9
    int ledPins1 =3;
    int ledPins2 =4;
    int ledPins3 =5;
    int ledPins4 =6;
    int ledPins5 =7;
    int ledPins6 =8;
    int ledPins7 =9;
```

```
//定义 2,3,4,5,6,7,8,9 号的引脚为输出;
    void setup( ) {
    pinMode(ledPins0,OUTPUT);
    pinMode(ledPins1,OUTPUT);
    pinMode(ledPins2,OUTPUT);
    pinMode(ledPins3,OUTPUT);
    pinMode(ledPins4,OUTPUT);
    pinMode(ledPins5,OUTPUT);
    pinMode(ledPins6,OUTPUT);
    pinMode(ledPins7,OUTPUT);
      }
    //流水灯的原理是每个灯按照顺序闪烁,然后一直循环下去
    void loop( ) {
            digitalWrite(ledPins0, HIGH);       //定义的引脚输出高电平;
            delay(50);                          //延时
            digitalWrite(ledPins0,LOW);         //定义的引脚输出低电平;
            delay(50);                          //延时

            digitalWrite(ledPins1, HIGH);       //定义的引脚输出高电平;
            delay(50);                          //延时
            digitalWrite(ledPins1,LOW);         //定义的引脚输出低电平;
            delay(50);                          //延时
            digitalWrite(ledPins2, HIGH);       //定义的引脚输出高电平;
            delay(50);                          //延时
            digitalWrite(ledPins2,LOW);         //定义的引脚输出低电平;
            delay(50);                          //延时
            digitalWrite(ledPins3, HIGH);       //定义的引脚输出高电平;
            delay(50);                          //延时
            digitalWrite(ledPins3,LOW);         //定义的引脚输出低电平;
            delay(50);                          //延时
            digitalWrite(ledPins4, HIGH);       //定义的引脚输出高电平;
            delay(50);                          //延时
            digitalWrite(ledPins4,LOW);         //定义的引脚输出低电平;
            delay(50);                          //延时
            digitalWrite(ledPins5, HIGH);       //定义的引脚输出高电平;
            delay(50);                          //延时
            digitalWrite(ledPins5,LOW);         //定义的引脚输出低电平;
            delay(50);                          //延时
```

```
        digitalWrite(ledPins6, HIGH);     //定义的引脚输出高电平;
        delay(50);                        //延时
            digitalWrite(ledPins6,LOW);   //定义的引脚输出低电平;
        delay(50);                        //延时
        digitalWrite(ledPins7, HIGH);     //定义的引脚输出高电平;
        delay(50);                        //延时
        digitalWrite(ledPins7,LOW);       //定义的引脚输出低电平;
        delay(50);                        //延时

}
```

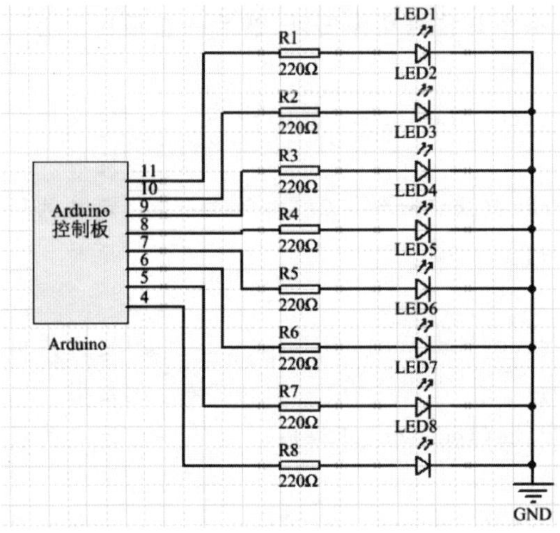

图 3.13　流水灯电路

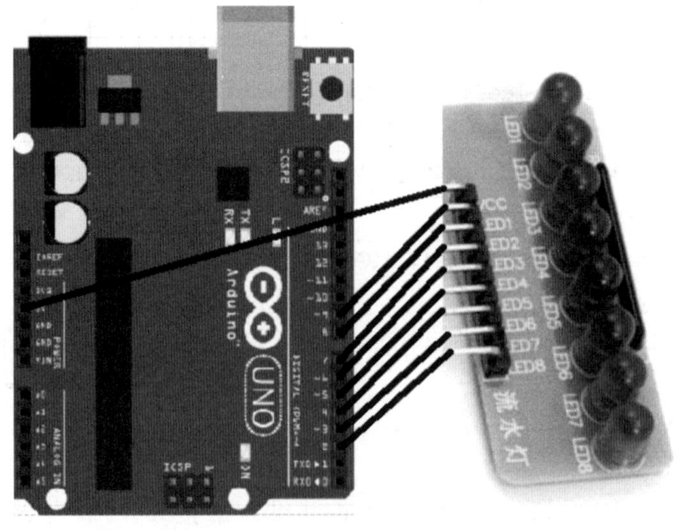

图 3.14　流水灯硬件电路连接关系

✓ **语言说明**

(1) int i；定义一个变量 i，数据类型为整型。

标识符：标识程序中某个对象的名字，这些对象可以是语句、数据类型、函数、变量和常量等。

规则：由字符串、数字和下划线等组成，第一个字符必须是字母或下划线。

注意：通常以下划线开头的标识符是编译系统专用的，在编写 C 语言源程序时一般不要使用以下划线开头的标识符，而将下划线用作分段符。

在 Arduino 语言中，有一些标识符是编程语言保留的特殊标识符，具有固定的名称和含义，这些标识符被称为关键字(共 32 个)，它们是不能用作其他标识符的。如 if、continue、else、sizeof、for、auto、switch、char、case、goto、while、return、do、break 等关键字。

(2) ledPins[]={2,3,4,5,6,7,8,9}；　定义了一个数组，数组名为 ledPins，数组有 8 个成员(元素)，分别为 2,3,4,5,6,7,8,9。

数组是相同类型的数据按顺序组成的一种复合数据类型，即相同数据类型的元素按一定顺序排列的集合，就是把有限个类型相同的变量用一个名字命名，然后用编号区分他们的变量的集合，这个名字称为数组名，编号称为下标。组成数组的各个变量称为数组的分量，也称为数组的元素，有时也称为下标变量。数组是在程序设计中，为了处理方便，把具有相同类型的若干变量按有序的形式组织起来的一种形式。这些按序排列的同类数据元素的集合称为数组。

一个数组可以分解为多个数组元素，这些数组元素可以是基本数据类型或是构造类型。因此，按数组元素的类型不同，数组又可分为数值数组、字符数组、指针数组、结构数组等各种类别。数组根据数据的大小及结构，又可分为一维数组、二维数组和多维数组。

①　一维数组

a. 一维数组的定义

类型说明	数组名	[整型表达式]
例如	char abc	[10]

这个数组定义了一个一维字符型数组，数组名为 abc，有 10 个元素，分别为 abc[0]，abc[1]，abc[2]，abc[3]，abc[4]，abc[5]，abc[6]，abc[7]，abc[8]，abc[9]。

需要注意的是，第一个元素的下标为 0，就是说数组的第一个元素是 abc[0]而不是 abc[1]，最后一个是 abc[9]而不是 abc[10]，但在定义的时候要写成 abc[10]。

b. 一维数组元素的引用

当定义了一个数组，则数组中的各个元素就共用一个数组名(即该数组变量名)，它们之间是通过下标不同以示区别的。对数组的操作归根到底就是对数组元素的操作。一维数组元素的引用格式为：

数组名[下标表达式]

说明：

· 下标表达式值的类型，必须与数组类型定义中下标类型完全一致，并且不允许超越所定义的下标下界和上界。

· 数组是一个整体，数组名是一个整体的标识，要对数组进行操作，必须对其元素操作。数组元素可以像同类型的普通变量那样作用。如：a[3]=34；是对数组 a 中第三个下标变量赋以 34 的值。

特殊地，如果两个数组类型一致，它们之间可以整个数组元素进行传送。

说明：如果数组定义而没赋值，系统会自动给初始值 0。

c. 一维数组的初始化

数组初始化的时候，可以全部初始化或者初始化一部分数据。例如：

char abc[10]={0,1,2,3,4,5,6,7,8,9}；这是全部初始化

char abc[10]={0,1,2,3,4}；这是初始化一部分数组元素，后面 5 个元素值为 0

char abc[10]；全部元素值为 0

char abc[10]=8；这个不太常用，abc[0]=8，其他元素都是 0

char abc[]={0,1,2,3}；这个没有写数组的长度，也就是[]中的数，那么长度就等于实际输入的数组数

② 字符数组

用来存放字符量的数组称为字符数组。字符数组类型说明的形式与前面介绍的数值数组相同。例如，char c1[10]；由于字符型和整型通用，所以也可以定义为 int c1[10]，但这时每个数组元素占 2 字节的内存单元。字符数组也可以是二维或多维数组，例如，char c[5][10]；即为二维字符数组。字符数组也允许在类型说明时作初始化赋值。例如，char c1[10]={'c','','p','r','o','g','r','a','m'}；赋值后各元素的值为：数组 c1 中的 c1[0]，c1[1]，c1[2]，c1[3]，c1[4]，c1[5]，c1[6]，c1[7]，c1[8]，c1[9]，其中 c1[9]未赋值，由系统自动赋予 0 值。当对全体元素赋初值时也可以省去长度说明。例如，char c2[ ]={'c',' ','p','r','o','g','r','a','m'}；这时 c2 数组的长度自动定为 9。

C 语言允许用字符串的方式对数组作初始化赋值，例如：

char c[ ]={'c',' ','p','r','o','g','r','a','m'}；

可写为：char c[ ]={"c program"}；或去掉{ }写为：char c[]="c program"； //字符串方式赋值；

用字符串方式赋值比用字符逐个赋值要多占一个字节，用于存放字符串结束标志'\0'。上面的数组 c2 在内存中的实际存放情况为：C program\0。'\0'是由编译系统自动加上的，由于采用了'\0'标志，所以在用字符串赋初值时一般无须指定数组的长度，而由系统自行处理。在采用字符串方式后，字符数组的输入输出将变得简单方便。

(3) for(i=0；i<ledcount；i++) 循环结构，先给变量 i 赋值 0，然后判断满不满足条件 i<ledcount，如果满足执行下面的循环体，执行完循环体之后进行 i++即 i=i+1，再进行条件 i<ledcount 判断，如此循环直到条件不满足为止。

循环结构的结构种类，是语言的一种基本结构(顺序、条件、循环)，有三种循环语句，分别为 for，while 和 do-while 语句。

① for 语句

for 语句的一般形式为：

for(<初始化>；<条件表达式>；<增量>)

循环语句；

初始化总是一个赋值语句，它用来给循环控制变量赋初值；条件表达式是一个关系表达式，它决定什么时候退出循环；增量定义循环控制变量每循环一次后按什么方式变化。这三

个部分之间用“;”分开。

例如:

```
for(i=1;i<=10;i++)
    循环语句;
```

例中先给i赋初值1(即i=1),判断i是否小于等于10(即<=10),若是则执行语句,之后值增加1(即i++)。再重新判断i是否小于等于10,直到条件为假,即i>10时,结束循环。

注意:

a. for循环中语句可以是一条,也可以是多条,如果是多条,要用“{”和“}”将参加循环的语句括起来,把这种用{}括起来的多条语句称为循环体。

例如:for(i=1;i<=10;i++)

　　{a=a+i;　Serial.print(a);}

b. for循环中的“初始化”、“条件表达式”和“增量”都是选择项,即可以缺省,但“;”不能缺省。省略了初始化,表示不对循环控制变量赋初值。省略了条件表达式,则不做其他处理时便成为死循环。省略了增量,则不对循环控制变量进行操作,这时可在语句体中加入修改循环控制变量的语句。

√ **参考程序**

```
  //用到数组和for循环
int ledPins[] ={2,3,4,5,6,7,8,9};    // 定义数字接口2,3,4,5,6,7,8,9
int ledcount=8;                      // 定义LED数量
int i;                               // 定义i变量
void setup( ) {
  for(i=0;i<ledcount;i++)            //定义2,3,4,5,6,7,8,9号的引脚为输出;
      pinMode(ledPins[i],OUTPUT);
}
void loop( ) {                              //循环函数;
    for(i=0; i<ledcount;i++)
    {
       digitalWrite(ledPins[i], HIGH);      //定义的引脚输出高电平;
       delay(50);                           //延时
       digitalWrite(ledPins[i],LOW);        //定义的引脚输出低电平;
       delay(50);
       }
     }
```

② while 语句

while 循环的一般形式为：

while(条件)

循环语句；

while 循环表示当条件为真时，便执行语句，直到条件为假才结束循环，并继续执行循环程序外的后续语句。

具有按键控制的流水灯硬件电路连接图如图 3.15 所示。

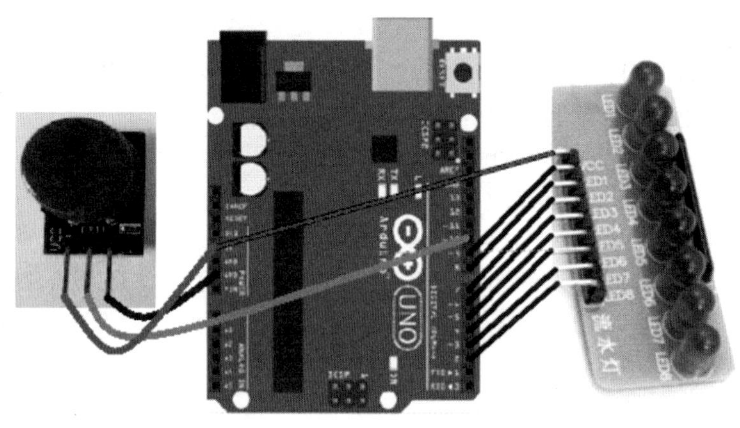

图 3.15　具有按键控制的流水灯硬件电路连接图

✓ **参考程序**

```
// 用 while 来判断满不满足条件，用数组和 for 来循环
// 用数字管脚 10 数字接口来判断按键有没有按下，有按键按下才实现流水灯操作
int ledPins[] ={2,3,4,5,6,7,8,9};      // 定义数字接口 2,3,4,5,6,7,8,9
int ledcount=8;                         // 定义 LED 数量
int i;                                  // 定义 i 变量
int button=10;
void setup( ) {
  for(i=0;i<ledcount;i++)               //定义 2,3,4,5,6,7,8,9 号的引脚为输出
  pinMode(ledPins[i],OUTPUT);
  pinMode(button,INPUT);
}
void loop( ) {    //循环函数
    while(digitalRead(button)==HIGH)    //也可以是 while(digitalRead
                                        (button)==1)
{
```

```
//这里只是为了讲解 while 的用法,按键在实际使用过程中会有抖动,应该进行去抖处理,可以参考第四章,不用去抖处理也可使用
      for(i=0; i<ledcount;i++)
      {
         digitalWrite(ledPins[i], HIGH);   //定义的引脚输出高电平
         delay(50);                        //延时
         digitalWrite(ledPins[i],LOW);     //定义的引脚输出低电平
         delay(50);
         }
  }
     }
```

③ do-while 语句

do-while 循环的一般格式为:

```
    do
        循环语句;
            while(条件);
```

do-while 循环与 while 循环的不同在于:它先执行循环中的语句,然后再判断条件是否为真,如果为真则继续循环;如果为假,则终止循环。因此,do-while 循环至少要执行一次循环语句。同样当有许多语句参加循环时,要用"{"和"}"把它们括起来。

扩充:如果把一个循环放在另一个循环体内,那么就可以形成嵌套循环,嵌套循环既可以是 for 循环嵌套 while 循环,也可以是 while 循环嵌套 do while 循环……即各种类型的循环都可以作为外层循环,各种类型的循环也可以作为内层循环。

当程序遇到嵌套循环时,如果外层循环的循环条件允许,则开始执行外层循环的循环体,而内层循环将由外层循环的循环体来执行——只是内层循环需要反复执行自己的循环体而已。当内层循环执行结束,且外层循环的循环体执行结束,则再次计算外层循环的循环条件,决定是否再次开始执行外层循环的循环体。根据上面分析,假设外层循环的循环次数为 n 次,内层循环的循环次数为 m 次,那么内层循环的循环体实际上需要执行 n×m 次。

实际上,嵌套循环不仅可以是两层嵌套,也可以是三层嵌套,四层嵌套……不论循环如何嵌套,都可以把内层循环当成外层循环的循环体来对待,区别只是这个循环体里包含了需要反复执行的代码

(4) i=0; i<ledcount;i++

for 语句中的括号内包含三种关系式,按顺序分别为赋值运算、关系运算和算术运算。

① 赋值运算

“＝”符号的功能是给变量赋值，称为赋值运算符，就是把数据赋给变量。如 x＝8。由此可见，利用赋值运算符将一个变量与一个表达式连接起来的式子为赋值表达式，在表达式后面加“;”便构成了赋值语句。使用“＝”的赋值语句格式如下：

```
变量＝表达式;
```

例如：

```
a＝0xff;      //将常数十六进制数 ff 赋予变量 a
f＝a＋b;      //将变量 a＋b 的值赋予变量 f
```

由上面的例子能知道赋值语句的意义就是先算出“＝”右边的表达式的值，然后将得到的值赋给左边的变量，而且右边的表达式仍是一个赋值表达式。

② 关系运算

关系运算符是比较两个操作数大小的符号。关系运算符如表 3.1 所示。

表 3.1　关系运算符

操作符	作用
>	大于
>=	大于等于
<	小于
<=	小于等于
==	等于
! =	不等于

关系运算符和逻辑运算符的关键是真(TRUE)和假(FALSE)的概念。TRUE 可以是不为 0 的任何值，而 FALSE 则为 0。使用关系运算符和逻辑运算符表达式时，若表达式为真(即 TRUE)则返回 1；否则，表达式为假(即 FALSE)则返回 0。

例如：

```
120>99        表达式为真,返回 1
8>(2+10)      表达式为假,返回 0
! 1&&0        表达式为假,返加 0   //等价于(! 1)&&0
```

③ 算术运算

算术运算符如表 3.2 所示。

表 3.2　算术运算符

操作符	作用
+	加,单目取正
−	减,单目取负
*	乘
/	除
%	取模
−−	减 1
++	加 1

根据个数不同,操作数可分为单目和二目操作。单目操作是指对一个操作数进行操作。例如,−a 是对 a 进行单目负操作。二目操作(或多目操作)是指对两个操作数(或多个操作数)进行操作。

Arduino 语言中加、减、乘、除、取模的运算与其他高级语言相同。需要注意的是除法和取模运算。

例如:

15/2 求商——是 15 除以 2 商的整数部分 7;
15%2 求余数——是 15 除以 2 的余数部分 1。

扩充:对于取模运算符"%",不能用于浮点数。15/2 是整数除以整数,得到的商也是整数,如果想得到小数的商即浮点数的商,这时就要把 15 和 2 两个数中至少一个数变成浮点数才可实现。如 15.0/2,这时编译器在计算时,先把整数 2 变成浮点数,然后再用 15.0 这个浮点数去除 2.0,最后得到商的结果为 7.0(浮点数)。

另外,由于 Arduino 中字符型数会自动地转换成整型数,因此字符型数也可以参加二目运算。例如:

```
void loop(  )
 {
      char m, n;           // 定义字符型变量
      m='c';               // 给 m 赋小写字母'c'
      n=m+'A'-'a';          // 将 c 中的小写字母变成大写字母'c'后赋给 n
 }
```

上例中 m='c',即 m=99,由于字母 A 和 a 的 ASCII 码值不同,分别为 65 和 97,这样可以将小写字母变成大写字母;反之,如果要将大写字母变成小写字母,则需加 'a'−'A'进行计算。

Arduino 语言在算术运算中还增加了自增减运算及复合运算。

自增减运算:运算符"++"和"−−",这两个运算符就是增 1 和减 1,运算符"++"是操作数加 1,而"−−"则是操作数减 1。例如:

x＝x＋1　　　可写成 x++，或++x

x＝x－1　　　可写成 x--，或--x

“＋＋”放操作数的前面还是放操作数的后面是有很大差别的，同理“－－”放操作数前面和放操作数后面也有很大差别，例如：

x＝m++；表示将 m 的值赋给 x 后，m 再加 1。

x＝++m；表示 m 先加 1 后，再将新值赋给 x。

复合运算：Arduino 中有一特殊的简写方式，它用来简化一种赋值语句，适用于所有的双目运算符。其一般形式为：

＜变量＞＝＜变量＞＜操作数＞＜表达式＞

简写为：

＜变量＞＜操作数＞＝＜表达式＞

例如：

a＝a＋b　　　可写成　　a＋＝b

a＝a&b　　　可写成　　a&＝b

a＝a/b　　　可写成　　a/＝b

复合赋值运算符有十种：＋＝，－＝，＊＝，/＝，%＝，&＝，|＝，^＝，＜＜＝，＞＞＝。按优先级顺序结合运算。例如：

a＋＝b 等价于 a＝(a＋b)

x＊＝a＋b 等价于 x＝(x＊(a＋b))

a&＝b 等价于 a＝(a&b)

a＜＜＝4 等价于 a＝(a＜＜4)

在一个表达式中可能包含多个由不同运算符连接起来的、具有不同数据类型的数据对象；由于表达式有多种运算，不同的运算顺序可能得出不同结果甚至出现错误运算错误，因为当表达式中含多种运算时，必须按一定顺序进行结合，才能保证运算的合理性和结果的正确性、唯一性。这些数据中哪些数据先进行运算，然后再与哪些数据运算，由运算符的优先等级来决定，优先级高的运算符先结合，优先级低的运算符后结合，同一行中的运算符的优先级相同。例如：

5＋6&&7；等价于(5＋6)&&7

表 3.3 中，优先级从上到下依次递减，最上面具有最高的优先级，逗号操作符具有最低的优先级。相同的优先级，按结合顺序计算。大多数运算是从左至右计算，只有三个优先级是从右至左结合的，它们是单目运算符、条件运算符、赋值运算符。

在运算符的优先级中，单目运算优于双目运算，如正负号。先算术运算，然后移位运算，接着位运算，逻辑运算最后。例如：

1 &&3 ＋ 2||7 等价于 (1&&(3 ＋ 2))||7

表 3.1 运算符的优先级

<table>
<tr><th>优先级</th><th>运算符</th><th>名称或含义</th><th>使用形式</th><th>结合方向</th><th>说明</th></tr>
<tr><td rowspan="6">1</td><td>[]</td><td>数组下标</td><td>数组名[常量表达式]</td><td rowspan="6">左到右</td><td></td></tr>
<tr><td>()</td><td>圆括号</td><td>(表达式) 函数名(形参表)</td><td></td></tr>
<tr><td>.</td><td>成员选择(对象)</td><td>对象.成员名</td><td></td></tr>
<tr><td>-></td><td>成员选择(指针)</td><td>对象指针->成员名</td><td></td></tr>
<tr><td>++</td><td>自增运算符</td><td>变量名++</td><td>单目运算符</td></tr>
<tr><td>--</td><td>自减运算符</td><td>变量名--</td><td>单目运算符</td></tr>
<tr><td rowspan="9">2</td><td>-</td><td>负号运算符</td><td>-常量</td><td rowspan="9">右到左</td><td>单目运算符</td></tr>
<tr><td>(类型)</td><td>强制类型转换</td><td>(数据类型)表达式</td><td></td></tr>
<tr><td>++</td><td>自增运算符</td><td>++变量名</td><td>单目运算符</td></tr>
<tr><td>--</td><td>自减运算符</td><td>--变量名</td><td>单目运算符</td></tr>
<tr><td>*</td><td>取值运算符</td><td>*指针变量</td><td>单目运算符</td></tr>
<tr><td>&</td><td>取地址运算符</td><td>&变量名</td><td>单目运算符</td></tr>
<tr><td>!</td><td>逻辑非运算符</td><td>!表达式</td><td>单目运算符</td></tr>
<tr><td>~</td><td>按位取反运算符</td><td>~表达式</td><td>单目运算符</td></tr>
<tr><td>sizeof</td><td>长度运算符</td><td>sizeof(表达式)</td><td></td></tr>
<tr><td rowspan="3"></td><td>/</td><td>除</td><td>表达式/表达式</td><td rowspan="3"></td><td>双目运算符</td></tr>
<tr><td>*</td><td>乘</td><td>表达式*表达式</td><td>双目运算符</td></tr>
<tr><td>%</td><td>余数(取模)</td><td>整型表达式%整型表达式</td><td>双目运算符</td></tr>
<tr><td rowspan="2">4</td><td>+</td><td>加</td><td>表达式+表达式</td><td rowspan="2">左到右</td><td>双目运算符</td></tr>
<tr><td>-</td><td>减</td><td>表达式-表达式</td><td>双目运算符</td></tr>
<tr><td rowspan="2">5</td><td><<</td><td>左移</td><td>变量<<表达式</td><td rowspan="2">左到右</td><td>双目运算符</td></tr>
<tr><td>>></td><td>右移</td><td>变量>>表达式</td><td>双目运算符</td></tr>
<tr><td rowspan="4">6</td><td>></td><td>大于</td><td>表达式>表达式</td><td rowspan="4">左到右</td><td>双目运算符</td></tr>
<tr><td>>=</td><td>大于等于</td><td>表达式>=表达式</td><td>双目运算符</td></tr>
<tr><td><</td><td>小于</td><td>表达式<表达式</td><td>双目运算符</td></tr>
<tr><td><=</td><td>小于等于</td><td>表达式<=表达式</td><td>双目运算符</td></tr>
<tr><td rowspan="2">7</td><td>==</td><td>等于</td><td>表达式==表达式</td><td rowspan="2">左到右</td><td>双目运算符</td></tr>
<tr><td>!=</td><td>不等于</td><td>表达式!=表达式</td><td>双目运算符</td></tr>
<tr><td>8</td><td>&</td><td>按位与</td><td>表达式&表达式</td><td>左到右</td><td>双目运算符</td></tr>
<tr><td>9</td><td>^</td><td>按位异或</td><td>表达式^表达式</td><td>左到右</td><td>双目运算符</td></tr>
<tr><td>10</td><td>|</td><td>按位或</td><td>表达式|表达式</td><td>左到右</td><td>双目运算符</td></tr>
<tr><td>11</td><td>&&</td><td>逻辑与</td><td>表达式&&表达式</td><td>左到右</td><td>双目运算符</td></tr>
<tr><td>12</td><td>||</td><td>逻辑或</td><td>表达式||表达式</td><td>左到右</td><td>双目运算符</td></tr>
<tr><td>13</td><td>?:</td><td>条件运算符</td><td>表达式1 1:表达式2:表达式3</td><td>右到左</td><td>三目运算符</td></tr>
<tr><td rowspan="11">14</td><td>=</td><td>赋值运算符</td><td>变量*=表达式</td><td rowspan="11">右到左</td><td></td></tr>
<tr><td>/=</td><td>除后赋值</td><td>变量/=表达式</td><td></td></tr>
<tr><td>*=</td><td>乘后赋值</td><td>变量食=表达式</td><td></td></tr>
<tr><td>%=</td><td>取模后赋值</td><td>变量%=表达式</td><td></td></tr>
<tr><td>+=</td><td>加后赋值</td><td>变量+=表达式</td><td></td></tr>
<tr><td>-=</td><td>减后赋值</td><td>变量-=表达式</td><td></td></tr>
<tr><td><<=</td><td>左移后赋值</td><td>变量<<=表达式</td><td></td></tr>
<tr><td>>>=</td><td>右移后赋值</td><td>变量>>=表达式</td><td></td></tr>
<tr><td>&=</td><td>按位与后赋值</td><td>变量&=表达式</td><td></td></tr>
<tr><td>^=</td><td>按位异或后赋值</td><td>变量^=表达式</td><td></td></tr>
<tr><td>|=</td><td>按位或后赋值</td><td>变量!1=表达式</td><td></td></tr>
<tr><td>15</td><td>,</td><td>逗号运算符</td><td>表达式，表达式,……</td><td>左到右</td><td>从左到右顺序运算</td></tr>
</table>

为更好地理解如何控制流水灯，设计了基于 Proteus 的仿真图(见图 3.16)。在这个仿真图中用到三种元器件：一种是控制芯片元件，其关键词为 328p；一种是发光二极管元件，其关键词为 led，选其中的 LED-GREEN，放入 8 次；另一种是电阻元件，其关键词为 res，放入 8 次，修改每个电阻阻值为 220Ω，然后连接导线。首先在 Arduino IDE 编译器中对上面的程序进行编译，得到可执行文件(.exe)，然后把可执行文件加载到仿真控制器中，具体步骤可参考第二章内容，最后点击左下角的运行按钮，可观察到流水灯效果。

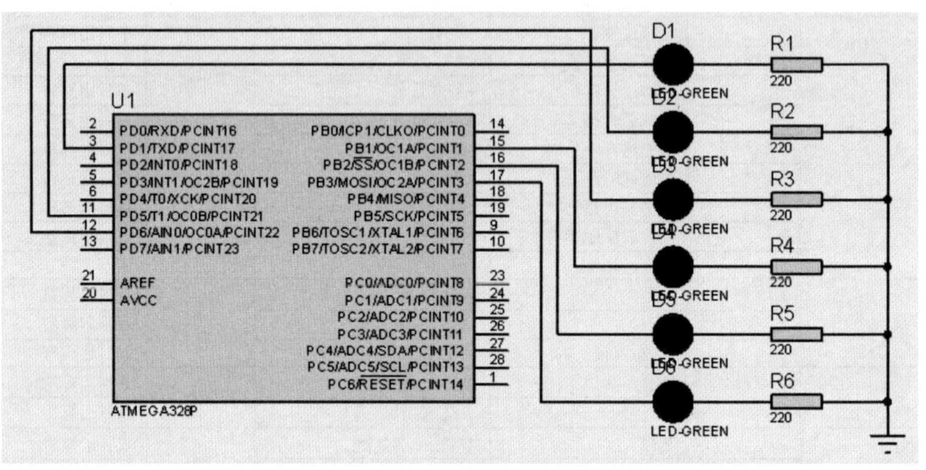

图 3.16 流水灯仿真电路

思考题：

1. 设计一个 8 位呼吸灯，实现 8 位发光二极管亮度的梯度变化。

2. 设计一个电路，实现渐变跑马灯。[提示：用到引脚 3,5,6,9,10,11 和 analogWrite( )函数]

3. 上述的发光二极管只能发出一种颜色的光，要发出不同颜色的光就要用到多个不同颜色的二极管。请思考：如何通过一个二极管就能发出多种不同颜色的光?

知识扩展

三色光二极管——主要有三种颜色，然而三种发光二极管的压降都不相同，具体压降参考值如下：红色发光二极管的压降为 1.8～2.0V；绿色发光二极管的压降为 3.2～3.4V；蓝色发光二极管的压降为 3.2～3.4V；正常发光时的额定电流约为 20mA。

三色二极管的直插式外形结构如图 3.17 所示，内部的原理如图 3.18 所示，分为共阳极和共阴极，一般最长的引脚是公共端，如果是共阳极就接高电平，共阴极接低电平，为了在使用过程中以免烧坏三色二极管，一般串联一个限流电阻，阻值在几百到 1kΩ 都可以。如果要发出红绿蓝三种单色光，只要在相应的管脚加以正确的电压即可；如果要发出其他颜色的光，就可以通过对两种或三种单色光同时加以正确的电压即可；如果要发出白色光就应在红绿蓝上同时加上相应的电压。三色灯及其多彩颜色控制的硬件电路连接关系如图 3.19 和图 3.20 所示。

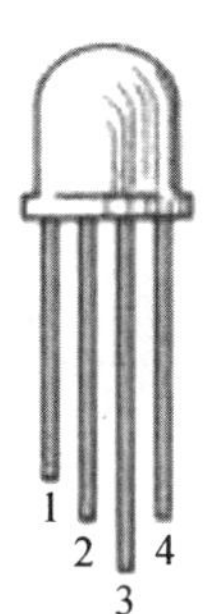

1-red (红色)

2-green (绿色)

3-common (公共端, 阴极)

4-blue (蓝色)

图 3.17　三色光二极管的外形结构

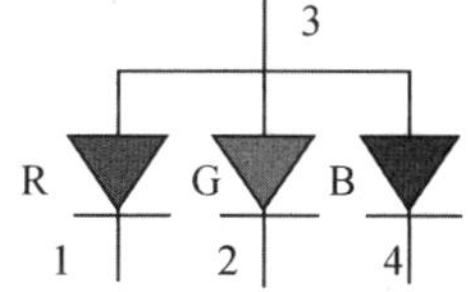

图 3.18　三色发光二极管的原理图

彩图

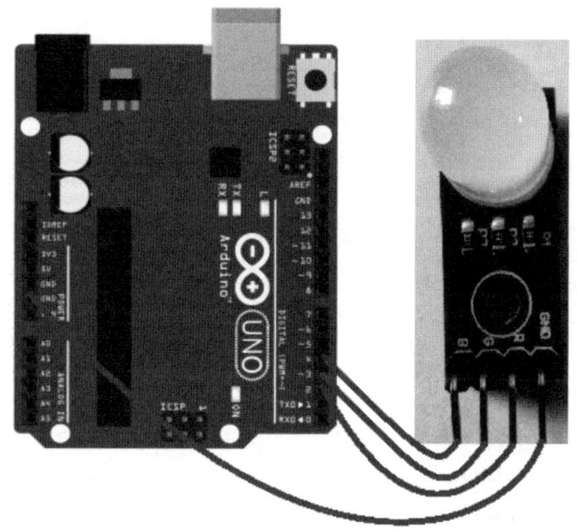

图 3.19　三色灯的硬件电路连接关系

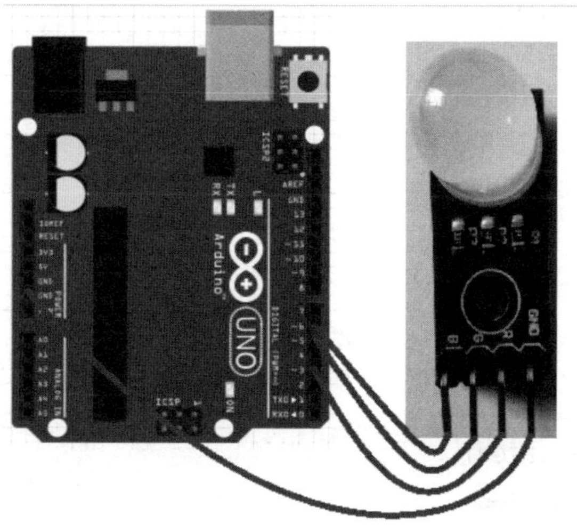

图 3.20　三色灯的多彩颜色控制硬件电路连接关系

```
//定义管脚
int pin2=2;  //管脚 2 接红灯
int pin3=3;  //管脚 3 接绿灯
int pin4=4;  //管脚 4 接蓝灯
void setup() {
// put your setup code here, to run once:
pinMode(pin2,OUTPUT);
pinMode(pin3,OUTPUT);
pinMode(pin4,OUTPUT);
}

void loop() {
// put your main code here, to run repeatedly:
//点亮红灯
digitalWrite(pin2,HIGH);
digitalWrite(pin3,LOW);
digitalWrite(pin4,LOW);
delay(200);
//点亮绿灯
digitalWrite(pin2,LOW);
digitalWrite(pin3,HIGH);
digitalWrite(pin4,LOW);
delay(200);
//点亮蓝灯
digitalWrite(pin2,LOW);
digitalWrite(pin3,LOW);
digitalWrite(pin4,HIGH);
//点亮红绿灯——等量是黄色
digitalWrite(pin2,HIGH);
digitalWrite(pin3,HIGH);
digitalWrite(pin4,LOW);
delay(200);
//点亮绿蓝灯——等量是红色
digitalWrite(pin2,LOW);
digitalWrite(pin3,HIGH);
digitalWrite(pin4,HIGH);
```

```
//点亮红蓝灯——等量是绿灯
digitalWrite(pin2,HIGH);
digitalWrite(pin3,LOW);
digitalWrite(pin4,HIGH);
delay(200);
//点亮红绿蓝灯——显示白色
digitalWrite(pin2,HIGH);
digitalWrite(pin3,HIGH);
digitalWrite(pin4,HIGH);
delay(200);
}

//通过不同的输出电压来控制 RGB
//形成大自然中的不同颜色
//通过数字引脚来模拟输出模拟信号
//可以输出模拟信号的管脚有 3、5、6、9、10、11 管脚
//这里只用到了 3,5,6 管脚
//定义 RGB 色彩的输出 I/O
int redPin = 3;   //管脚 3
int greenPin = 5;  //管脚 5
int bluePin = 6;   //管脚 6

//标记颜色变化的方式,增加值还是减小值
bool redBool =false;
bool greenBool=true;
bool blueBool=false;
//颜色值,初始化为 0,127,255
int redVal =0;
int greenVal=127;
int blueVal=255;

void setup()
{
  pinMode(redPin, OUTPUT);
  pinMode(greenPin, OUTPUT);
  pinMode(bluePin, OUTPUT);
}
```

```
// 改变颜色的增减顺序
void changeStatus()
{
   if (redVal==0)
  {
    redBool=true;
  }
  else if (redVal==255)
  {
    redBool=false;
  }

  if (greenVal==0)
  {
    greenBool=true;
  }
  else if (greenVal==255)
  {
    greenBool=false;
  }

  if (blueVal==0)
  {
    blueBool=true;
  }
  else if (blueVal==255)
  {
    blueBool=false;
  }
}

// 改变颜色的变化量,增加还是减少
void changeColorVal()
{
    if (redBool)
  {
```

```
    redVal++;
  }
  else
  {
    redVal--;
  }
  if (greenBool)
  {
    greenVal++;
  }
  else
  {
    greenVal--;
  }
  if (blueBool)
  {
    blueVal++;
  }
  else
  {
    blueVal--;
  }
}
// 设置 led 灯颜色
void setColor(int red, int green, int blue)
{
  analogWrite(redPin, red);
  analogWrite(greenPin, green);
  analogWrite(bluePin, blue);
}
void loop()
{
  //更新颜色变化状态
  changeStatus();
  //更新颜色值
  changeColorVal();
  //设置颜色
  setColor(redVal, greenVal, blueVal);
  delay(10);
}
```

3.2 LED 数码管

一位数码管的动态显示

在洗衣机控制中，用户经常要知道洗衣机的剩余时间，这时可以利用数码管来显示时间。数码显示有两种工作方式：静态显示和动态显示。要显示多位不同的数码，只能采用动态显示。

任务四　数码管静态显示

数码管静态显示原理图如图 3-21 所示。其由 Arduino 控制板、一位数码管、电阻元件构成，它们之间的连接关系如图 3.22 所示。其通过 Arduino 控制板控制引脚输出高低电平来驱动数码管对应的段亮灭来实现数字显示。

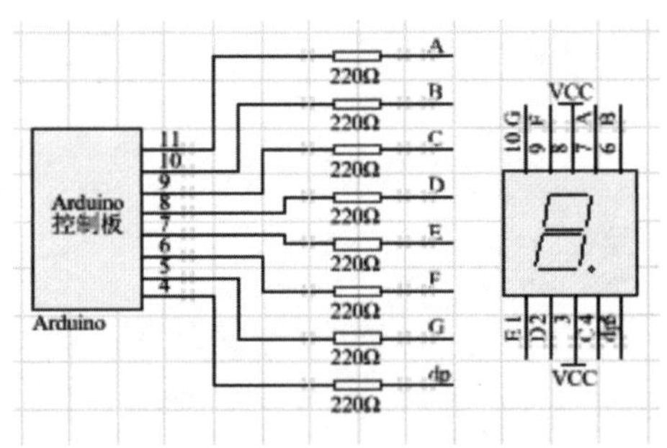

图 3.21　数码管静态显示电路原理

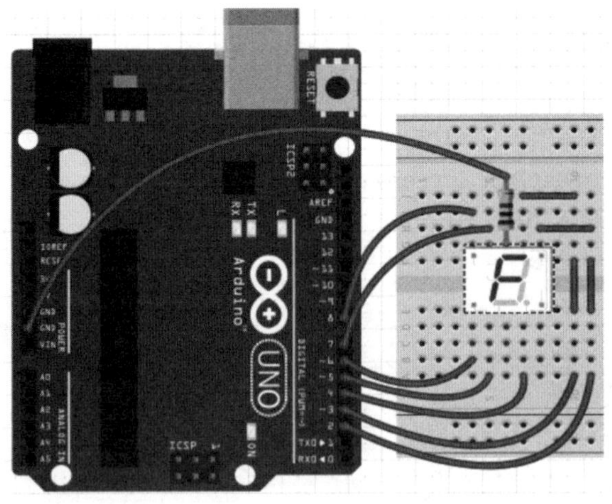

图 3.22　一位数码管显示硬件电路连接关系

静态显示是指数码管显示某一字符时，相应的发光二极管恒定导通或恒定截止。各位数码管相互独立，公共端恒定接地（共阴极）或接正电源（共阳极）。

√ **参考程序——共阳极**

```
int ledcount=8;                        //8 段数码管
int ledPins[] ={2,3,4,5,6,7,8,9};      //定义数字接口 2,3,4,5,6,7,8,9
byte seven_seg_digits[10][8] = {       //设置每个数字所对应的字型码——共
阳极
{ 0,0,0,0,0,0,1,1 },  // = 0 的字型码
{ 1,0,0,1,1,1,1,1 },  // = 1 的字型码
{ 0,0,1,0,0,1,0,1 },  // = 2 的字型码
{ 0,0,0,0,1,1,0,1 },  // = 3 的字型码
{ 1,0,0,1,1,0,0,1 },  // = 4 的字型码
{ 0,1,0,0,1,0,0,1 },  // = 5 的字型码
{ 0,1,0,0,0,0,0,1 },  // = 6 的字型码
{ 0,0,0,1,1,1,1,1 },  // = 7 的字型码
{ 0,0,0,0,0,0,0,1 },  // = 8 的字型码
{ 0,0,0,0,1,0,0,1 }   // = 9 的字型码
};

void setup() {                  //2—9 号端口设定为输出模式
for(int i=0;i<ledcount;i++)
  pinMode(ledPins[i],OUTPUT);
}
void sevenSegWrite(byte digit) {  //通过字型码,顺序为 2—9 号端口,输出字
型
byte pin = 2;
for (byte segCount = 0; segCount <8; ++segCount)
{     digitalWrite(pin, seven_seg_digits[digit][segCount]);
++pin;
}
}
void loop() {    //设置显示效果为从 0 开始计数
for (byte count = 0; count<=9; count++)
{
sevenSegWrite(count);
delay(1000);
}
delay(2000);
}
```

```
//参考程序——共阴极
int a[10][7]=   //设置每个数字所对应的字型码——共阴极
{{1,1,1,1,1,1,0},
{0,1,1,0,0,0,0},
{1,1,0,1,1,0,1},
{1,1,1,1,0,0,1},
{0,1,1,0,0,1,1},
{1,0,1,1,0,1,1},
{1,0,1,1,1,1,1},
{1,1,1,0,0,0,0},
{1,1,1,1,1,1,1},
{1,1,1,1,0,1,1}
};
void setup() {
  // put your setup code here, to run once:
  for(int n=2;n<9;n++){
    pinMode(n,OUTPUT);  }}
void loop() {
  // put your main code here, to run repeatedly:
  for(int i=0;i<10;i++){
    for(int j=0;j<7;j++){
      if(a[i][j]==1){
        digitalWrite(j+2,HIGH);
      }
else
{ digitalWrite(j+2,LOW); }  }
    delay(1000);  }}
```

扩展部分:/ * 数码管外围段旋转 * /

```
int a[12][6]=     //先用数组定义好要显示的位置
{{1,0,0,0,0,0},{0,1,0,0,0,0},{0,0,1,0,0,0},
{0,0,0,1,0,0},{0,0,0,0,1,0},{0,0,0,0,0,1},
{1,0,0,0,0,0},{1,1,0,0,0,0},{1,1,1,0,0,0},
{1,1,1,1,0,0},{1,1,1,1,1,0},{1,1,1,1,1,1}};
void setup() {
    for(int n=2;n<9;n++){
    pinMode(n,OUTPUT);  }}
```

```
void loop() {
    for(int i=0;i<12;i++){
    for(int j=0;j<6;j++){
      if(a[i][j]==1){
        digitalWrite(j+2,HIGH);
      }
else
{   digitalWrite(j+2,LOW);
      } }
    delay(500);
  }}
```

✓ **硬件说明**

数码管是一种半导体发光器件，是目前数字电路中最常用的显示器件之一，其基本单元是发光二极管。数码管按段数分为七段数码管和八段数码管，八段数码管比七段数码管多一个发光二极管单元(多一个小数点显示)，很多资料把小数点显示的不称为段。LED数码管按照接法分为共阳极和共阴极(数码管在工厂生产完成，共阴极和共阳极就已定，要么是共阴极，要么是共阳极，不可用高电平和低电平来更改)，如果图3.23中的一位数码管为共阳极，公共端必须给高电平。对于二位一体和四位一体的数码管，共阳极和共阴极体现在字位端口给高电平还是给低电平，二位一体的字位端为5管脚(第2位)和10管脚(第1位)，四位一体的数码管体现在标注的数字引脚上(见图3.23)。数码管的内部结构如图3.24所示。

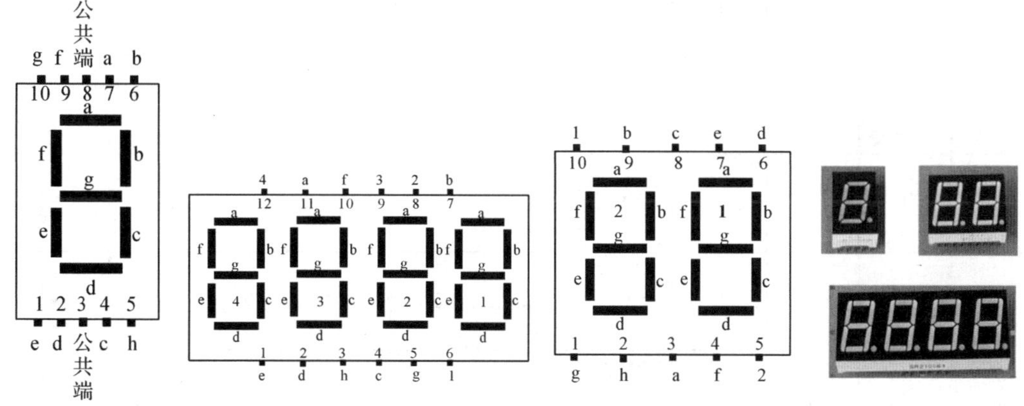

图3.23　LED数码管外观与引脚图

下面介绍如何快速且简便辨别共阳极和共阴极数码管。以二位一体的数码管为例，把引脚5或引脚10接地线，用高电平去碰除引脚5和引脚10之外的任意引脚，如果出现某一

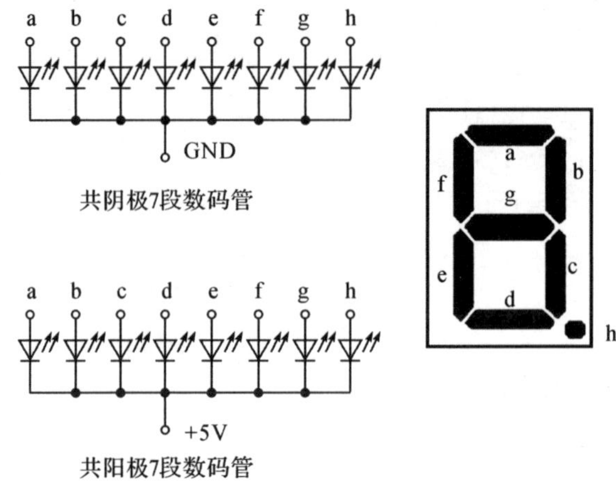

图 3.24　数码管的内部结构

段亮说明是共阴极,如果没有出现任何一段亮,不能说明一定是共阳极,也有可能是坏了。所以最好的办法是把引脚 5 或引脚 10 接高电平,用地线去碰除引脚 5 和引脚 10 之外的任意引脚,如果出现某一段亮则说明是共阳极。

➢ 不同厂家生产的数码管型号不同,应先确定其型号,了解共阴极和共阳极。

➢ 字型码:数码管要显示字型时,CPU 需向它发送控制对应的电平到数码管的管脚,点亮对应的字段,这些数据被称为字型码或字段码。要显示相同的数字,共阳极和共阴极数码管需发送的信号不同,因而又分为共阳码和共阴码。下面具体分析数字 0～9 的共阳码和共阴码。一般情况下,是把数码管的小数位放在最高位,然后按照顺序来组成数字 0～9 的字型码。数字的 0～9 的共阳码如表 3.2 所示,数字 0～9 的共阴码如表 3.3 所示。

表 3.2　数字 0～9 的共阳码

数字	dp(h)	G	F	e	d	c	b	a	十六进制	显示数字
0	1	1	0	0	0	0	0	0	C0H	
1	1	1	1	1	1	0	0	1	F9H	
2	1	0	1	0	0	1	0	0	A4H	
3	1	0	1	1	0	0	0	0	B0H	
4	1	0	0	1	1	0	0	1	99H	

续表

数字	dp(h)	G	F	e	d	c	b	a	十六进制	显示数字
5	1	0	0	1	0	0	1	0	92H	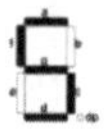
6	1	0	0	0	0	0	1	0	82H	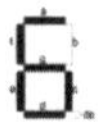
7	1	1	1	1	1	0	0	0	F8H	
8	1	0	0	0	0	0	0	0	80H	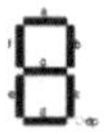
9	1	0	0	1	0	0	0	0	90H	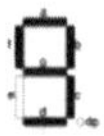

表 3.3　数字 0～9 的共阴码

数字	dp(h)	G	F	e	d	c	b	a	十六进制	显示数字
0	0	0	1	1	1	1	1	1	3FH	
1	0	0	0	0	0	1	1	0	06H	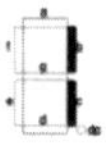
2	0	1	0	1	1	0	1	1	5BH	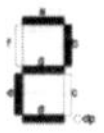
3	0	1	0	0	1	1	1	1	4FH	
4	0	1	1	0	0	1	1	0	66H	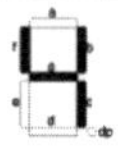
5	0	1	1	0	1	1	0	1	6DH	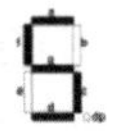
6	0	1	1	1	1	1	0	1	7DH	
7	0	0	0	0	0	1	1	1	07H	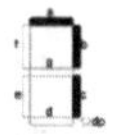
8	0	1	1	1	1	1	1	1	7FH	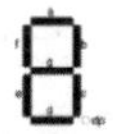
9	0	1	1	0	1	1	1	1	6FH	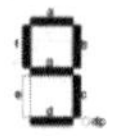

注意：遇到小数点显示时，不需要计算出该字型码，共阳极利用该字符的字型码按位与7FH进行相与操作，共阴极利用该字符字型码按位与80H进行相或操作。例如：

共阳极要显示6.　82H & 7FH=02H

共阴极要显示9.　6FH | 80H=EFH

在Arduino编程中，数码管的字型码可以通过二进制形式给出，也可以通过十六进制形式给出。通过二进制形式给出共阳码如下：

```
byte seven_seg_digits[10][8] =              //设置每个数字所对应的字型码
{
{1,1,0,0,0,0,0,0},            // = 0 的字型码
{ 1,1,1,1,1,0,0,1},           // = 1 的字型码
{ 1,0,1,0,0,1,0,0},           // = 2 的字型码
{1,0,1,1,0,0,0,0},            // = 3 的字型码
{ 1,0,0,1,1,0,0,1 },          // = 4 的字型码
{ 1,0,0,1,0,0,1,0},           // = 5 的字型码
{ 1,0,0,0,0,0,1,0},           // = 6 的字型码
{ 1,1,1,1,1,0,0,0},           // = 7 的字型码
{ 1,0,0,0,0,0,0,0},           // = 8 的字型码
{ 1,0,0,1,0,0,0,0}            // = 9 的字型码
};
```

通过十六进制形式给出共阳码如下：

```
unsigned char LED_OF[]=
{//  0    1    2    3    4    5    6    7    8    9    全灭
0xC0,0xF9,0xA4,0xB0,0x99,0x92,0x82,0xF8,0x80,0x90,0xFF };
```

✓ **语言说明**

自定义函数：

计算机程序是由一组或是变量或是函数的外部对象组成的。函数是一个自我包含的完成一定相关功能的执行代码段。函数就像一个“黑盒子”，数据被送进去就能得到结果，而函数内部究竟是如何工作的，外部程序是不知道的。外部程序所知道的仅限于给函数输入什么参数以及函数输出什么参数。函数提供了编制程序的手段，使之容易读、写、理解、排除错误、修改和维护。

在编写程序过程中，鼓励和提倡编程者把一个大问题划分成若干个子问题，对应于解决一个子问题编制一个函数，因此，计算机语言程序一般是由大量小函数而不是由少量大函数构成的，即所谓“小函数构成大程序”。这样的好处是让各部分相互充分独立，并且任务单一。这些充分独立的小模块也可以作为一种固定规格的小“构件”，用来构成新的大程序。

Arduino语言提供很多的库函数，每个库函数都能完成一定的功能，应熟悉其功能，这

样用户就可随意调用了。这些函数总的分为输入输出函数、数学函数、字符串、字符屏幕和图形功能函数、过程控制函数、目录函数等。编程者也可根据需要编写自己的函数,这些函数也可加入到 Arduino 语言的库中变成库函数。

(1) 函数的说明与定义

① 函数说明

所有函数与变量一样在使用之前必须说明。说明是指明函数是什么类型的,一般库函数的说明都包含在相应的头文件<*.h>中,例如标准输入输出函数包含在 stdio.h 中,非标准输入输出函数包含在 io.h 中,在使用库函数时必须先知道该函数包含在什么样的头文件中,在程序的开头用#include<*.h>或#include"*.h"说明。只有这样,程序在编译连接时才知道它提供的是库函数,否则,将认为是用户自己编写的函数而不能装配。

```
#include<LiquidCrystal.h>//申明 1602 液晶的函数
LiquidCrystal lcd(12,11,10,9,8,7,6,5,4,3,2); //申明 1602 液晶的 11 个引脚所连接的 Arduino 的数字端口
void setup( )
{
lcd.begin(16,2);                //初始化 1602 液晶工作模式,定义 1602 液晶显示范围为 2 行 16 列字符
lcd.setCursor(0,0);             //把光标定位在第 0 行,第 0 列
lcd.print("hello world");       //显示
lcd.setCursor(0,2);             //把光标定位在第 2 行,第 0 列
lcd.print("Arduino is fun");    //显示
}
void loop()
{
}
```

a. 经典方式:函数类型　函数名();

b. ANSI 规定方式:函数类型　函数名(数据类型　形式参数,　数据类型　形式参数,……);

其中,函数类型是该函数返回值的数据类型,可以是以前介绍的整型(int)、长整型(long)、字符型(char)、单浮点型(float)、双浮点型(double)和无值型(void),也可以是指针,包括结构指针(可参考相关教材),无值型表示函数没有返回值。

函数名的标识符,小括号中的内容为该函数的形式参数说明。可以只有数据类型而没有形式参数,也可以两者都有。对于经典的函数说明没有参数信息。

```
例：
int putlll(int x,int y,int z,int color,char p);  //说明一个整型函数
char name(void);                                   //说明一个字符型函数
void student(int n, char str);                     //说明一个不返回值的函数
float calculate( );                                //说明一个浮点型函数
```

注意：如果一个函数没有说明就被调用，编译程序并不认为出错，而将此函数默认为整型(int)函数。因此当一个函数返回其他类型，又没有事先说明，编译时将会出错。

② 函数定义

函数定义就是确定该函数完成什么功能以及怎么运行，相当于其他语言的一个子程序。单片机对函数的定义采用 ANSI 规定的方式，即：

```
函数类型  函数名(数据类型 形式参数；数据类型 形式参数；…… )
      {
          函数体；
      }
```

其中，函数类型和形式参数的数据类型为 C 语言的基本数据类型。函数体为 C 语言提供的库函数和语句以及其他用户自定义函数调用语句的组合，并包括在一对花括号“{”和“}”中。

需要指出的是，一个程序必须有一个主函数，其他用户定义的子函数可以是任意多个，这些函数的位置也没有什么限制，可以在主函数前，也可以在其后。

(2)函数的调用

① 函数的简单调用

函数的简单调用是指调用函数时直接使用函数名和实参的方法，也就是将要赋给被调用函数的参量，按该函数说明的参数形式传递过去，然后进入子函数运行，运行结束后再按子函数规定的数据类型返回一个值给调用函数。使用库函数就是函数简单调用的方法。两个数比较大小的硬件连接方式如图 3.25 所示。

图 3.25 两个数比较大小的硬件连接方式

```
    //这里自定义了一个两个数的比较大小的函数,一个数存到变量的 i 中,另一个数存
到变量  j 中,如果 i 中的数大于 j 中的数,6 管脚输出低电平,使发光二极管点亮。
  int maxmum(int x, int y);   //说明一个用户自定义函数
     int ledpin=6;
    int i=4, j=10;
    //在这里可以改变 i 和 j 的大小,如 int i=6, j=20;当然也可以通过键盘输入数
字,用到函数 Serial.read(),可以参考后面的函数递归调用章节或其他资料去实现
    void setup()
          {
    pinMode(ledpin, OUTPUT);
    }
    void loop()
     {
        if(maxmum(i, j)==i)
    digitalWrite(ledpin, LOW);
    else digitalWrite(ledpin, HIGH);
           }
     int maxmum(int x, int y)
     {
         int max;
    //比较两个数的大小,如果 x 大就把 x 的值赋给 max,否则就把 y 的值赋给 max
    max=x>y? x:y;
        }
```

函数的参数传递有三种方法,分别为:

a. 调用函数向被调用函数以形式参数传递

用户编写的函数一般在对其说明和定义时就规定了形式参数类型,因此调用这些函数时参量必须与子函数中形式参数的数据类型、顺序和数量完全相同,否则在调用中将会出错,得到意想不到的结果。

当传递数组的某个元素时,数组元素作为实参,此时按使用其他简单变量的方法使用数组元素。例 1 按传递数组元素的方法传递时变为:

```
        void disp(int n);
    void setup()
    {
    Serial.begin(9600);  //设置串口波特率为 9600
```

```
}
void loop()
{
      int m[10], i;
      for(i=0; i<10; i++){
        m[i]=i;
        disp(m[i]);   /*逐个传递数组元素*/
      }
    }
void disp(int n)
{
      Serial.println(n);   //从 arduino 串口监视器中输出变量 n 中的内容
    }
```

//Serial. print(n)和 Serial. println(n)的区别，前者在某一行输出变量 n 内容之后，如果还要输出就接着输出，而后者多了 ln 就表示在某一行输出变量 n 内容之后进行回车操作，如果还要输出，就在下一行继续输出。

这时一次只传递了数组的一个元素。

注意：要使用这个串口监视器，首先一定要把控制板跟电脑连接好，在图 3.26 的工具菜单里面设置好控制板型号及端口，在 setup()函数中要对串口进行初始化，如 Serial. begin (9600)，这里是设置串口的波特率为 9600，当然根据实际情况也可以设置成其他波特率；然后下载程序到控制板中，下载成功即可使用！

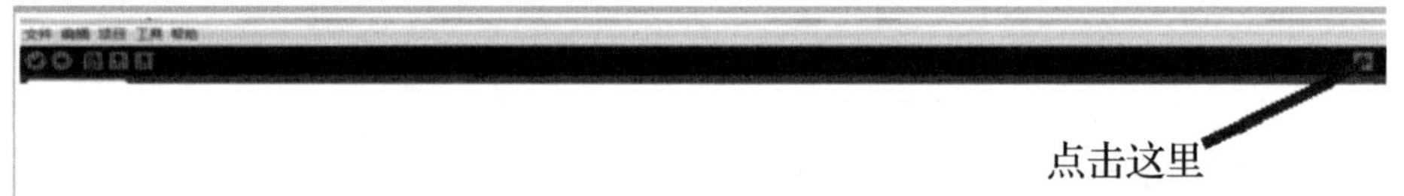

图 3.26　串口监视器的位置

b. 被调用函数向调用函数返回值。

一般使用 return 语句由被调用函数向调用函数返回值，该语句有下列用途：

- 它能立即从所在的函数中退出，返回到调用它的程序中去。
- 返回一个值给调用它的函数。

有两种方法可以终止子函数运行并返回到调用它的函数中：一是执行到函数的最后一条语句后返回；二是执行到语句 return 时返回。前者当子函数执行完后仅返回给调用函数一个 0。若要返回一个值，就必须用 return 语句。只需在 return 语句中指定返回的值即可。例 1 返回最大值程序时变为：

```
 int maxmum(int x, int y, int z);        //说明一个用户自定义函数
void setup()
{
Serial.begin(9600);
}
 void loop()
 {
       int i=10, j=25, k=34, max;
        max=maxmum(i, j, k);             //调用子函数，并将返回值赋给 max
       Serial.println( max);             //从串口监视器输出三个数的最大数
           }

 int maxmum(int x, int y, int z)
 {
       int max;
       max=x>y? x:y;                    //求 x 和 y 两个数的最大值,赋值给 max
max=max>z? max:z;   //求 max 和 z 两个数的最大值,就是求 z 和 x 与 y 中的最大
数
  return(max);          //返回最大值
 }
```

return 语句可以向调用函数返回值，但这种方法只能返回一个参数，在许多情况下要返回多个参数，这时用 return 语句就不能满足要求了。

c. 用全程变量实现参数互传

以上两种办法可以在调用函数和被调用函数间传递参数，但使用不太方便。如果将所要传递的参数定义为全程变量，可使变量在整个程序中对所有函数都可见。这样相当于在调用函数和被调用函数之间实现了参数的传递和返回。这也是实际中经常使用的方法，但定义全程变量势必长久地占用了内存。因此，全程变量的数目受到限制，特别对于较大的数组更是如此。当然对于绝大多数程序内存都是够用的。例如：

```
int m[10];                                  //定义全程变量
    void setup()
    {
    Serial.begin(9600);
    }
    void loop()
      {
```

```
        int i;
        Serial.println("In main before calling");
        for(i=0; i<10; i++)
   {
          m[i]=i;
          Serial.println( m[i]);                  //输出调用子函数前数组的值
        }
        disp( );                                  //调用子函数
        Serial.println("In main after calling");
        for(i=0; j<10; i++)
          Serial.println( m[j]);                  //输出调用子函数后数组的值
            }
     void disp(void)
     {
        int j;
        Serial.println("In subfunc after calling");
   for (j=0; i<10; j++)
   {
            m[j]=m[j] * 10;
            Serial.println( m[i]);        //子函数中输出数组调整过的值
        }
    }
```

② **函数的递归调用**

Arduino语言中允许函数自己调用自己，即函数的递归调用。递归调用可以使程序简洁、代码紧凑，但要牺牲内存空间作处理时的堆栈。

例如，要求一个n!（n的阶乘）的值，可用下面递归调用：

```
   unsigned long mul(int n);
 void setup()
   {
   Serial.begin(9600);
   }
   void loop()
    {
        int m;
        Serial.print("Calculate n! n=? \n");
```

```
    while(Serial.available()>0)
    m = Serial.read();        //键盘输入数据——由串口读入一个字节
    Serial.println( m);           //调用输出程序计算并输出
    Serial.println( mul(m));
    delay(100);
            }
 unsigned long mul(int n)
 {
      unsigned long p;
      if(n>1)
          p=n * mul(n-1);                  //递归调用计算 n!
      else
          p=1;
      return(p);                           //返回结果
 }
```

(3)**函数作用范围与变量作用域**

① 函数作用范围

每个函数都是独立的代码块，函数代码归该函数所有，除了对函数的调用以外，其他任何函数中的任何语句都不能访问它。例如使用跳转语句 goto 就不能从一个函数跳进其他函数内部。除非使用全程变量，否则一个函数内部定义的程序代码和数据，不会与另一个函数内的程序代码和数据相互影响。

所有函数的作用域都处于同一嵌套程度，即不能在一个函数内再说明或定义另一个函数。

一个函数对其他子函数的调用是全程的，即使函数在不同的文件中，也不必附加任何说明语句而被另一函数调用，也就是说一个函数对于整个程序都是可见的。

② 函数的变量作用域

变量是可以在各个层次的子程序中加以说明，也就是说，在任何函数中，变量说明只允许在一个函数体的开头处说明，而且允许变量的说明(包括初始化)跟在一个复合语句的左花括号的后面，直到配对的右花括号为止。它的作用域仅在这对花括号内，当程序执行出花括号时，它将不复存在。当然，内层中的变量即使与外层中的变量名字相同，它们之间也是没有关系的。例如：

```
  viod setup()
  {   }
  int sum(int a,int b)  //变量 a 和 b 在 sum 函数中有效
     {
```

```
    int c;
c=a+b;
return c;
    }
    void loop ()
 {
     int x=1,y=3;
     int d,c=0;
     d=sum(x,y);
     x=c+y;      //这里的 c 和 sum 函数中的 c 无关
  Serial.print(d);
  Serial.print(x);
}
```

运行之后,串口输出结果为 d=4,x=3。从程序运行的结果不难看出程序中各变量之间的关系,以及各个变量的作用域。

(4) 二维数组

① 二维数组的定义

前面介绍的数组只有一个下标,称为一维数组,其数组元素也称为单下标变量。二维数组可以看作是由一维数组的嵌套而构成的。设一维数组的每个元素都又是一个数组,就组成了二维数组。当然,前提是各元素类型必须相同。根据这样的分析,一个二维数组也可以分解为多个一维数组。在实际问题中还有很多量是多维的,因此允许构造多维数组。多维数组元素有多个下标,以标识它在数组中的位置,所以也称为多下标变量。本节只介绍二维数组,多维数组可由二维数组类推而得到。

二维数组类型说明的一般形式是:

类型说明符 数组名[常量表达式 1][常量表达式 2];

其中,常量表达式 1 表示第一维下标的长度,常量表达式 2 表示第二维下标的长度。例如:

int a[3][4];

定义了一个三行四列的数组,数组名为 a,其下标变量的类型为整型。该数组的下标变量共有 3×4 个,即:

a[0][0],a[0][1],a[0][2],a[0][3]
a[1][0],a[1][1],a[1][2],a[1][3]
a[2][0],a[2][1],a[2][2],a[2][3]

二维数组在概念上是二维的,即是说其下标在两个方向上变化,下标变量在数组中的位置也处于一个平面之中,而不是像一维数组只是一个向量。但是,实际的硬件存储器却是连续编址的,也就是说存储器单元是按一维线性排列的。在一维存储器中存放二维数组有两种方式:一种是按行排列,即放完一行之后顺次放入第二行。另一种是按列排列,即放完一列之后再顺次放入第二列。在C语言中，二维数组是按行排列的，即将这种二维数组a[3][4]分解为三个一维数组，其数组名分别为a[0]，a[1]，a[2]。在图3.27中，按行依次存放，先存放a[0]行，再存放a[1]行，最后存放a[2]行。每行（或者说每个一维数组）中有四个元素，例如，一维数组a[0]的元素为a[0][0]，a[0][1]，a[0][2]，a[0][3]，也是依次存放。由于数组a说明为int类型，该类型占两个字节的内存空间，所以每个元素均占有两个字节（图中每一格为二字节）。必须强调的是：对这三个一维数组不需另作说明即可使用。a[0]，a[1]，a[2]不能当作下标变量使用，它们是数组名，不是一个单纯的下标变量。

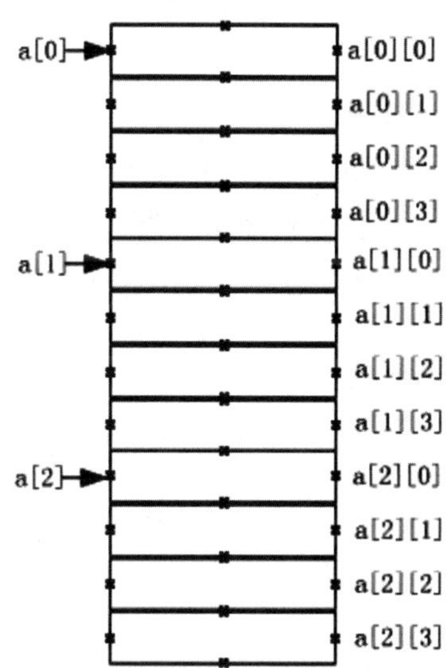

图3.27　数组a[3][4]存储空间分布

② 二维数组元素的引用

二维数组的元素也称为双下标变量，其表示的形式为：数组名[下标][下标]，其中下标应为整型常量或整型表达式。例如：a[3][4]表示a数组三行四列的元素。下标变量和数组说明在形式中有些相似，但这两者具有完全不同的含义。数组说明的方括号中给出的是某一维的长度，即可取下标的最大值；而数组元素中的下标是该元素在数组中的位置标识。前者只能是常量，后者可以是常量、变量或表达式。

③ 二维数组的初始化

二维数组的初始化也是在类型说明时给各下标变量赋以初值。二维数组可按行分段赋值，也可按行连续赋值。例如对数组a[5][3]：

a. 按行分段赋值可写为：

int a[5][3]={ {80,75,92},{61,65,71},{59,63,70},{85,87,90},{76,77,85} };

b. 按行连续赋值可写为：

int a[5][3]={ 80,75,92,61,65,71,59,63,70,85,87,90,76,77,85 };

这两种赋初值的结果是完全相同的。

对于二维数组初始化赋值还有以下说明：

A. 可以只对部分元素赋初值，未赋初值的元素自动取0值。例如：

int a[3][3]={{1},{2},{3}};

是对每一行的第一列元素赋值，未赋值的元素取0值。赋值后各元素的值为：

a[0][0]=1，a[0][1]= 0，a[0][2]=0；a[1][0]=2，a[1][1]=0，a[1][2]=0；

a[2][0]=3，a[2][1]=0，a[2][2]=0

int a [3][3]={{0,1},{0,0,2},{3}};

赋值后的元素值为：

a[0][0]=0，a[0][1]= 1，a[0][2]=0；

a[1][0]=0，a[1][1]=0，a[1][2]=2；a[2][0]=3，a[2][1]=0，a[2][2]=0

B. 如对全部元素赋初值，则第一维的长度可以不给出。例如：

int a[3][3]={1,2,3,4,5,6,7,8,9};

可以写为：

int a[ ][3]={1,2,3,4,5,6,7,8,9};

④ 二维数组应用举例

在二维数组 A 中选出各行最大的元素组成一个一维数组 B。A[3][4]={{3,16,87,65},{4,32,11,108},{10,25,12,37}},B[3]={87,108,37}。本题的编程思路是，在数组 A 的每一行中寻找最大的元素，找到之后把该值赋予数组 B 相应的元素。

```
int A[3][4]={{3,16,87, 65}, {4,32,11,108},{10,25,12,37}};
int B[3]={0,0,0};
int m;
void setup()
{
Serial.begin(9600);
}
void loop()
{   for(int j=0;j<3;j++)
{
for(int i=0;i<3;i++)
       if(A[j][i]>A[j][i+1])
{m= A[j][i+1]; A[j][i+1]=A[0][i];A[j][i]=m;}
          B[j]=A[j][3];
}
          Serial.println(B[0]);
Serial.println(B[1]);
Serial.println(B[2]);
}
```

为更好地理解如何控制数码管的显示，设计了基于 Proteus 的仿真图(见图 3.28)，在这个仿真图中用到三种元器件：一种是控制芯片元件，其关键词为 328p；一种是数码管元件，其关键词为 7seg，选中 7SEG-MPX1-CA(共阳极)；另一种是电阻元件，其关键词为 res，调入 8 个电阻，把每个电阻的阻值修改为 220Ω，然后串到数码管的 a，b，c，d，e，f，g，dp 端。首先在 Arduino IDE 编译器中对上面的程序进行编译，得到可执行文件(.exe)，然后把可执行文件加载到仿真控制器中，具体步骤可参考第二章内容，最后点击左下角的运行按钮，可观察到一位数码管动态显示。

思考题：编写程序实现 0—9 的单数显示或双数显示。

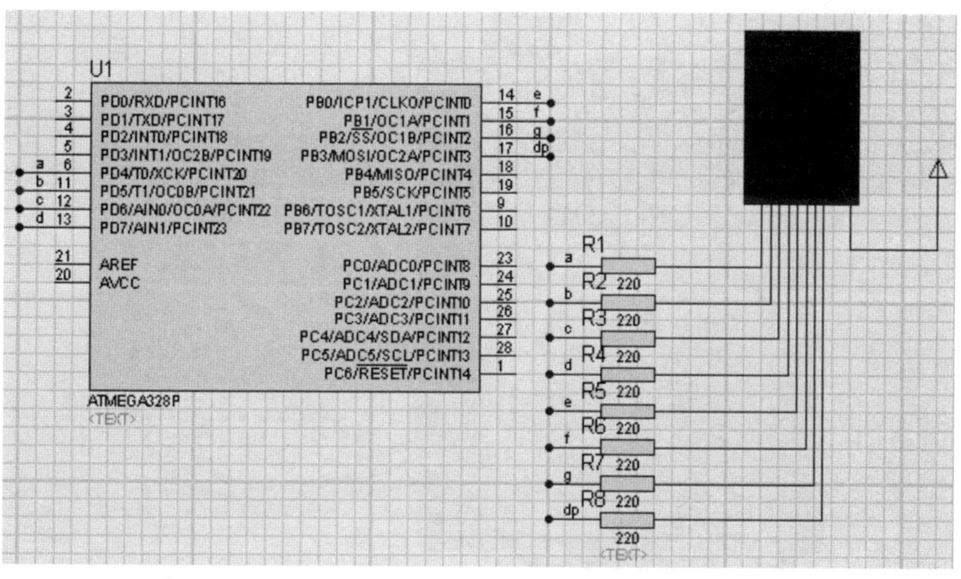

图 3.28　数码管静态显示仿真电路

任务五　数码管动态显示(以二位数码管显示为例)

数码管动态显示原理图如图 3.29 所示，其由 Arduino 控制板、二位一体数码管、电阻元件构成，它们之间的连接关系如图 3.30 所示。二位一体的数码管有两种信息：一种是数码的字位信息(在哪个位置上显示)，另一种是数码的字码信息(显示什么数字)。数码管动态显示是通过 Arduino 控制板控制引脚首先输出位置信息，再输出对应的字码信息，延时之后再使位置信息无效，使另外一位的位置信息有效，输出对应的字码信息，延时之后再使其位置信息无效，一直循环就实现数码管的动态显示。

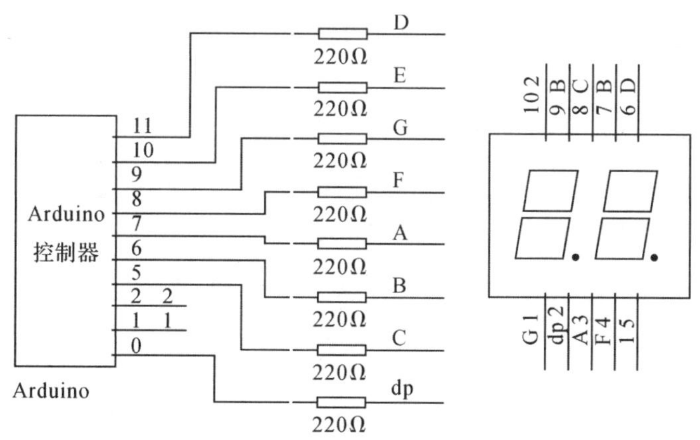

图 3.29　数码管动态显示电路原理

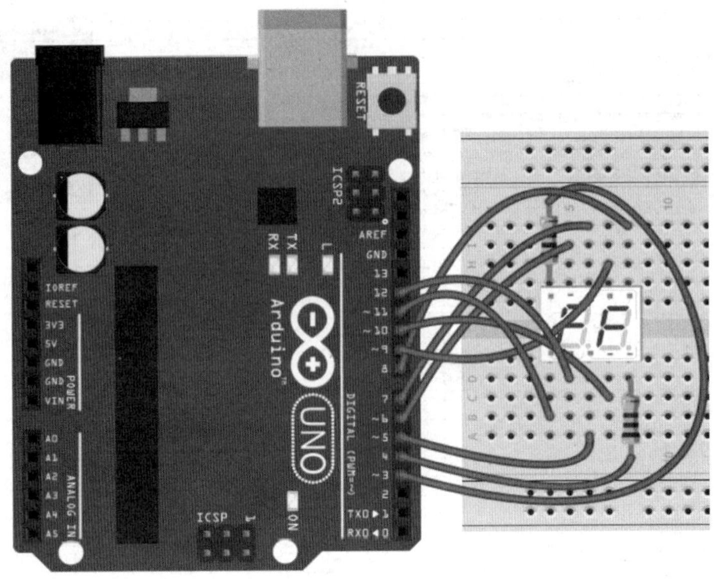

图 3.30　二位数码管动态显示硬件电路连接关系

✓ **参考程序**

```
#define SEG_A 5
#define SEG_B 6
#define SEG_C 7
#define SEG_D 8
#define SEG_E 9
#define SEG_F 10
#define SEG_G 11
#define SEG_DP 12
//共阴极
#define COM1 3
#define COM2 4
unsigned char table[10][8]=
{
{0,0,1,1,1,1,1,1},
{0,0,0,0,0,1,1,0},
{0,1,0,1,1,0,1,1},
{0,1,0,0,1,1,1,1},
{0,1,1,0,0,1,1,0},
{0,1,1,0,1,1,0,1},
{0,1,1,1,1,1,0,1},
```

```
{0,0,0,0,0,1,1,1},
{0,1,1,1,1,1,1,1},
{0,1,1,0,1,1,1,1}
};                  //0,1,2,3,4,5,6,7,8,9

Viod setup()        //设置输出引脚
{
pinMode(SEG_A,OUTPUT);
pinMode(SEG_B,OUTPUT);
pinMode(SEG_C,OUTPUT);
pinMode(SEG_D,OUTPUT);
pinMode(SEG_E,OUTPUT);
pinMode(SEG_F,OUTPUT);
pinMode(SEG_G,OUTPUT);
pinMode(SEG_DP,OUTPUT);

pinMode(COM1,OUTPUT);
pinMode(COM2,OUTPUT);
}

void loop()
{
Display(1,1);
delay(500);
Display(2,2);
delay(500);
}
void Display(unsigned char com, unsigned char num)
{
digitalWrite(SEG_A,LOW);     //去除余晖
digitalWrite(SEG_B,LOW);
digitalWrite(SEG_C,LOW);
digitalWrite(SEG_D,LOW);
digitalWrite(SEG_E,LOW);
digitalWrite(SEG_F,LOW);
digitalWrite(SEG_G,LOW);

switch(com)   //选通位选
{
```

```
case 1:
digitalWrite(COM2,LOW);
digitalWrite(COM1,HIGH);
break;
case 2:
digitalWrite(COM1,HIGH);
digitalWrite(COM2,LOW);
break;
}
digitalWrite(SEG_A,table[num][7]);
digitalWrite(SEG_B,table[num][6]);
digitalWrite(SEG_C,table[num][5]);
digitalWrite(SEG_D,table[num][4]);
digitalWrite(SEG_E,table[num][3]);
digitalWrite(SEG_F,table[num][2]);
digitalWrite(SEG_G,table[num][1]);
digitalWrite(SEG_H,table[num][0]);
}
```

✓ **硬件说明**

动态显示是一位一位地轮流点亮各位数码管，这种逐位点亮显示器的方式称为位扫描。各位数码管的段选线相应并联在一起，由一个 8 位的 I/O 口控制；各位的位置选线（公共阴极或阳极）由另外的 I/O 口线控制。但由于人眼存在视觉暂留效应，只要每位显示间隔适当就可以给人以同时显示的感觉。

位选码：主要针对多位 LED 显示的问题，由于是动态显示，在哪个数码管上显示有其决定。

字型码：通常把控制发光二极管的 8 位二进制数称为段选码（显示代码）。各段码与数据位的对应关系如下：

段码位	D7	D6	D5	D4	D3	D2	D1	D0
显示位	Dp	g	f	E	D	c	b	a

✓ **语言说明**

(1) switch-case 语句

格式为：

```
switch(变量)
{
    case 常量 1:
        语句 1 或空;
```

```
        case 常量 2：
            语句 2 或空；
         case 常量 n：
            语句 n 或空；
        default：
            语句 n+1 或空；
    }
```

执行 switch 开关语句时，将变量逐个与 case 后的常量进行比较，若与其中一个相等，则执行该常量下的语句；若不与任何一个常量相等，则执行 default 后面的语句。

注意：

1. switch 中变量可以是数值，也可以是字符。
2. 可以省略一些 case 和 default。
3. 每个 case 或 default 后的语句可以是语句体，但不需要使用"{"和"}"括起来。

```
switch(com)
{
case 1：
      digitalWrite(COM1,LOW)；
      digitalWrite(COM2,HIGH)；
break；
case 2：
      digitalWrite(COM1,HIGH)；
      digitalWrite(COM2,LOW)；
break；
}
```

4. 正常情况下，每个 case 后语句的最后一条都为 break 语句，跳出 switch 选择，如果漏掉，同样是上述程序，程序中 com 如果是 1，执行 case 1 后面的语句，然后执行 case 2 后面的语句，碰到 break 才跳出。

```
switch(com)
{
case 1：
      digitalWrite(COM1,LOW)；
      digitalWrite(COM2,HIGH)；
case 2：
      digitalWrite(COM1,HIGH)；
```

```
        digitalWrite(COM2,LOW);
    break;
    }
```

（2）调用函数向被调用函数以形式参数传递

用户编写的函数一般在对其说明和定义时就规定了形式参数类型，因此调用这些函数时参量必须与子函数中形式参数的数据类型、顺序和数量完全相同，否则在调用中将会出错，得到意想不到的结果。用下述方法传递数组形参。例如：

```
      void Display(unsigned char com, unsigned char num)
    {
    digitalWrite(SEG_A,LOW);     //去除余晖
    digitalWrite(SEG_B,LOW);
    digitalWrite(SEG_C,LOW);
    digitalWrite(SEG_D,LOW);
    digitalWrite(SEG_E,LOW);
    digitalWrite(SEG_F,LOW);
    digitalWrite(SEG_G,LOW);

    switch(com)   //选通位选
    {
    case 1:
          digitalWrite(COM1,LOW);
          digitalWrite(COM2,HIGH);
    break;
    case 2:
          digitalWrite(COM1,HIGH);
          digitalWrite(COM2,LOW);
    break;
    }
          digitalWrite(SEG_A,table[num][7]);
          digitalWrite(SEG_B,table[num][6]);
          digitalWrite(SEG_C,table[num][5]);
          digitalWrite(SEG_D,table[num][4]);
          digitalWrite(SEG_E,table[num][3]);
          digitalWrite(SEG_F,table[num][2]);
          digitalWrite(SEG_G,table[num][1]);
          digitalWrite(SEG_H,table[num][0]);}
```

为更好地理解如何控制数码管的显示，设计了基于 Proteus 的仿真电路(见图 3.31)，在这个仿真图中用到两种元器件：一种是控制芯片元件，其关键词为 328p；另一种是数码管元件，其关键词为 7seg，选中其中 7SEG-MPX2-CC(共阴极)，其中 1，2 管脚是字位管脚(就是控制这个位置显示还是不显示)，如果 1 管脚是有效电平，2 管脚是无效电平，那么在左边数码管上显示；反之，2 管脚是有效电平，1 管脚是无效电平，那么在右边数码管上显示，所以把这种控制位置的信号称为字位码；A，B，C，D，E，F，G，DP 是控制数码管要显示的内容，当 1 管脚是有效电平，就在左边数码管上显示 A，B，C，D，E，F，G，DP 送过来的内容，所以把这种控制显示内容的信号称为字型码。首先在 Arduino IDE 编译器中对上面的程序进行编译，得到可执行文件(.exe)，然后把可执行文件加载到仿真控制器中，具体步骤可参考第二章内容，最后点击左下角的运行按钮，可观察到二位数码管动态显示(见图 3.32)。

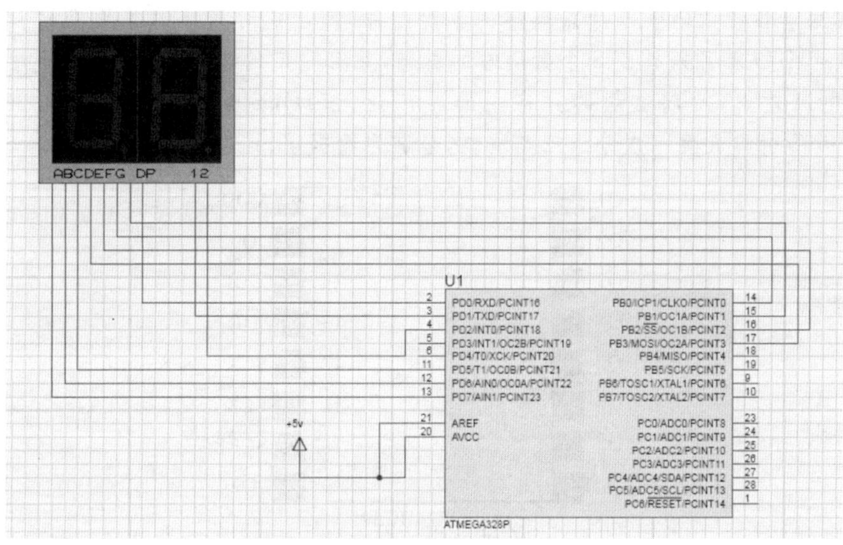

图 3.31 数码管动态显示仿真电路

图 3.32 动态显示硬件

思考题：

1. 编写程序实现0—99的动态显示。
2. 如何实现四位一体数码管的动态显示？

知识扩展

由于Arduino UNO板只有14个数字引脚，四位一体数码管有12根引脚，需要十二个引脚，占用资源过多，应如何用更少的资源来实现相同的功能即I/O口的扩展呢？这里采用串并转换74HC595芯片。由于一块74HC595芯片只有8位并行输出，而四位一体数码管有12根引脚，所以需要2块595芯片。

74HC595是单片机系统中常用的芯片之一，其作用就是把串行的信号转为并行的信号，常用于各种数码管以及点阵屏的驱动芯片，使用它可以节约单片机的I/O口资源，用3个I/O就可以控制8个数码管的引脚，且有一定的驱动能力，可以不用三极管来进行电流放大，所以这块芯片应用非常广泛。74HC595的引脚如图3.33所示。74HC595的引脚大致可以分成三类端口，分别为数据端、控制端和电源端。

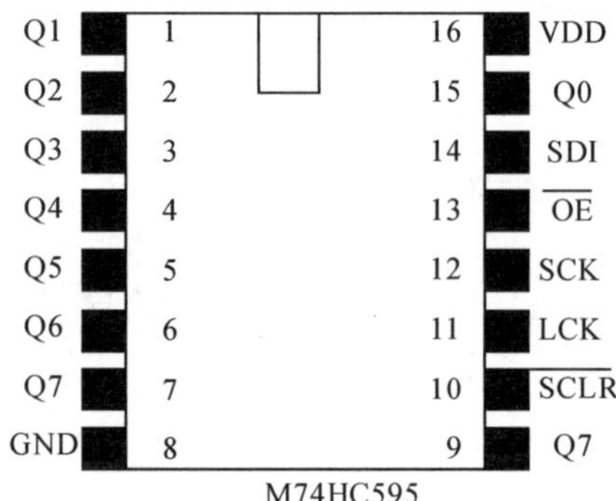

图3.33　74HC595的引脚

数据端：

QA—QH(又称Q0—Q7)：八位并行(平行)输出端，可以直接控制数码管的8个段，也可以直接控制8个LED。

Q7′(又称QH′或Q7S)：级联(串行)输出端。如果用多块芯片，实现多个芯片之间的级联，通常将它接下一级别74HC595的SDI端。

SDI (又称DS)：串行数据输入端。

控制端：

$\overline{SCLR}$(10脚)(又称$\overline{MR}$)：低电平时将移位寄存器的数据清零，正常工作时接VCC。

LCK(11脚)(又称RCK或SH_cp或SHCP)：上升沿时数据寄存器的数据移位QA→QB→QC→…→QH；下降沿移位寄存器数据不变，即上升沿实现数据移位，下降沿实现数据保持。

SCK(12脚)(又称ST_cp或STCP)：上升沿时移位寄存器的数据进入存储寄存器即更

新显示数据，下降沿时存储寄存器数据不变。

$\overline{OE}$(13脚)：低电平有效，高电平时禁止输出(高阻态)。

电源端：

GND(8脚)：芯片的电源引脚，接地线。

VCC(16脚)(又称VDD)：芯片的电源引脚，范围为2～6V，一般接+5V。

74HC595具有8位移位寄存器和一个存储器，具备三态输出功能(见图3.34)。移位寄存器和存储器分别是时钟SH_cp和ST_cp，数据在SH_cp的上升沿输入，在ST_cp的上升沿进入存储寄存器中。如果两个时钟连在一起，则移位寄存器总是比存储寄存器早一个脉冲，移位寄存器有一个串行移位输入(SDI)和一个串行输出(Q7′)。存储寄存器有一个并行8位的、具备三态的总线输出，当使能为OE时(低电平)，存储寄存器的数据输出到总线。

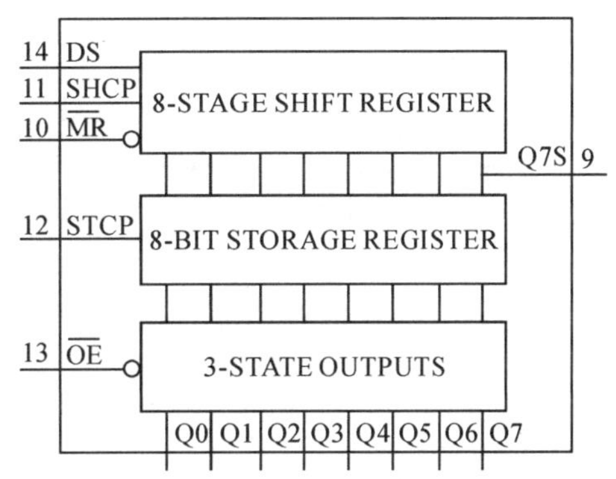

图3.34 74HC595功能说明

74HC595使用的原理如图3.35所示，步骤如下：

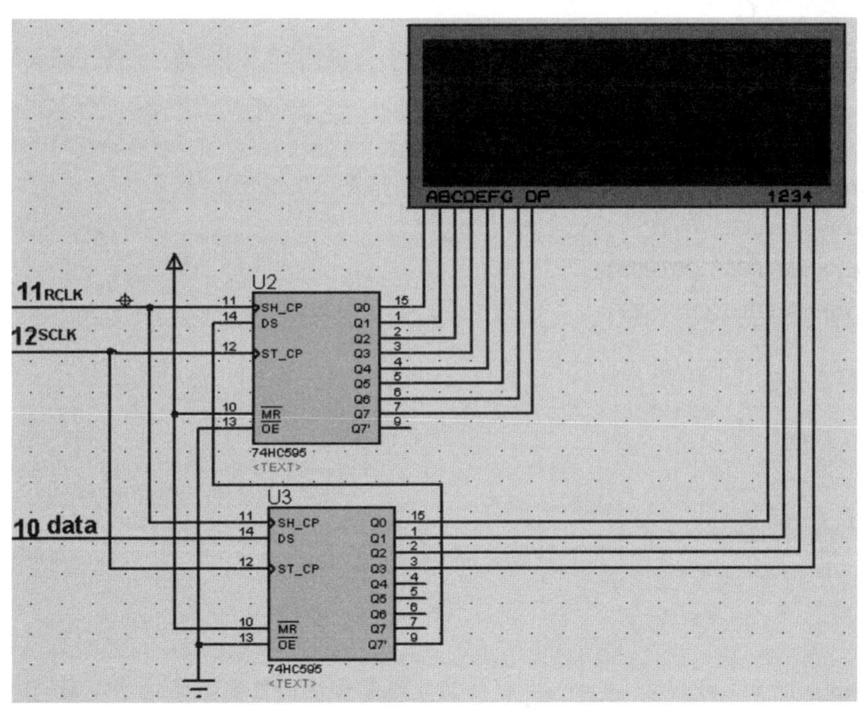

图3.35 基于74HC595的四位一体数码管显示原理

第一步：准备输入的位数据移入74HC595数据输入端上，图3.35中的10引脚(即Arduino的输出引脚10)为数据输入端；

第二步：将位数据逐位移入74HC595，即数据串入，LCK(RCK)(图3.35中的11管脚)产生一上升沿，将10管脚上的数据从低到高移入74HC595中；

第三步：并行输出数据即数据并出，SCK(图3.35中的12管脚)产生一上升沿，将由移位寄存器上的数据移入存储寄存器中，送入输出锁存器。由于$\overline{OE}$接低电平，所以数据直接输出到总线。

√ **参考程序**

```
// 本程序是实现在四位一体数码管中最后一位循环显示0—9。
// 显示内容:0,1,2,3,4,5,6,7,8,9,灭,灭,灭
unsigned char LED_OF[]=
{
  0xC0,0xF9,0xA4,0xB0,0x99,0x92,0x82,0xF8,0x80,0x90,0xFF,0xFF,0xFF
};

unsigned char LED[4];       //存储四个要显示的字型码,本程序只用到最后一位
char led_bit[4]={0x01,0x02,0x04,0x08};
int SCLK =11;
int RCLK =12;
int DIO =10;
int x=0,y;

void setup(){                         //初始化
  pinMode(SCLK,OUTPUT);
  pinMode(RCLK,OUTPUT);
  pinMode(DIO,OUTPUT);
}

void loop( )                          //主程序
{
  if(x>9)
  {
    x=0;
  }
  LED[3]=x%10;                  //存储数码管最后一位要显示的字型码
  for(int j=0;j<500;j++)
  {

    LED_Display(5);
```

```
    }
    x++;
    }

void LED_Display(int n){                //显示子程序
unsigned char * led_table;
  unsigned char i;
  int a;
  for(a=4;a<n;a++)          //如果要显示 2 位,改成 a=3; 同理,要显示 4 位,改
成 a=1
  {
    led_table=LED_OF+LED[a-1];
    i= * led_table;
    LED_OUT(i);
//产生上升沿,把 595 的移位寄存器中的数据移入存储寄存器中
digitalWrite(RCLK,LOW);
    digitalWrite(RCLK,HIGH);
  }
}
void LED_OUT(unsigned char X)              //把串行数据移入 595 的移位寄存器中
{
  unsigned char i;
  for(i=8;i>=1;i--)
  {
    if(X&0x80)
    {
      digitalWrite(DIO,HIGH);
    }
    else
    {
      digitalWrite(DIO,LOW);
    }
    X<<=1;
    digitalWrite(SCLK,LOW);      //产生上升沿
    digitalWrite(SCLK,HIGH);
  }
}
```

在程序中也可采用库函数 shiftOut，shiftOut 函数格式：shiftOut(dataPin, clockPin, bitOrder, value)，只能输出 1 个字节的数据，如果输出值大于 255，需要两次。其中，dataPin：输出每一位数据的管脚，要初始化；clockPin：时钟管脚，要初始化，当 dataPin 有值时此管脚有电平变化；bitOrder：确定输出位的顺序，最高位优先（其值设置为 MSBFIRST）或最低位优先（其值设置为 LSBFIRST）；value：要移位输出的数据（byte）是十进制数字 0～255，处理器自动变成对应的 8 位二进制的数，从而来控制各个引脚的高低电平。与之对应的函数有 shiftIn()，可以参考其他资料。

```
int EnablePin = 10;   //数字口 10 连接到 74HC595 芯片的 ST_CP 使能引脚
int clockPin = 12;    //数字口 12 连接到 74HC595 芯片的时钟 SH_CP 引脚
int dataPin = 9;      //数字口 9 连接到 74HC595 芯片的 DS 数据引脚
                      //代表数字 0～9
byte Tab[ ]={0xc0,0xf9,0xa4,0xb0,0x99,0x92,0x82,0xf8,0x80,0x90};
int Num=0;
void setup() {
  pinMode(OEPin, OUTPUT);
  pinMode(dataPin, OUTPUT);
  pinMode(clockPin, OUTPUT);
  }
void loop(){
  showNum(Num);     //显示 Num 中的数字
  delay(100);
  Num++;
  if(Num>=10)  Num=0;
    }
                      //该函数用于数码管显示
void showNu(int x){
digitalWrite(EnablePin, LOW);
shiftOut(dataPin, clockPin, MSBFIRST,Tab[x]);
digitalWrite(EnablePin, HIGH);
delay(50);
}
```

595 芯片与 Arduino 连接有两种方式：一种是按照 595 芯片所需信号进行连接，如图 3.36所示；另一种是利用 SPI(Serial Peripheral Interface)总线连接，必须用 Arduino 特定管脚（见表 3.4），才能用 SPI 库函数，否则不能用库函数。要使用编译器自身所带的 SPI 库，只需要在程序最开始加入相应的头文件即可。由于 SPI 是一种串行外设接口，由摩托罗拉在 1970 年发明。SPI 可以同时发送和接收数据，把具有这种功能的称为全双工，也就是说主设备可以将数据发送到从设备,从设备可以同时向主设备发送数据,主从设备要通信,需要同一个时钟信号。SPI 进行通信需要四根线:MISO、MOSI、SS 和 CLK,其中 MISO(主进从出)用于向主设备接收从设备发送过来的数据的引脚;MOSI(主出从入)用于向外设发送数据的引脚;SCK(串行时钟)同步主从机产生的数据传输的时钟脉冲;SS(从机选择)主设备可以使用此引脚来启用和禁用从设备。Arduino 开发板针对 SPI 接口有特定的引脚,对应关系如表 3.4 所示。

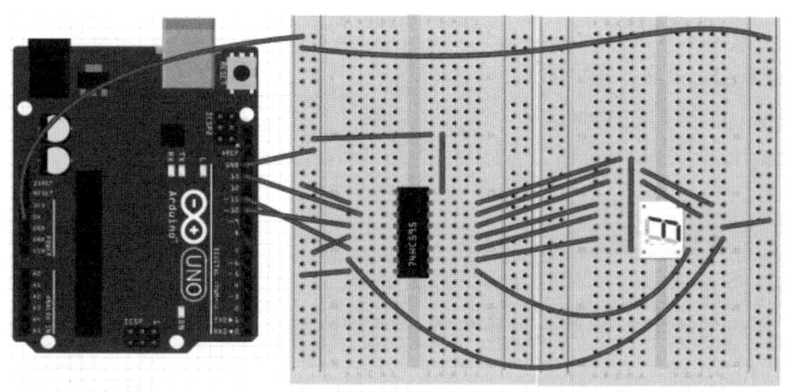

图 3.36 基于 SPI 总线的硬件电路连接

表 3.4 Arduino 引脚与 SPI 线的对应关系

Arduino 引脚	SPI 线
10	SS
11 或 ICSP-4	MOSI
12 或 ICSP-1	MISO
13 或 ICSP-3	SCK

注意点:

Arduino 的 10 管脚:595 的 12 管脚,Arduino 的 11 管脚:595 的 14 管脚,Arduino 的 13 管脚:595 的 11 管脚。

√ **参考程序**

```
#include <SPI.h>
int EnablePin = 10;  //数字口 10 连接到 74HC595 芯片的 ST_CP 引脚,对 SPI 来说是 SS
int clockPin = 13;   //数字口 13 连接到 74HC595 芯片的 SH_CP 引脚,对 SPI 来说是 SCK
int datapin=11;      //数字口 11 连接到 74HC95 芯片的 DS 引脚,对 SPI 来说是 MOSI 口
```

```
//因为这里不需要从 595 中读入数据，所以 MISO 功能不需要
byte Tab[ ]={0xc0,0xf9,0xa4,0xb0,0x99,0x92,0x82,0xf8,0x80,0x90};
int Num=0;
void setup() {          //串口初始化、引脚初始化和 SPI 初始化
Serial.begin(9600);
pinMode(clockPin, OUTPUT);
pinMode(datapin, OUTPUT);
pinMode(EnablePin, OUTPUT);
SPI.begin();   //SPI 初始化
delay(100);
}
//循环显示数字 0—9
void loop() {
//10 管脚的信号主要是用来把移位寄存器的数据存入到存储寄存器中，上升沿有效
digitalWrite(10, LOW);
  SPI.transfer(Tab[Num++]);
digitalWrite(10, HIGH);
  if(Num>=10) Num=0;
delay(50);
}
```

为了更好地理解基于 SPI 库和 595 芯片的数码管显示工作原理，设计了基于 Proteus 的仿真图（见图 3.37），在这个仿真图中除了单片机外，还用到两种元器件：一种是数码管元件，其关键词为 7SEG-MPX1-CA；另一种是 595 元器件，其关键词为 74LS595，仿真可以不在数码管的公共端加串联电阻。首先在 Arduino IDE 编译器中对上面的程序进行编译，得到可执行文件(.exe)，然后把可执行文件加载到仿真控制器中，具体步骤可参考第二章内容，最后点击左下角的运行按钮，可观察到数码管上数字 0—9 循环显示。

3.3 8＊8 点阵式 LED

数码管只能用来显示数字，如果既可显示数字，又能显示汉字和一些简单的图形，那么点阵式 LED 可以实现，接下来介绍用点阵式 LED 来显示时间。

任务六　在点阵式 LED 中显示剩余时间

8＊8 点阵 LED 显示原理图如图 3.38 所示，其由 Arduino 控制板、8＊8 点阵 LED 和 8 个 220Ω 的电阻构成，它们之间的连接关系如图 3.39 所示。

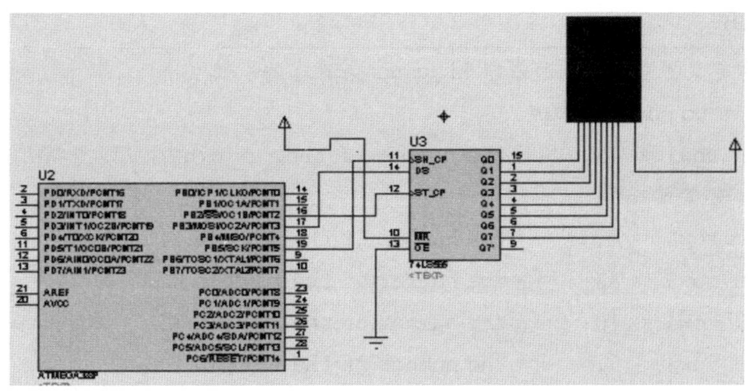

图 3.37 基于 SPI 库和 595 芯片的数码管显示仿真电路

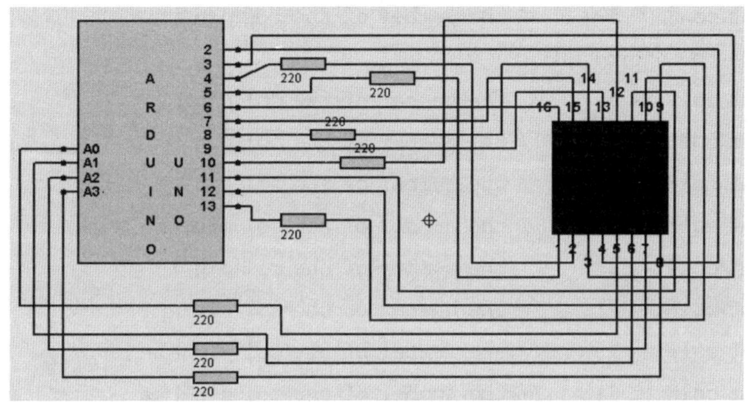

图 3.38 8＊8 点阵式 LED 显示电路原理

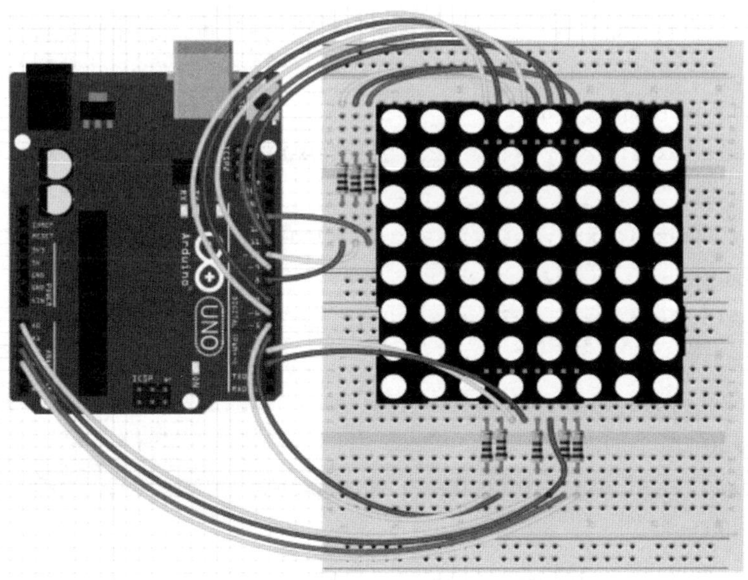

图 3.39 8＊8 点阵式 LED 硬件电路连接

√ **参考程序**

```
//下面的定义是:点阵显示器与 Arduino 控制器的引脚关系
// the pin to control ROW
const int row1 = 13;    // the number of the row pin 9 //即点阵的第 9 管脚与 Arduino 的第 13 管脚
const int row2 = 8;     // the number of the row pin 14
const int row3 = A3;    // the number of the row pin 8
const int row4 = 10;    // the number of the row pin 12
const int row5 = 5;     // the number of the row pin 1
const int row6 = A2;    // the number of the row pin 7
const int row7 = 4;     // the number of the row pin 2
const int row8 = A0;    // the number of the row pin 5
//the pin to control COl
const int col1 = 9;     // the number of the col pin 13
const int col2 = 3;     // the number of the col pin 3
const int col3 = 2;     // the number of the col pin 4
const int col4 = 12;    // the number of the col pin 10
const int col5 = A1;    // the number of the col pin 6
const int col6 = 11;    // the number of the col pin 11
const int col7 = 7;     // the number of the col pin 15
const int col8 = 6;     // the number of the col pin 16

// 定义了一个二位数组,用来存放数字 0—9 的字模,字模的获取可以手工处理(按照图 3.41)也可以从网上下载专门的字模获取软件来处理,需要注意的是这里用的是 8*8 的字模。
unsigned char Num[10][8]=
{0x00,0x1c,0x22,0x41,0x41,0x22,0x1c,0x00},{0x00,0x40,0x44,0x7e,0x7f,0x40,0x40,0x00},
{0x00,0x00,0x66,0x51,0x49,0x36,0x00,0x00},{0x00,0x00,0x22,0x41,0x49,0x36,0x00,0x00},
{0x00,0x10,0x1c,0x13,0x7c,0x7c,0x10,0x00},{0x00,0x00,0x27,0x45,0x45,0x45,0x39,0x00},
{0x00,0x00,0x3e,0x49,0x49,0x32,0x00,0x00},{0x00,0x03,0x01,0x71,0x79,0x07,0x03,0x00},
{0x00,0x00,0x36,0x49,0x49,0x36,0x00,0x00},{0x00,0x00,0x26,0x49,0x49,0x3e,0x00,0x00}}
void setup( )     //初始化
{
```

```
int i = 0;
for(i=2;i<13;i++)
{
   pinMode(i, OUTPUT);
  }
  clear_();
}

void Draw_point(unsigned char x,unsigned char y)       //点亮单个 LED
{
   clear_();
   digitalWrite(x+2, HIGH);
   digitalWrite(y+10, LOW);
   delay(1);
}

void Display_num(int x1)      //显示一位数字
{
unsigned char i,j,data;
int c=x1;
for(i=0;i<8;i++)
  {
    data=Num[c][i];
    for(j=0; j<8; j++)
    {
      if(data & 0x01)
Draw_point(j,i);
      data>>=1;
    }
  }
}

void loop(   )        //显示 0—9
{
  int i=0;
  if(i<=9)
   {
```

```
Display_num(i);
    delay(200);
    i++;
}
}
void clear_(void)        // 清屏
{
  for(int i=2;i<10;i++)
     digitalWrite(i, LOW);
  for(int i=0;i<8;i++)
     digitalWrite(i+10, HIGH);
}
```

√ **硬件说明**

8 * 8 点阵 LED

点阵式显示在日常生活中十分常见，比如 LED 广告显示屏，电梯显示楼层、公交车报站……数不胜数，下面以 8 * 8 的点阵来说明其原理。

(1)8 * 8 点阵原理图

图 3.40(a)为 8 * 8 点阵式 LED 引脚图，只要其对应的列和行给正向偏压，LED 即发亮。例如，如果想使右上角 LED 点亮，则管脚 9 给高电平，管脚 16 给低电平，同时为防止发光 LED 过长时间发热烧毁，220Ω 限流电阻可以串联在行那端，也可串联在列那端。

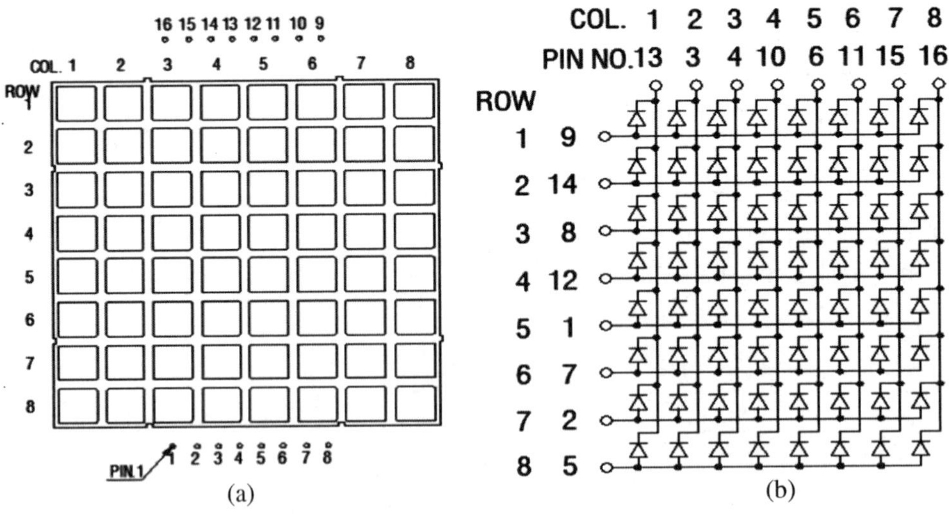

图 3.40　8 * 8 点阵式 LED 引脚和内部结构

8 * 8 点阵扫描一般采用扫描式显示，分为点扫描、行扫描和列扫描，点扫描 16×64＝1024Hz，周期小于 1ms 即可。若使用第二和第三种方式，则频率必须大于 16×8＝128Hz，周期小于 7.8ms 即可符合视觉残差要求。需要注意的是，一次驱动一列或一行(8 颗 LED)时需外加驱动电路提高电流(可用 74HC595)，否则 LED 亮度会不足。

(2)8 * 8 点阵应用

8 * 8 点阵共由 64 个发光二极管组成，且每个发光二极管是放置在行线和列线的交叉点上，当对应的某一行置 1 电平，某一列置 0 电平，则相应的二极管就亮；如果要将第一个点点亮，则 9 脚接高电平 13 脚接低电平，则第一个点就亮了；如果要将第一行点亮，则第 9 脚要接高电平，而(行线→Arduino 的管脚 13、3、4、10、6、11、15、16)这些引脚接低电平，那么第一行就会点亮；如果要将第一列点亮，则第 13 脚接低电平，而(列线→Arduino 的管脚 9、14、8、12、1、7、2、5)接高电平，那么第一列就会点亮。如果要用点阵来显示汉字，一般采用 16 * 16 的点阵宋体字库，即每一个汉字在纵、横各 16 点的区域内显示的，也就是说得用 4 个 8 * 8 点阵组合成一个 16 * 16 的点阵，具体如何显示请参考相关资料。

要形成图 3.41 中的数字“0”，形成的列代码为 00H，00H，7EH，81H，81H，81H，7EH，00H，要把这些代码分别依次送到相应的行线上面，列线送低电平。

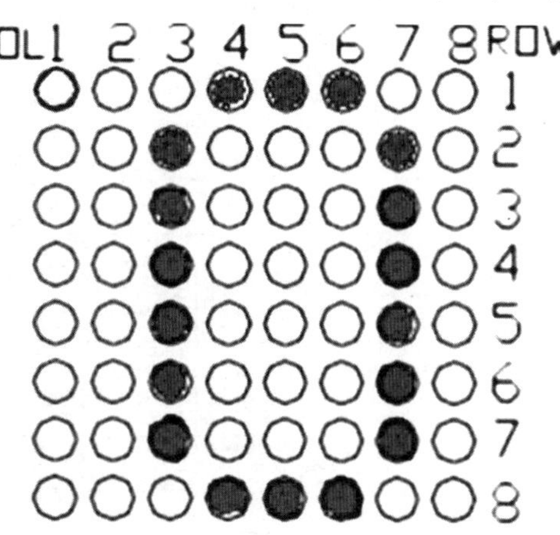

图 3.41　数字“0”点阵显示

√ **语言说明**

本程序是通过给点阵显示器发送所需显示的 LED 发亮，通过函数 Draw_point(unsigned char x，unsigned char y)来实现，函数 digitalWrite(x+2，HIGH)实现给行输出高电平，由于行是从第 2 个引脚开始，而 x 传过来的参数是从 0 开始，因而要加 2；函数 digitalWrite(y+10，LOW)实现给列输出低电平，由于列是从第 10 引脚开始的，因而要加 10(原理跟行一样)。

```
    for(i=0; i<8; i++)
    {
      data=Num[c][i];
      for(j=0; j<8; j++)
      {
        if(data & 0x01)
  Draw_point(j,i);
        data>>=1;
      }
    }
```

数字的显示是通过两重循环来实现的，第一重循环是获取要输出的数字字模，第二重循环是实现字模中的位 LED 显示。

为了更好地理解 8 * 8 点阵式 LED 的显示原理，设计了基于 Proteus 的仿真图（见图 3.42），在这个仿真图中用到两种元器件：一种是控制芯片元件，其关键词为 328p；另一种是 8 * 8 点阵式 LED 元器件，其关键词为 matrix-8x8，仿真可不加串联电阻。首先在 Arduino IDE 编译器中对上面的程序进行编译，得到可执行文件(. exe)，然后把可执行文件加载到仿真控制器中，具体步骤可参考第二章内容，最后点击左下角的运行按钮，可观察到 8 * 8 式 LED 显示。

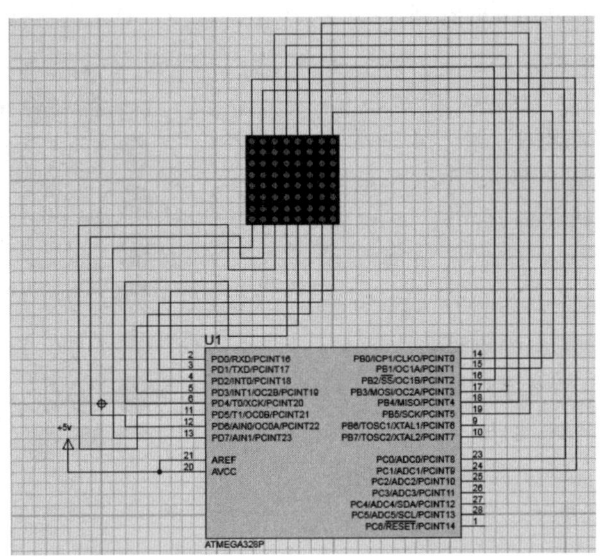

图 3.42　8 * 8 点阵式 LED 显示仿真电路

扩展内容：

如何减少 Arduino 控制器的引脚资源？可以通过外围芯片，这里采用 Max7219 来实现。其由 Arduino 控制板、Max7219 驱动芯片和 8 * 8 点阵式 LED 构成，其电路原理如图 3.43 所示，连接关系如图 3.44 所示。Arduino 控制器通过 5(数据端)、6(时钟端)、7(芯片选择端)管脚给 Max7219 驱动芯片送信号，Max7219 驱动芯片把控制器送来的串行信号变成 8 * 8 点阵式 LED 所需的行列信号。如果管脚足够，Max7219 驱动芯片也可省掉。由于 UNO 控

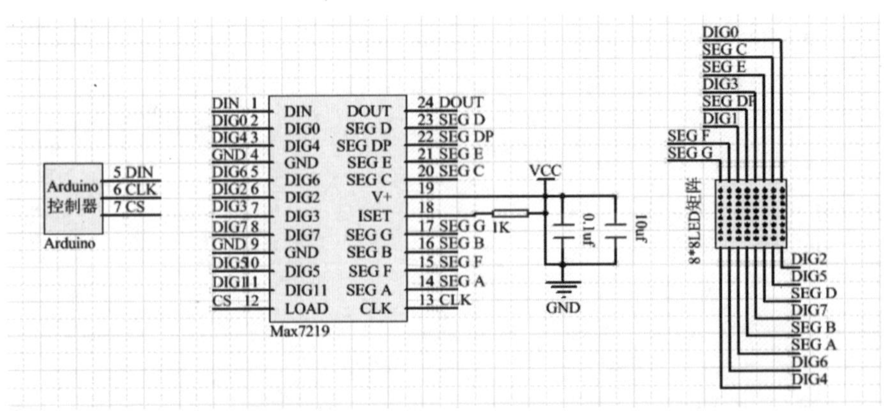

图 3.43　8 * 8 点阵式 LED 显示电路原理

制板数字输出引脚只有 14 位，而 8＊8 点阵式 LED 的引脚有 16 位，这样就导致输出引脚不够，因而采用 Max7219 驱动芯片来解决。

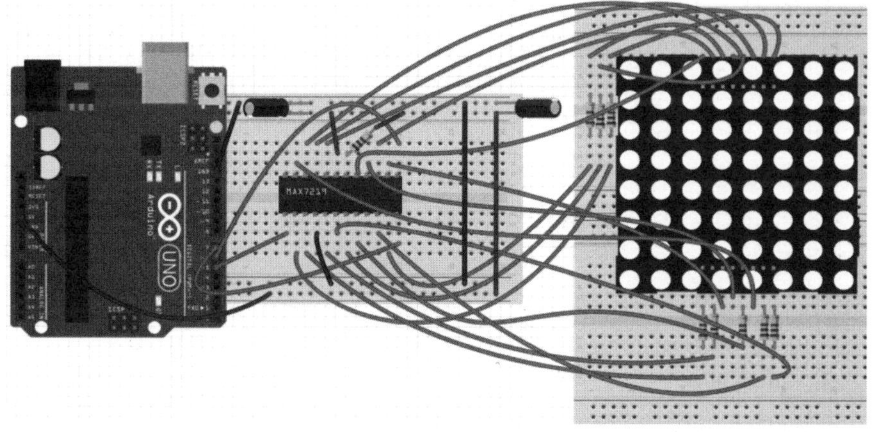

图 3.44　8＊8 点阵式 LED 显示硬件电路连接方式

✓ **参考程序**

```
#include <LedControl.h>

int DIN = 5;          //数据输入端，串行输入
int CS =7;            //芯片选择端，芯片是否工作
int CLK = 6;          //时钟输入端

LedControl nit=LedControl(DIN,CLK,CS,4);
                                    //定义了一个名为 nit 的 LedControl 类

void printByte(byte ZJUNIT[ ])          //显示字符
{
  int i = 0;
  for(i=0;i<8;i++)
  {
    nit.setRow(0,i,ZJUNIT[i]);
  }
}
void setup(){                           //初始化
nit.shutdown(0,false);
nit.setIntensity(0,8);
nit.clearDisplay(0);
}
```

```
void loop(){
    byte N[8]= {0x00,0x00,0xE7,0x72,0x5A,0x46,0xE2,0x00};
                                                    //字符 N 的点阵显示码
    byte I[8]= {0x00,0x00,0x7C,0x10,0x10,0x10,0x7C,0x00};
                                                    //字符 I 的点阵显示码
    byte T[8]= {0x00,0x00,0xFE,0x10,0x10,0x10,0x38,0x00};
                                                    //字符 T 的点阵显示码

    printByte(N);     //显示字符 N
    delay(1000);
    printByte(I);     //显示字符 I
    delay(1000);
    printByte(T);     //显示字符 T
    delay(1000);
}
```

✓ **硬件说明**

Max7219 驱动芯片

Max7219 是一种集成化的串行输入/输出共阴极显示驱动器，它连接微处理器与 8 位数字的 7 段数字 LED 显示，也可以连接条线图显示器或者 64 个独立的 LED。工作电源电压：4～5.5 V，最大电源电流：330mA，最大功率耗散：1066mW，高电平输出电流：65 mA。它可应用于条线图显示、仪表面板、工业控制、LED 矩阵显示。其功能特点如下：

(1)10MHz 连续串行口。

(2)独立的 LED 段控制。

(3)数字的译码与非译码选择。

(4)150μA 的低功耗关闭模式。

(5)亮度的数字和模拟控制。

(6)高电压中断显示。

(7)共阴极 LED 显示驱动。

Max7219 芯片的管脚功能如下：

(1)引脚 1:DIN 串行数据输入端口。在时钟上升沿时数据被载入内部的 16 位寄存器。

(2)引脚 2,3,5—8,10,11:DIG0—DIG7 八个数据驱动线路置显示器的共阴极为低电平。关闭时 7219 的此管脚输出高电平。

(3)引脚 4,9 脚:GND(必须同时接地)。

(4)引脚 12:LOAD (MAX7219) 载入数据。连续数据的后 16 位在 LOAD 端的上升沿时被锁定。

(5)引脚 13:CLK 时钟序列输入端。最大速率为 10MHz。在时钟的上升沿,数据移入内部移位寄存器。下降沿时,数据从 DOUT 端输出。

(6)引脚 14—17,20—23-SEG 7 段和小数点驱动,为显示器提供电流。当一个段驱 A-SEG G,动关闭时,7219 的此端呈低电平。

(7)引脚 18-SET 通过一个电阻连接到 V_{CC}来提高段电流。

(8)引脚 19:V+正极电压输入,+5V

(9)引脚 24:DOUT 串行数据输出端口,从 DIN 输入的数据在 16.5 个时钟周期后在此端有效。当使用多个 MAX7219 时用此端方便扩展。

Max7219 芯片的引脚说明如图 3.45 所示;8＊8 的点阵式 LED 硬件连接方式如图 3.46 所示。

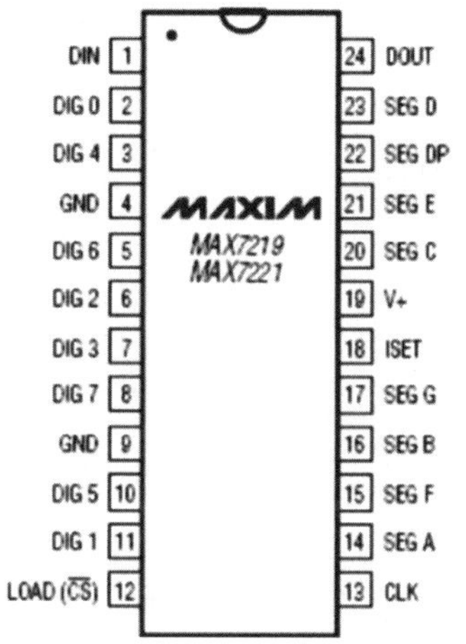

图 3.45 Max7219 芯片的引脚说明

图 3.46 8＊8 的点阵式 LED 硬件连接方式

思考题:实现数字 0—9 的动态显示。

3.4 LCD 1602 显示器

对于高端的洗衣机,显示内容不再局限于数字、字符,还有中文等一些复杂字符,所以前面讲过的数码管、点阵式 LED 显示不能满足要求了,可以采用液晶显示。液晶显示器有两种:一种是只能显示文字,如 1602;一种是既能显示图形也能显示文字,例如 12864。本节以 LCD1602 为例来讲解。

任务七 在 LCD 中显示剩余时间

LCD 显示

液晶显示原理图如图 3.47 所示,其由 Arduino 控制板、LCD、电阻元件构成。液晶显示器要显示文字,需要输入两种信息:一种是位置信息,即在哪个位置上显示文字;另一种是文字信息,即显示什么文字。

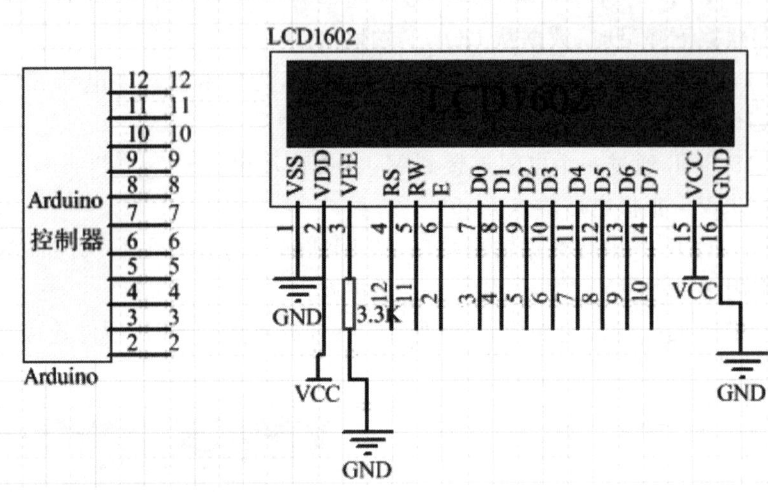

图 3.47　LCD1602 显示电路原理

✓ **参考程序**

```
int led=13;
#include <LiquidCrystal.h>
LiquidCrystal lcd(12,11,2,7,8,9,10);
void setup() {
                              // put your setup code here, to run once:
  pinMode(led,OUTPUT);
  lcd.begin(16, 2);
//初始化 1602 液晶工作模式,定义 1602 液晶显示范围为 2 行 16 列字符
}
void loop() {
                              // put your main code here, to run repeatedly:
  int num=60;
  while(num)
{
    //lcd.clear();              //清屏
    lcd.setCursor(0,1);         //光标设置为第 1 行第 0 列
    lcd.print(num));
    delay(1000);
     num--;
if(num<=9)
    lcd.clear();
}
```

```
lcd.clear();        //清屏
  digitalWrite(led,HIGH);
  delay(1000);
  digitalWrite(led,LOW);
  }
```

✓ **硬件说明**

LCD1602 液晶如何显示

LCD1602 由三部分构成，分别为 LCD 控制器、LCD 驱动器和 LCD 显示装置，其正反面如图 3.48 所示，内部结构如图 3.49 所示。其主要技术参数：核心为 HD44780 控制器，显示容量为 16＊2 个字符，芯片工作电压为 4.5～5.5V，工作电流为 2.0mA(5.0V)，模块最佳工作电压为 5.0V，字符尺寸为 2.95＊4.35(W＊H)mm。

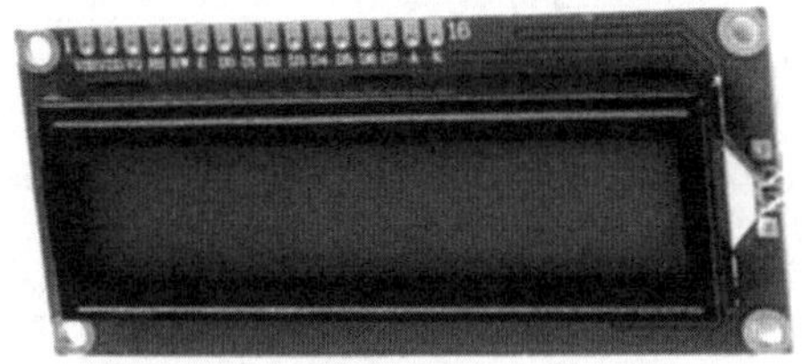

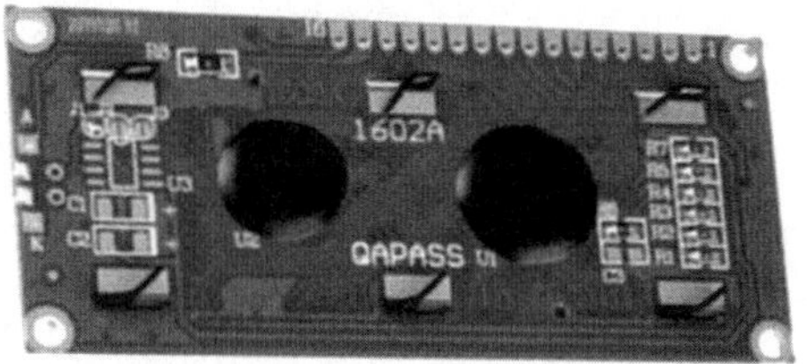

图 3.48　LCD1602 硬件正反面

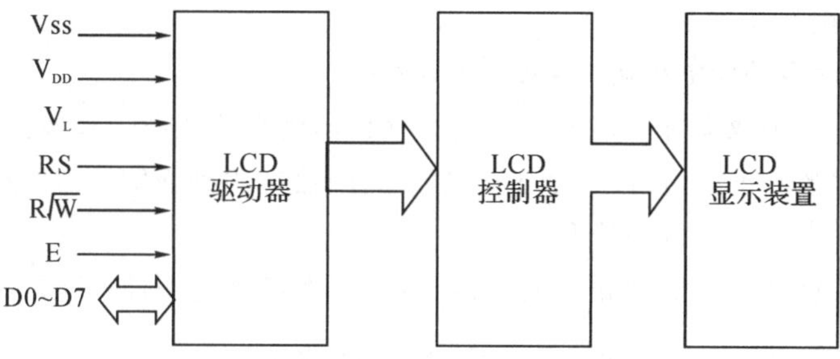

图 3.49　LCD1602 的内部结构

1602 液晶显示器有 16 个管脚，其接口引脚定义如表 3.5 所示。

表 3.5　LCD1602 接口引脚定义

编号	符号	引脚说明	编号	符号	引脚说明
1	VVS	电源地	9	D2	Data I/O
2	VDD	电源正极	10	D3	Data I/O
3	VL	液晶显示偏压信号	11	D4	Data I/O
4	RS	数据/命令选择端(V/L)	12	D5	Data I/O
5	R/W	读/写选择端(H/L)	13	D6	Data I/O

续表

编号	符号	引脚说明	编号	符号	引脚说明
6	E	使能信号	14	D7	Data I/O
7	D0	Data I/O	15	BLA	背光源正极
8	D1	Data I/O	15	BLK	背光源负极

接口说明：

(1)两组电源：一组是模块的电源，一组是背光板的电源，一般 5V 供电。背光使用 3.3V供电也可以工作。

(2)VL→液晶显示的偏压信号，用来调节对比度的引脚，可接 10kΩ 的 3296 精密电位器来进行调节(见图 3.50)。也可直接串联一个电阻如 3.3kΩ，然后接地，但不可以进行对比度调节。

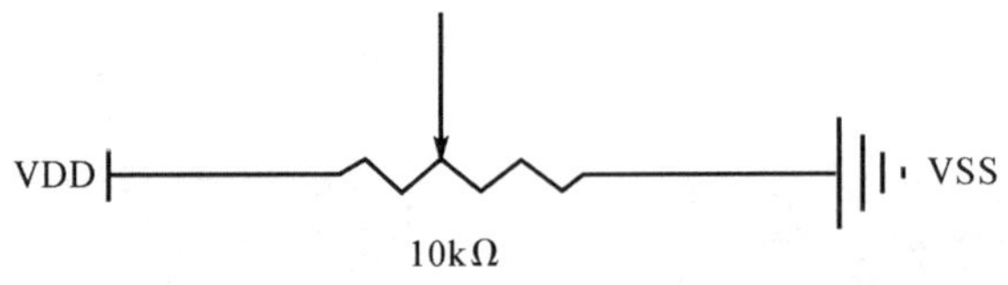

图 3.50　对比度调节电路

(3)RS→命令/数据选择引脚，接 Arduino 的一个 I/O，当 RS 为低电平时，选择命令；当 RS 为高电平时，选择数据。

(4) RW→读/写选择引脚，接 Arduino 的一个 I/O，当 RW 为低电平时，向 LCD1602 写入命令或数据；当 RW 为高电平时，从 LCD1602 读取状态或数据。如果不需要进行读取操作，可以直接将其接 GND。

(5) E→执行命令的使能引脚，接 Arduino 的一个 I/O。

(6) D0—D7→8 为双向并行数据输入/输出引脚，用来传送命令和数据。

(7) BLA→背光源正极，可接一个 10～47Ω 的限流电阻到 VCC，也可直接接到 VCC。

(8) BLK→背光源负极，接 GND。

液晶显示器要能在显示屏上正确显示内容，其基本操作有四种，如表 3.6 所示。

表 3.6　LCD1602 的基本操作

读状态	输入	RA=L, R/W=H, E=H	输出	D0～D7=状态字
写指令	输入	RS=L, R/W=L, D0～D7=指令码,E=高脉冲	输出	无
读数据	输入	RS=H, RW=H, E=H	输出	D0～D7=数据
写数据	输入	RS=H, RW=H, D0～D7=数据,E=高脉冲	输出	无

说明：高脉冲——即下降沿；低脉冲——即上升沿。要深入了解 LCD1602，可自行参考相关资料。

LCD1602 液晶有专门的函数库，即 LiquidCrystal，在网页 http://arduino. cc/en/Tutorial/HomePage 中可以找到。LiquidCrystal 函数库针对 1602 液晶的数据传送有两种模式：一种是 8bit 模式，一种是 4bit 模式。8bit 的传送速度快，是因为显示的字符是 ASCII 码，ASCII 码是由 8 位二进制数组成，所以 8bit 刚好一次就把字符的二进制码传完，而 4bit 则需要将字符拆成两半，一次只传送 4bit，花两倍时间才可以把数据传完，不过 4bit 模式的好处是需要的数据引脚少了一半，方便硬件连线。8bit 模式需要八个引脚 D0～D7，4bit 只需要后四个引脚 D4～D7。不管是哪种模式，控制引脚都有三个，分别是：RS、RW、Enable。Arduino UNO 与 LCD1602 的连接方式如图 3.51 所示。

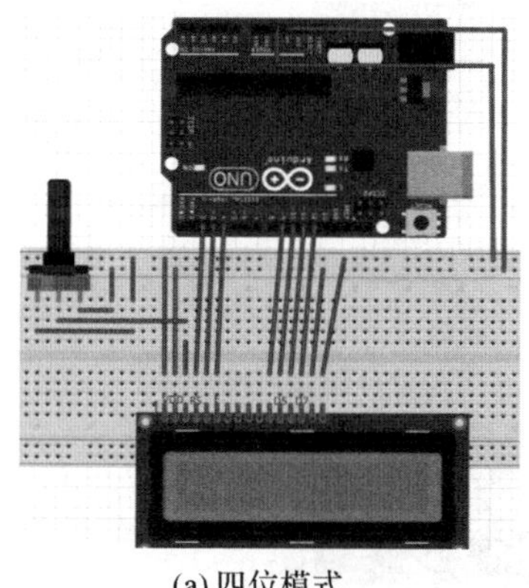
(a) 四位模式

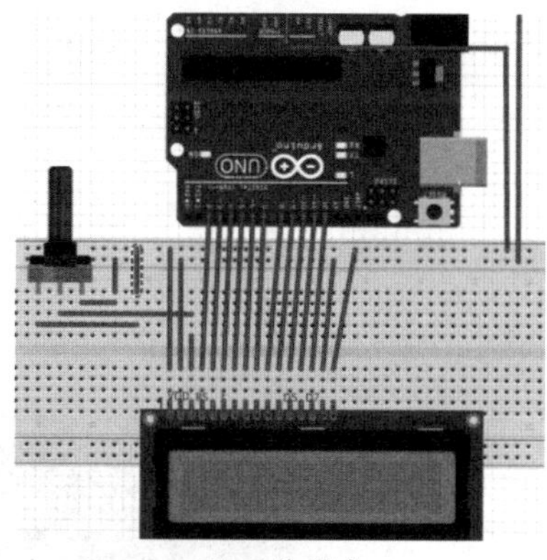
(b) 八位模式

图 3.51 Arduino UNO 与 LCD1602 的连接方式

4bit 模式的 LiquidCrystal 申明函数为：

LiquidCrystal(RS,RW,Enable,D4,D5,D6,D7)；

库文件的调用如图 3.52 所示。

8bit 模式的 LiquidCrystal 申明函数为：

LiquidCrystal(RS,RW,Enable,D0,D1,D2,D3,D4,D5,D6,D7)

√ **语言说明**

如何加入库及调用

```
#include<LiquidCrystal.h>          //申明 1602 液晶的函数库
//申明 1602 液晶的 11 个引脚所连接的 Arduino 的数字端口
LiquidCrystal lcd(12,11,10,9,8,7,6,5,4,3,2);  //八位引脚模式
void setup( )
{lcd.begin(16,2);
//初始化 1602 液晶工作模式，定义 1602 液晶显示范围为 2 行 16 列字符
//显示 2 行，每行 16 个字符，每个字符的点阵为 5*8
}
void loop( )
{
lcd.setCursor(0,0); //把光标定位在第 0 行，第 0 列
lcd.print("hello everyone"); //显示
delay(100);
lcd.setCursor(0,1); //把光标定位在第 1 行，第 0 列
lcd.print("Arduino is fun"); //显示
delay(100);
}
```

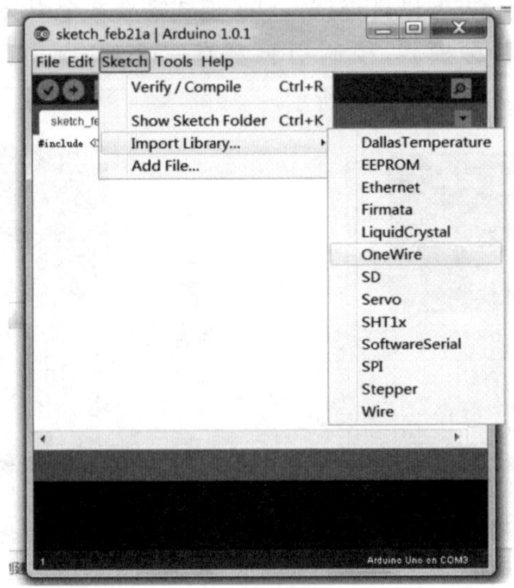

图 3.52　库文件的调用

为了更好地理解 LCD 的显示原理，设计了基于 Proteus 的仿真图(见图 3.53)，在这个仿真图中用到两种元器件：一种是控制芯片元件：其关键词为 328p；另一种是 LCD 元器件，其关键词为 LM016。首先在 Arduino IDE 编译器中对上面的程序进行编译，得到可执行文件(. exe)，然后把可执行文件加载到仿真控制器中，具体步骤可参考第二章内容，最后点击左下角的运行按钮，可观察到液晶显示结果。

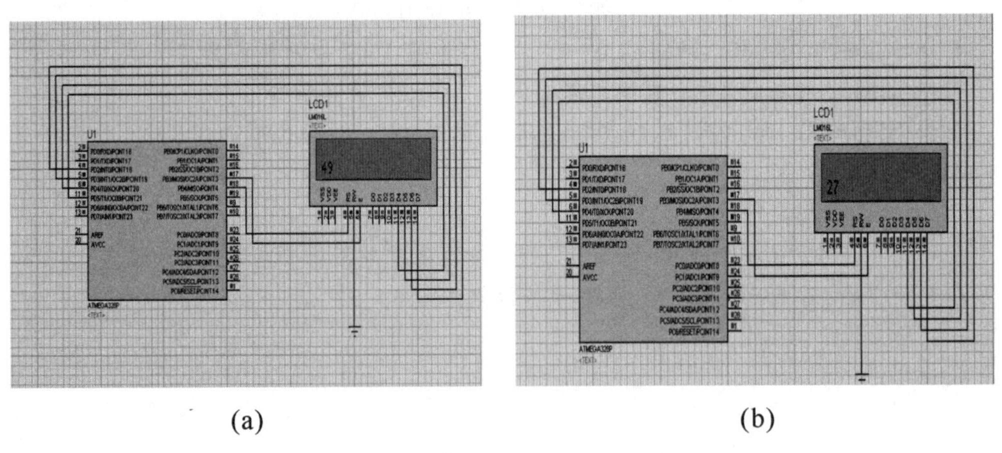

图 3.53　LCD1602 4 位模式仿真电路

思考题：1. 如何用 Arduino 的硬件定时器来实现时间的变化？

2. 如何在 12864 显示器中用图形方式来显示剩余时间？

3.5　OLED 显示器

任务八　在 OLED 上显示图像及文字

OLED 显示电路由控制板、一块 OLED 显示屏(4 针，I^2C 总线，地址为 0x3C)和一个 10kΩ 的可调电阻构成，可调电阻主要用来改变要显示的电压值。OLED 屏用来做显示，控制板首先对 OLED 屏进行初始化，接着在 OLED 屏显示 logo 图形，然后显示浙大宁波理工学院，最后把采集可调电阻的实时电压经过处理之后，在 OLED 屏上进行实时显示。其硬件电路连接方式如图 3.54 所示。

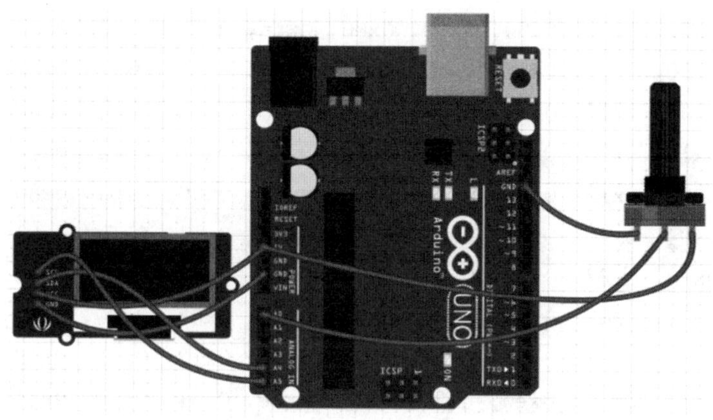

图 3.54　OLED 显示的硬件电路连接方式(4 针)

```
#include<Wire.h>
#include<Adafruit_GFX.h>
#include<Adafruit_SSD1306.h>
// 这两个库文件可以在 https://github.com 网站获取，获取好之后放到 libraries 目录下
//我们使用的 OLED 模块是 128×64 像素，需对 Adafruit_SSD1306.h 头文件进行修改，具体修改为：打开 Adafruit_SSD1306.h 这个头文件，把其中#define SSD1306_128_64 前面的解释去掉，解释#define SSD1306_128_32 这一行
#define OLED_RESET 4
Adafruit_SSD1306 display(OLED_RESET);
#define bitmap_width 128
#define bitmap_height 64
static const int charw = 16;
static const int charh = 16;
int val;
```

```
    double volt;

// 浙大宁波理工学院  字模点阵 每个字 16 像素 * 16 像素
    static const unsigned char PROGMEM bitmap_name[] = {0x02, 0x08, 0x01, 0x00,
0x02, 0x00, 0x00, 0x20, 0x00, 0x00, 0x00, 0x00, 0x22, 0x08, 0x00, 0x40, 0x42,
0x1c, 0x01, 0x00, 0x01, 0x00, 0x20, 0x20, 0x01, 0xfc, 0x00, 0x00, 0x11, 0x08,
0x78, 0x20, 0x22, 0x60, 0x01, 0x00, 0x01, 0x00, 0x10, 0x20, 0xfd, 0x24, 0x7f,
0xfc, 0x11, 0x10, 0x4b, 0xfe, 0x22, 0x40, 0x01, 0x00, 0x7f, 0xfe, 0x13, 0xfe,
0x11, 0x24, 0x01, 0x00, 0x00, 0x20, 0x52, 0x02, 0x0f, 0xc0, 0x01, 0x00, 0x40,
0x02, 0x82, 0x22, 0x11, 0xfc, 0x01, 0x00, 0x7f, 0xfe, 0x54, 0x04, 0x82, 0x40,
0xff, 0xfe, 0x80, 0x04, 0x42, 0x24, 0x11, 0x24, 0x01, 0x00, 0x40, 0x02, 0x61,
0xf8, 0x42, 0x7e, 0x01, 0x00, 0x00, 0x00, 0x4a, 0x20, 0x11, 0x24, 0x01, 0x00,
0x80, 0x04, 0x50, 0x00, 0x52, 0xc8, 0x01, 0x00, 0x3f, 0xf8, 0x0b, 0xfc, 0x7d,
0xfc, 0x01, 0x00, 0x1f, 0xe0, 0x48, 0x00, 0x13, 0x48, 0x02, 0x80, 0x01, 0x00,
0x12, 0x84, 0x10, 0x20, 0x01, 0x00, 0x00, 0x40, 0x4b, 0xfe, 0x2e, 0x48, 0x02,
0x80, 0x01, 0x00, 0x12, 0x88, 0x10, 0x20, 0x01, 0x00, 0x01, 0x80, 0x48, 0x90,
0xe2, 0x48, 0x04, 0x40, 0x01, 0x00, 0xe2, 0x48, 0x11, 0xfc, 0x01, 0x00, 0xff,
0xfe, 0x68, 0x90, 0x22, 0x48, 0x04, 0x40, 0x01, 0x00, 0x22, 0x50, 0x10, 0x20,
0x01, 0x00, 0x01, 0x00, 0x50, 0x90, 0x22, 0x48, 0x08, 0x20, 0x01, 0x00, 0x22,
0x20, 0x1c, 0x20, 0x01, 0x00, 0x01, 0x00, 0x41, 0x12, 0x22, 0x48, 0x10, 0x10,
0x01, 0x00, 0x24, 0x50, 0xe0, 0x20, 0xff, 0xfe, 0x01, 0x00, 0x41, 0x12, 0x2a,
0x88, 0x20, 0x08, 0x05, 0x00, 0x24, 0x88, 0x43, 0xfe, 0x00, 0x00, 0x05, 0x00,
0x42, 0x0e, 0x05, 0x08, 0xc0, 0x06, 0x02, 0x00, 0x09, 0x06, 0x00, 0x00, 0x00,
0x00, 0x02, 0x00, 0x44, 0x00};
//电压     字模点阵 每个字 16 像素 * 16 像素
static const unsigned char PROGMEM bitmap_volt[] = {
0x01, 0x00, 0x00, 0x00, 0x01, 0x00, 0x3f, 0xfe, 0x01, 0x00, 0x20, 0x00, 0x3f,
0xf8, 0x20, 0x80, 0x21, 0x08, 0x20, 0x80, 0x21, 0x08, 0x20, 0x80, 0x21, 0x08,
0x20, 0x80, 0x3f, 0xf8, 0x2f, 0xfc, 0x21, 0x08, 0x20, 0x80, 0x21, 0x08, 0x20,
0x80, 0x21, 0x08, 0x20, 0x90,0x3f, 0xf8, 0x20, 0x88, 0x21, 0x0a, 0x20, 0x88,
0x01, 0x02, 0x40, 0x80, 0x01, 0x02, 0x5f, 0xfe, 0x00, 0xfe, 0x80, 0x00 };
// 浙大宁波理工学院 LOGO   图片点阵    128 像素 * 64 像素
static const unsigned char PROGMEM bitmap_logo[] = {
0x00, 0x00, 0x00, 0x00, 0x00, 0x00, 0x00, 0x00, 0x00, 0x00, 0x00, 0x00, 0x00,
0x00, 0x00, 0x00, 0x00, 0x00, 0x00, 0x00, 0x00, 0x00, 0x00, 0x00, 0x00, 0x00,
0x00, 0x00, 0x00, 0x00, 0x00, 0x00, 0x00, 0x00, 0x00, 0x00, 0x00, 0x00, 0x00,
0x00, 0x00, 0x00, 0x00, 0x00, 0x00, 0x00, 0x00, 0x00, 0x00, 0x00, 0x00, 0x00,
0x00, 0x00, 0x1e, 0x00, 0x00, 0x00, 0x0e, 0x00, 0x00, 0x00, 0x00, 0x00, 0x00,
0x00, 0x00, 0x00, 0x00, 0x01, 0xc0, 0x00, 0x00, 0x08, 0x00, 0x60, 0x00, 0x00,
```

```
0x00, 0x00, 0x00, 0x00, 0x00, 0x00, 0x00, 0x06, 0x00, 0x10, 0x00, 0x04, 0x00,
0x0c, 0x00, 0x00, 0x00, 0x00, 0x00, 0x00, 0x00, 0x00, 0x00, 0x60, 0x00, 0x18,
0x00, 0x0c, 0x10, 0x01, 0x80, 0x00, 0x00, 0x00, 0x00, 0x00, 0x00, 0x00, 0x00,
0x00, 0x00, 0x40, 0x00, 0x20, 0x60, 0x00, 0x20, 0x00, 0x00, 0x00, 0x00, 0x00,
0x00, 0x00, 0x06, 0x00, 0x00, 0xc4, 0x00, 0x21, 0xe0, 0x00, 0x08, 0x00, 0x00,
0x00,0x00, 0x00, 0x00, 0x00, 0x10, 0x00, 0x00, 0x40, 0x20, 0x00, 0x80, 0x00,
0x02, 0x00, 0x00, 0x00, 0x00, 0x00, 0x00, 0x00, 0x20, 0x58, 0x02, 0x00, 0x00,
0x00, 0xc0, 0x00, 0x01, 0x80, 0x00, 0x00, 0x00, 0x00, 0x00, 0x00, 0x80, 0x04,
0x00, 0x00, 0x0c, 0x00, 0x00, 0x7e, 0x00, 0x60, 0x00, 0x00, 0x00, 0x00, 0x00,
0x03, 0x00, 0x18, 0x00, 0x00, 0x16, 0x00, 0x00, 0x00, 0x00, 0x10, 0x00, 0x00,
0x00, 0x00, 0x00, 0x04, 0x00, 0x04, 0x01, 0x00, 0x00, 0x00, 0x70, 0x00, 0x80,
0x08, 0x00, 0x00, 0x00, 0x00, 0x00, 0x00, 0x00, 0x02, 0x00, 0x00, 0x00, 0x00,
0x0a, 0x00, 0x00, 0x04, 0x00, 0x00, 0x00, 0x00, 0x00, 0x30, 0x00, 0x00, 0x40,
0x00, 0x00, 0x00, 0x00, 0x80, 0x00, 0x22, 0x00, 0x00, 0x00, 0x00, 0x00, 0x00,
0x00, 0x01, 0x00, 0x10, 0x00, 0x02, 0x00, 0x30, 0x01, 0x81, 0x80, 0x00, 0x00,
0x00, 0x00, 0x41, 0x00, 0x06, 0x00, 0x01, 0x00, 0x00, 0x00, 0x08, 0x01, 0xa0,
0xc0, 0x00, 0x00, 0x00, 0x00, 0x83, 0x38, 0x18, 0x00, 0x00, 0x00, 0x00, 0x00,
0x02, 0x09, 0x00, 0x00, 0x00, 0x00, 0x00, 0x00, 0x06, 0x80, 0x20, 0x00, 0x00,
0x00, 0x00, 0x00, 0x01, 0x04, 0x00, 0x20, 0x00, 0x00, 0x00, 0x02, 0x04, 0x00,
0x40, 0x00, 0x00, 0x00, 0x00, 0x00, 0x00, 0x80, 0x00, 0x10, 0x00, 0x00, 0x00,
0x02, 0x00, 0x01, 0x80, 0x00, 0x00, 0x00, 0x00, 0x00, 0x00, 0x40, 0x00, 0x00,
0x00, 0x00, 0x00, 0x04, 0x00, 0x00, 0x30, 0x00, 0x00, 0x00, 0x00, 0x00, 0x03,
0xa0, 0x00, 0x08, 0x00, 0x00, 0x00, 0x04, 0x00, 0x02, 0x1f, 0x00, 0x00, 0x7f,
0x80, 0x01, 0xfe, 0x00, 0x00, 0x0c, 0x00, 0x00, 0x00, 0x08, 0x40, 0x04, 0x0f,
0xf8, 0x00, 0xfe, 0x03, 0xff, 0xfc, 0x08, 0x01, 0x04, 0x00, 0x00, 0x00, 0x08,
0x00, 0x04, 0x07, 0xff, 0xc0, 0xfc, 0x0f, 0xff, 0xf0, 0x08, 0x00, 0x06, 0x00,
0x00, 0x00, 0x08, 0x20, 0x00, 0x01, 0xff, 0xf8, 0xfe, 0x1f, 0xfc, 0x00, 0x04,
0x01, 0x02, 0x00, 0x00, 0x00, 0x10, 0x00, 0x08, 0x00, 0x3f, 0xfc, 0xfe, 0x3f,
0xf8, 0x00, 0x06, 0x09, 0x82, 0x00, 0x00, 0x00, 0x10, 0xc0, 0x08, 0x00, 0x07,
0xff, 0xff, 0xff, 0xff, 0x90, 0x02, 0x02, 0x00, 0x00, 0x00, 0x00, 0x10, 0x10,
0x10, 0x00, 0xf7, 0xff, 0xff, 0xff, 0xff, 0x80, 0x02, 0x30, 0x00, 0x00, 0x00,
0x00, 0x33, 0x00, 0x10, 0x00, 0x7f, 0xff, 0xff, 0xff, 0xfe, 0x00, 0x00, 0x30,
0x00, 0x00, 0x00, 0x00, 0x30, 0x00, 0x10, 0x00, 0x3f, 0xff, 0xff, 0xff, 0xfc,
0x00, 0x02, 0x00, 0x01, 0x00, 0x00, 0x00, 0x30, 0x00, 0x10, 0x00, 0x07, 0xff,
0xff, 0xff, 0x80, 0x00, 0x02, 0x00, 0x00, 0x00, 0x00, 0x00, 0x10, 0x00, 0x10,
0x00, 0x00, 0x7f, 0xff, 0xff, 0xb8, 0x00, 0x02, 0x00, 0x00, 0x00, 0x00, 0x00,
0x10, 0x00, 0x10, 0x00, 0x00, 0x7f, 0xff, 0xff, 0xf0, 0x00, 0x02, 0x00, 0x00,
```

```
0x00, 0x00, 0x00, 0x10, 0x00, 0x08, 0x00, 0x03, 0xff, 0xff, 0xff, 0xe0, 0x10,
0x02, 0x00, 0x00, 0x00, 0x00, 0x00, 0x18, 0x00, 0x08, 0x00, 0x01, 0xff, 0xff,
0xfe, 0x00, 0x00, 0x04, 0x00, 0x02, 0x00, 0x00, 0x00, 0x08, 0x04, 0x00, 0x00,
0x00, 0xe7, 0xff, 0xf0, 0x00, 0x00, 0x04, 0x00, 0x02, 0x00, 0x00, 0x00, 0x08,
0x00, 0x04, 0x00, 0x00, 0x03, 0xff, 0xf1, 0x00, 0x00, 0x08, 0x03, 0x86, 0x00,
0x00, 0x00, 0x00, 0x30, 0x02, 0x00, 0x00, 0x7f, 0xff, 0xfc, 0x00, 0x00, 0x00,
0x00, 0x04, 0x00, 0x00, 0x00, 0x04, 0x40, 0x02, 0x00, 0x20, 0x3f, 0xff, 0xf0,
0x01, 0x00, 0x00, 0x20, 0x08, 0x00, 0x00, 0x00, 0x06, 0x00, 0x01, 0x00, 0x00,
0x1f, 0xff, 0x00, 0x00, 0x00, 0x20, 0x04, 0x00, 0x00, 0x00, 0x00, 0x02, 0x00,
0xc0, 0x80, 0x00, 0x09, 0xfc, 0x00, 0x00, 0x00, 0x40, 0x00, 0x10, 0x00, 0x00,
0x00, 0x00, 0x04, 0x00, 0x20, 0x00, 0x00, 0xfc, 0x00, 0x00, 0x00, 0x80, 0x20,
0x30, 0x00, 0x00, 0x00, 0x01, 0x00, 0x00, 0x00, 0x00, 0x07, 0xfe, 0x00, 0x00,
0x00, 0x00, 0x00, 0x20, 0x00, 0x00, 0x00, 0x00, 0x83, 0x08, 0x08, 0x00, 0x03,
0xf8, 0x00, 0x00, 0x04, 0x02, 0x60, 0x40, 0x00, 0x00, 0x00, 0x00, 0x40, 0x40,
0x02, 0x00, 0x03, 0xf0, 0x00, 0x00, 0x10, 0x00, 0x10, 0x80, 0x00, 0x00, 0x00,
0x00, 0x20, 0x80, 0x00, 0x80, 0x19, 0xe0, 0x00, 0x00, 0x60, 0x24, 0x01, 0x00,
0x00, 0x00, 0x00, 0x00, 0x10, 0x70, 0x00, 0x20, 0x00, 0xc0, 0x00, 0x03, 0x00,
0x07, 0x00, 0x00, 0x00, 0x00, 0x00, 0x00, 0x08, 0x02, 0x00, 0x00, 0x00, 0x00,
0x00, 0x00, 0x00, 0x08, 0x04, 0x00, 0x00, 0x00, 0x00, 0x00, 0x06, 0x01, 0x0c,
0x00, 0xc0, 0x00, 0x00, 0xc0, 0x00, 0x00, 0x08, 0x00, 0x00, 0x00, 0x00, 0x00,
0x01, 0x00, 0x02, 0x00, 0x00, 0x1e, 0x00, 0x00, 0x08, 0x80, 0x30, 0x00, 0x00,
0x00, 0x00, 0x00, 0x00, 0xc0, 0x24, 0x30, 0x00, 0x00, 0x00, 0x00, 0x24, 0x40,
0x40, 0x00, 0x00, 0x00, 0x00, 0x00, 0x00, 0x30, 0x18, 0x40, 0x80, 0x00, 0x00,
0x48, 0x8c, 0x01, 0x00, 0x00, 0x00, 0x00, 0x00, 0x00, 0x00, 0x08, 0x00, 0x80,
0x00, 0x00, 0x00, 0x64, 0x00, 0x06, 0x00, 0x00, 0x00, 0x00, 0x00, 0x00, 0x00,
0x02, 0x00, 0x00, 0x00, 0x10, 0x11, 0x2c, 0x40, 0x10, 0x00, 0x00, 0x00, 0x00,
0x00, 0x00, 0x00, 0x00, 0x80, 0x00, 0x00, 0x10, 0x09, 0x10, 0x00, 0x00, 0x00,
0x00, 0x00, 0x00, 0x00, 0x00, 0x00, 0x00, 0x18, 0x00, 0x04, 0x10, 0x0d, 0x00,
0x03, 0x00, 0x00, 0x00, 0x00, 0x00, 0x00, 0x00, 0x00, 0x00, 0x03, 0x00, 0x00,
0x00, 0x00, 0x00, 0x30, 0x00, 0x00, 0x00, 0x00, 0x00, 0x00, 0x00, 0x00, 0x00,
0x00, 0xe0, 0x00, 0x00, 0x00, 0x01, 0x80, 0x00, 0x00, 0x00, 0x00, 0x00, 0x00,
0x00, 0x00, 0x00, 0x00, 0x03, 0x80, 0x00, 0x00, 0x78, 0x00, 0x00, 0x00, 0x00,
0x00, 0x00, 0x00, 0x00, 0x00, 0x00, 0x00, 0x00, 0x00, 0x00, 0x00, 0x00, 0x00,
0x00, 0x00, 0x00, 0x00, 0x00, 0x00, 0x00, 0x00, 0x00, 0x00, 0x00, 0x00, 0x00,
0x00, 0x00, 0x00, 0x00, 0x00, 0x00, 0x00, 0x00, 0x00, 0x00, 0x00, 0x00, 0x00,
0x00, 0x00, 0x00, 0x00, 0x00, 0x00, 0x00, 0x00, 0x00, 0x00};
void setup()
{
```

```
display.begin(SSD1306_SWITCHCAPVCC,0x3C);   //初始化 IIC 地址
//本硬件使用 0.96 英寸的 OLED,驱动芯片是 SSD1306,驱动接口 IIC 的地址为 0x3c
//具体是 0x3c 还是 0x3d,可以参考网站
//https://blog.csdn.net/qq_42860728/article/details/84310160 获取实际地址
Logo_display();     //从 0 行 0 列开始到 128 行 64 列上显示 logo 图片
delay(30);
display_name();     //显示"浙大宁波理工学院"
delay(10);
}
void loop()
{
val=analogRead(A0);              //读取 A0 口的模拟值,转换好数字量存放 val 变量中
volt=(val*5.0)/1023.0;                //转换成对应的模拟量
display_volt(volt);
}

void Logo_display()
{
display.clearDisplay();                  //清理缓存
display.drawBitmap(0,0, bitmap_logo,bitmap_width,bitmap_height,WHITE);
//从 0 行,0 列开始到 128 行,64 列显示 logo,颜色为白色
display.display();                       //显示缓存内容
delay(2000);                             //延时
display.clearDisplay();                  //清理缓存
}
void diaplay_name()
{
display.clearDisplay();
display.drawBitmap(0,24, bitmap_name, charw, charh,WHITE);
//从 0 行 24 列开始,输出内容为:浙大宁波理工学院,每个字大小为 16*16,颜色为白色
display.diaplay();
delay(2000);
display.clearDisplay();                  //清理缓存
}

void display_volt( float a)
{
```

```
display.clearDisplay();
display.display();
display.drawBitmap(0, 24, bitmap_volt, 16, 16, WHITE);
//从 0 行,24 列开始,输出内容为 电压,每个字大小为 16*16,颜色为白色
display.setTextSize(2);          //字体大小为 2
display.setTextColor(WHITE);     //字体颜色为白色
display.setCursor(32,0);         //从 0 行 32 列像素开始输出
display.print(a,2);              //显示两位小数
display.print(F("V"));           //输出大写字母 V
display.display();
}
```

√ **硬件说明**

1. 对于 UNO 板,进行 I^2C(有时写作 IIC)通信,模拟口的 A4 作为 I^2C 的 SDA 接口,A5 作为 I^2C 的 SCL 接口。

2. OLED(Organic Light Emitting Diode),中文为有机发光二极管,目前被广泛应用于移动设备甚至电视上。OLED 屏又分为两种:一种是被动式 PMOLED 屏,另一种是主动式 AMOLED 屏,在手机上常用。因此,AMOLED 屏成为当下全面屏手机用得最多的屏幕,苹果公司发布的 iPhone xs 以及 iPhone xs max 就是用的 AMOLED 屏幕。

OLED 屏具有很好的柔性,且采用的排线材质也可以有很好的柔性,可以将边框做到很窄,LCD 屏幕就无法做到;OLED 屏可以提供更高规格色域和色准表现,因为这种屏直接将电压加在像素上,每个像素点直接发光,且可独立控制,这样可以实现更高的亮度上限,而不像 LCD 屏只能受限于背光层的亮度;OLED 屏还可以降低手机厚度,因为这种屏幕很轻薄。也正因为轻薄,屏幕指纹解锁部分难题也得以解决;OLED 屏的像素点是通过控制电压变换色彩,呈现图像的过程被大大简化,画面内容可以更快出现,拖影现象也就几乎消失了(颜色是由像素点决定的,对于动态画面来说,颜色是实时变化的,也就是像素点的颜色实时变化。如果从颜色 A 转换到颜色 B 的时间过长,就会造成视觉上的拖影)。此外,还有低余晖、低功耗、抗震荡、耐低温等优点。当然 OLED 屏也有缺点,比如烧屏、寿命问题和价格昂贵等。

OLED 屏有不同的尺寸(1.3 英寸、0.96 英寸和 0.91 英寸等)和不同的引脚。其有 7 个引脚的,采用的接口是 SPI 接口(可通过调整 PCB 板后面的电阻位置来变成 I^2C),其控制芯片一般是 SH1106,程序部分要做适当的修改,主要是头文件,可以参考相关资料,当然也可以在购买的时候指定购买控制芯片为 SSD1306 的模块;另外还有 4 个引脚的,采用的接口是 I^2C 接口(见图 3.55)。在使用 I^2C 过程中,要用到 I^2C 设备地址(有两个 0x3C 或 0x3D,不同的产品用的地址不一样),地址的表示方法有 7 位和 8 位两种,当用 7 位表示时则为 0x3c(8 位即为 0x78,右移 1 位变成 7 位),同理可知另一个地址的 7 位表示时为 0x3d 和 8 位表示时为 0x7A(参考网站 https://blog.csdn.net/goodtalent/article/details/44940951),具体用什么地址要看模块,也可以参考网站 https://blog.csdn.net/qq_42860728/article/details/

图 3.55 不同针数的 OLED

84310160 中的程序来获取实际地址。

OLED 屏是一个 128(width) * 64(height)点阵。在坐标系中,左上角是原点,X 轴沿水平向右方向数值增加,Y 轴沿竖直向下方向数值增大(见图 3.56)。其硬件电路连接方式如图 3.57 所示。

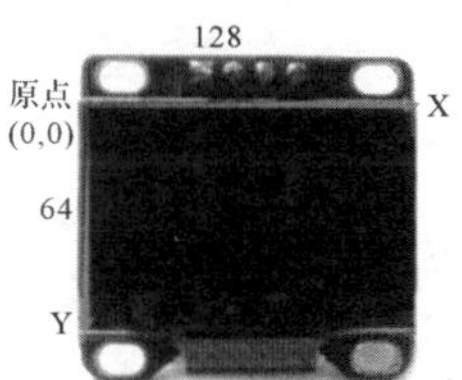

图 3.56 OLED 的坐标设置

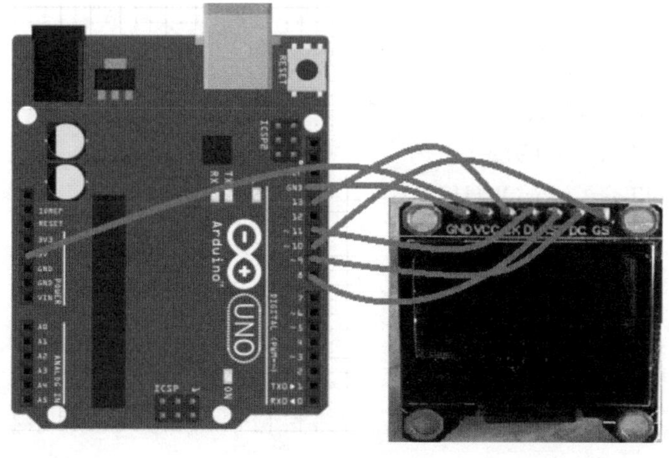

图 3.57 OLED 显示的硬件电路连接方式(7 针)

✓ **程序如下**

```
#include <SPI.h>
#include <Wire.h>
#include <Adafruit_GFX.h>
#include <Adafruit_SSD1306.h>
#define OLED_MOSI   11
#define OLED_CLK    13
#define OLED_DC     9
#define OLED_CS     10
#define OLED_RESET 8
Adafruit_SSD1306 display(OLED_MOSI, OLED_CLK, OLED_DC, OLED_RESET, OLED_CS);
#if (SSD1306_LCDHEIGHT != 64)
#error("Height incorrect, please fix Adafruit_SSD1306.h!");
#endif

void setup(    )
{
   Wire.begin();
   display.begin(SSD1306_SWITCHCAPVCC);   //初始化 OLED
   display.display();
   delay(1000);
}
void loop() {
  display.display();
  delay(200);
  display.clearDisplay();
  display.setTextSize(2);
  display.setTextColor(WHITE);
  display.setCursor(20,10);
  display.println("it is washing...");
}
```

第4章　信号采集和检测模块(传感器)

4.1　模拟量传感器

在洗衣机控制器中,智能洗衣机需对洗衣机盖的打开和关闭进行检测,必须在洗衣机盖关闭的情况下才能进行洗衣。这时需要通过单片机去检测门的状态信息,根据洗衣机盖的状态来决定是否开始启动。

任务九　实现根据门的关闭来控制洗衣机的启动

实现根据门的状态来控制洗衣机的启动

开关控制的原理图如图4.1所示,由Arduino控制板、发光二极管、按钮、电阻元件构成,它们之间的连接关系如图4.2所示。Arduino控制板首先通过0引脚检测按钮是否按下,如果按下就从8引脚输出高电平点亮发光二极管;如果没有按下就不点亮发光二极管。

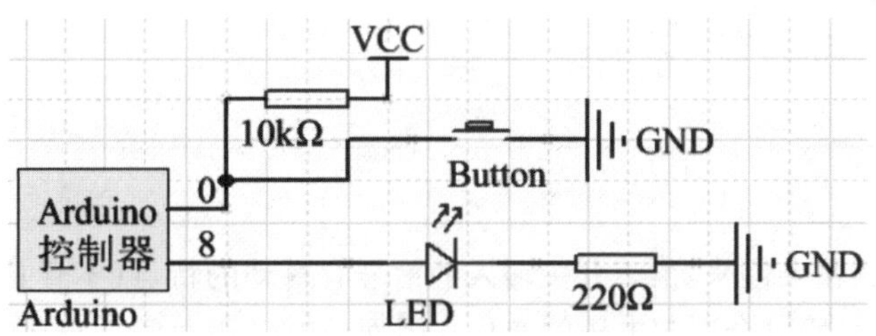

图4.1　开关控制原理

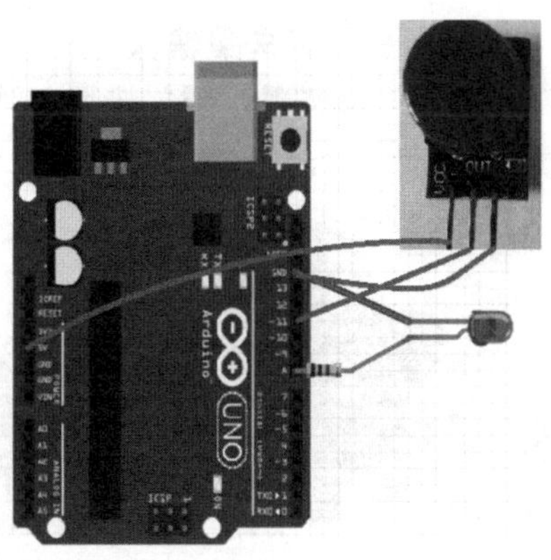

图4.2　开关控制发光二极管硬件连接

✓ **参考程序**

```
int ledPin=8;
int button=11;
void setup() {
pinMode(ledPin,OUTPUT);
pinMode(button,INPUT);
}
void loop() {
int n=digitalRead(button);
if(n==HIGH)
{ delay(5);
  if(digitalRead(button)==HIGH);
  digitalWrite(ledPin,LOW);
delay(10);
}
if(n==LOW)
{
  delay(5);
  if(digitalRead(button)==LOW);
  digitalWrite(ledPin,HIGH);
delay(10);
}}
```

✓ **程序说明：**

首先读取开关的输入信号，由于开关输入的信号有抖动的特点(不管是按下还是抬起都会引起接触电阻的变化，所以会引起电压的变化)，因而延时一段时间后再次读取输入信号，如果信号相同说明信号有效，如果不同则重复以上过程。一般按键的抖动时间为 50～100ms。

✓ **硬件说明**

开关及开关量输入

判断洗衣机盖是开还是关采用开关来实现。开关按照工作方式一般分为拨码式、旋钮式和按钮式，如图 4.3 所示，其对应的电路符号如图 4.4 所示。

图 4.3　开关实物

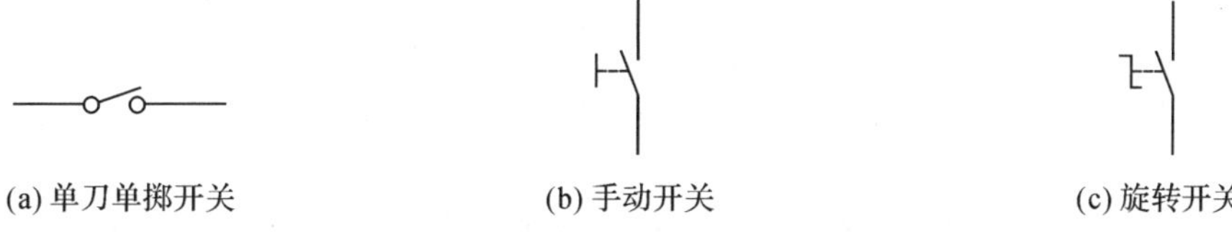

图 4.4　开关电路符号

由于开关或按钮由开到关，或由关到开（见图 4.5）都会引起接触电阻的变化，因而会使得输出电压变化（即按键抖动），所以在抖动期间去读取相关的信息是不准确的。如何来避免这种情况？工程上有两种解决方法：一种是硬件法，有三种去抖硬件电路（见图 4.6）；另一种是软件法，由于按键抖动的时间一般为 50～100ms，为避免抖动对信号的影响，应在抖动后去读取，这是通过延时来实现的，延时时长为 100ms。硬件法和软件法的优缺点：硬件法是不占用 CPU 时间，执行速度快；软件法是占用 CPU 时间，执行的速度慢。

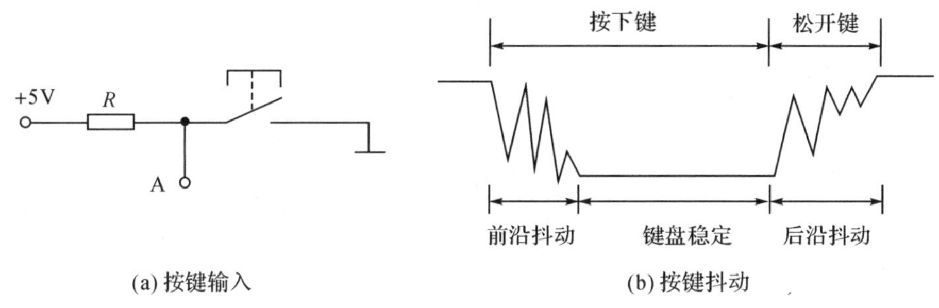

图 4.5　开关的电路连接方式及特点

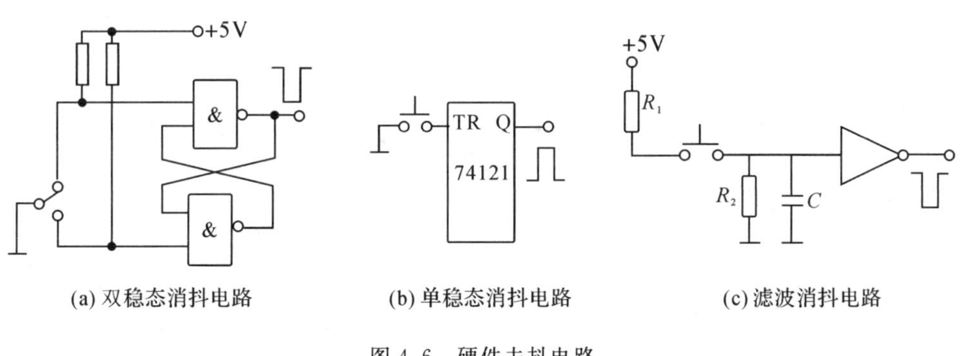

图 4.6　硬件去抖电路

✓ **语言说明**

1. 选择结构

```
if 语句
    if(表达式)
        语句 1;
    else
        语句 2;
```

上述结构表示：如果表达式的值为非 0(TURE)即真，则执行语句 1，执行完语句 1 从语句 2 后开始继续向下执行；如果表达式的值为 0(FALSE)即假，则跳过语句 1 而执行语句 2。表达式可以是关系表达式，也可以是和逻辑表达式，或者两者结合。

注意：

1. 条件执行语句中“else 语句 2;”部分是选择项，可以缺省，此时条件语句变成：

if(表达式)　语句 1;

表示若表达式的值为非 0 则执行语句 1，否则跳过语句 1 继续执行。

2. 如果语句 1 或语句 2 有多于一条语句要执行时，必须使用“{”和“}”把这些语句包括在其中，此时条件语句形式为：

```
if(表达式)
{
  语句体 1;
}
else
{
    语句体 2;
}
```

3. 可用阶梯式 if-else-if 结构。

阶梯式结构的一般形式为：

```
if(表达式 1)
   语句 1;
else if(表达式 2)
  语句 2;
else if(表达式 3)
  语句 3;
…
else
  语句 n;
```

阶梯式结构是从上到下逐个对条件进行判断，一旦发现条件满足就执行与它有关的语句，并跳过其他剩余语句；若没有一个条件满足，则执行最后一个 else 语句 n。最后这个 else 常起着“缺省条件”的作用。同样，如果每一个条件中有多于一条语句要执行时，必须使用“{”和“}”把这些语句包括在其中。

为了更好地理解开关控制原理，设计了基于 Proteus 的仿真图(见图 4.7)，在这个仿真图中用到四种元器件：一种是控制芯片元件，其关键词为 328p；一种是电阻元器件，其关键词为 res；一种是发光二极管，其关键词为 led；还有一种是开关元件，其关键词为 switch。首先在 Arduino IDE 编译器中对上面的程序进行编译，得到可执行文件(.exe)，然后把可执行文件加载到仿真控制器中，具体步骤可参考第二章内容，最后点击左下角的运行按钮，可对按键进行打开或关闭，观察到发光二极管的变化。

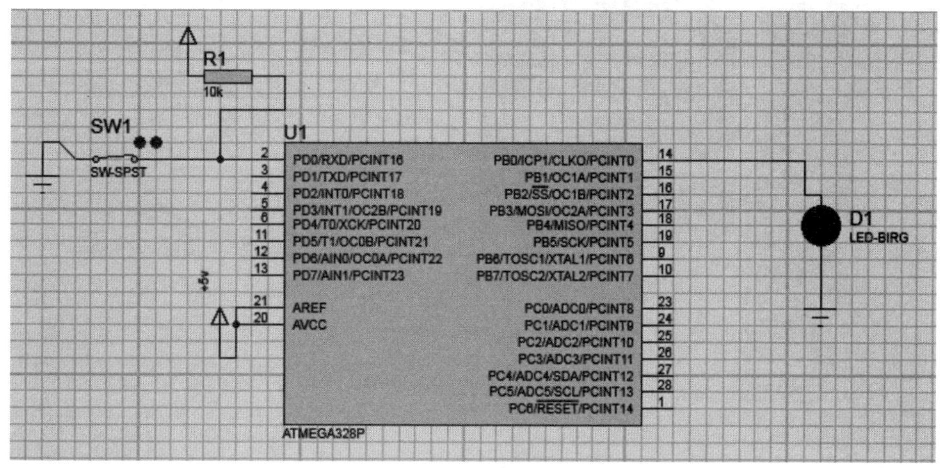

图 4.7　开关控制仿真电路

思考题：如何通过不同的按键来对洗衣机进行不同设置？

任务十　实现洗衣机的水位控制

实现洗衣机的水位控制

在洗衣之前，一般要根据衣服的多少来决定水量的多少，控制器又是如何来实现的？

水位控制的原理图如图 4.8 所示，其由 Arduino 控制板、四位一体数码管、电阻元件、滑变电阻元件构成，它们之间的连接关系如图 4.9 所示。其通过滑变电阻的阻值变化引起控制板 A0 口的输入变化来模拟洗衣机的水位变化，其动态显示原理与二位一体数码光的显示原理一样。

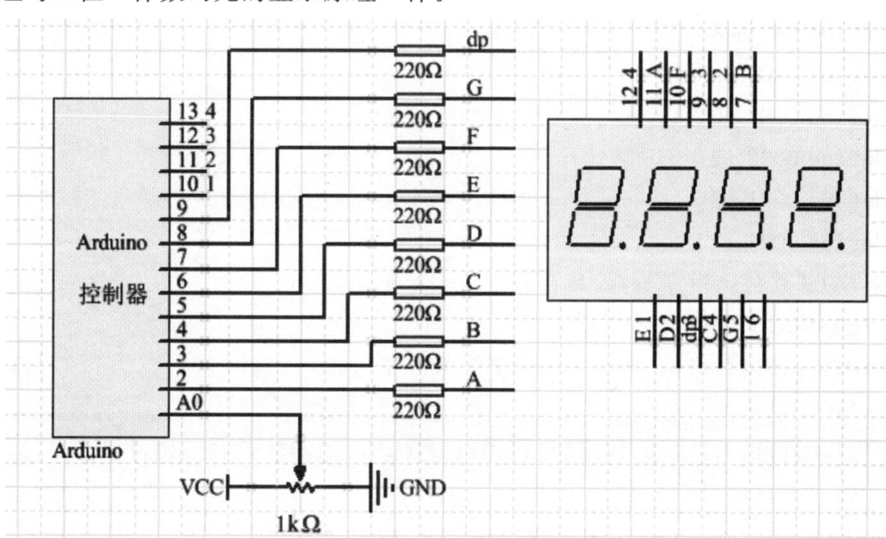

图 4.8　水位检测原理

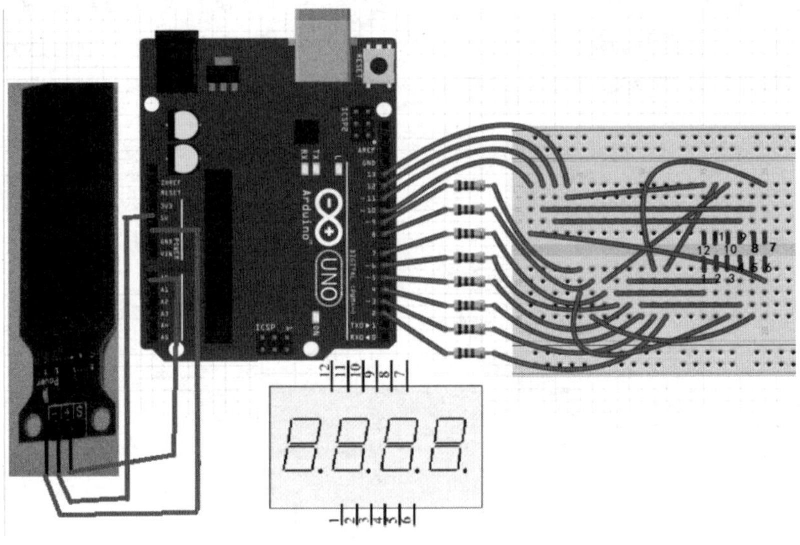

图 4.9　水位检测硬件连接关系

✓ **参考程序**

```
//四位一体的 LED 是共阳极
    #define SEG_A 2
    #define SEG_B 3
    #define SEG_C 4
    #define SEG_D 5
    #define SEG_E 6
    #define SEG_F 7
    #define SEG_G 8
    #define SEG_H 9
    #define COM1 10
    #define COM2 11
    #define COM3 12
    #defien COM4 13
    //数字 0—9 的共阳字型码,顺序是 H 段—A 段
    unsigned char table[10][8]=
    {{0,0,1,1,1,1,1,1},{0,0,0,0,0,1,1,0},{0,1,0,1,1,0,1,1},{0,1,0,0,1,1,1,
1},{0,1,1,0,0,1,1,0},
    {0,1,1,0,1,1,0,1},{0,1,1,1,1,1,0,1},{0,0,0,0,0,1,1,1},{0,1,1,1,1,1,1,1},
{0,1,1,0,1,1,1,1}  };
    void Display(unsigned char COM,unsigned char num)
```

```
{                                                    ///首先去除余晖即全灭
  digitalWrite(SEG_A,HIGH);
  digitalWrite(SEG_B,HIGH);
  digitalWrite(SEG_C,HIGH);
  digitalWrite(SEG_D,HIGH);
  digitalWrite(SEG_E,HIGH);
  digitalWrite(SEG_F,HIGH);
  digitalWrite(SEG_G,HIGH);
  digitalWrite(SEG_H,HIGH);

  switch(COM)
  {
    case 1:                              //在最左边位置显示
    digitalWrite(COM1,HIGH);
digitalWrite(COM2,LOW);
digitalWrite(COM3,LOW);
digitalWrite(COM4,LOW);
    break;

    case 2:                              //在左 2 位置显示
    digitalWrite(COM1,LOW);
digitalWrite(COM2,HIGH);
digitalWrite(COM3,LOW);
digitalWrite(COM4,LOW);
break;

case 3:                              //在左 3 位置显示
digitalWrite(COM1,LOW);
digitalWrite(COM2,LOW);
digitalWrite(COM3,HIGH);
digitalWrite(COM4,LOW);
break;
case 4:                              //在最后面位置显示
digitalWrite(COM1,LOW);
digitalWrite(COM2,LOW);
digitalWrite(COM3,LOW);
digitalWrite(COM4,HIGH);
break;
```

```
    default:break;
    }
    digitalWrite(SEG_A,table[num][7]);
    digitalWrite(SEG_B,table[num][6]);
    digitalWrite(SEG_C,table[num][5]);
    digitalWrite(SEG_D,table[num][4]);
    digitalWrite(SEG_E,table[num][3]);
    digitalWrite(SEG_F,table[num][2]);
    digitalWrite(SEG_G,table[num][1]);
    digitalWrite(SEG_H,table[num][0]);
}

void setup() {
  // put your setup code here, to run once:
pinMode(SEG_A,OUTPUT);
pinMode(SEG_B,OUTPUT);
pinMode(SEG_C,OUTPUT);
pinMode(SEG_D,OUTPUT);
pinMode(SEG_E,OUTPUT);
pinMode(SEG_F,OUTPUT);
pinMode(SEG_G,OUTPUT);
pinMode(SEG_H,OUTPUT);

pinMode(COM1,OUTPUT);
pinMode(COM2,OUTPUT);
pinMode(COM3,OUTPUT);
pinMode(COM4,OUTPUT);

pinMode(A0,INPUT);
Serial.begin(9600);
}

void loop() {
int j=0;
int val,depth,val1,val2,val3,val4;
double volt;
while(1)
{
```

```
val=analogRead(A0);          //读取A0口的模拟值,转换好数字量存放val变量中
depth=(val * 4.0)/650;       //转换成对应水的深度
val1=depth;                  // 把小数部分去掉,赋值给wall整数部分
val2=(volt * 10-val1) * 10;//第一位小数
val3=(volt * 100-val1 * 10-val2) * 10;             //第二位小数
val4=(volt * 1000-val1 * 100-val2 * 10-val3) * 10;   //第三位小数

for(j=0; j<30; j++)                                 //显示
  {
   //digitalWrite(SEG_H,LOW);
   Display(1,val1);
   digitalWrite(SEG_H,HIGH);
   delay(10);

Display(2,val2);
   digitalWrite(SEG_H,LOW);
   delay(10);

Display(3,val3);
   digitalWrite(SEG_H,LOW);
   delay(10);

Display(4,val4);
   digitalWrite(SEG_H,LOW);
   delay(10);
}
}
}
```

✓ **硬件说明**

1. 四位一体数码管

动态显示是一位一位地轮流点亮各位数码管,这种逐位点亮显示器的方式称为位扫描。各位数码管的段选线相应并联在一起(见图4.10),由一个8位的I/O口控制;各位数码管的位选线(公共阴极或阳极)由另外的I/O口线控制。

位选码:主要针对多位LED显示的问题,由于是动态显示,在哪个数码管上显示由其决定,对于四位LED数码管的字选端为6、8、9、12管脚,字位端是给高电平还是给低电平根据四位LED数码管是共阴极还是共阳极,共阴极输入低电平选中对应的位置来显示,共阳极

输入高电平选中对应的位置来显示。

字型码:通常把控制发光二极管的 8 位二进制数称为字型码,又称段选码,管脚与段码对应的关系如表 4.1 所示,各段码与数据位的对应关系见两位 LED 显示部分。

表 4.1　各段码与数据位的对应关系

管脚	3	11	7	4	2	1	10	5
段码	小数点	a 段	b 段	c 段	d 段	e 段	f 段	g 段

四位一体的数码管的引脚分布:小数点朝下正放在面前时,左下角为 1,其他管脚顺序为逆时针旋转。左上角为最大的 12 号管脚。6、8、9、12 为字选端(见图 4.10 和图 4.11)。

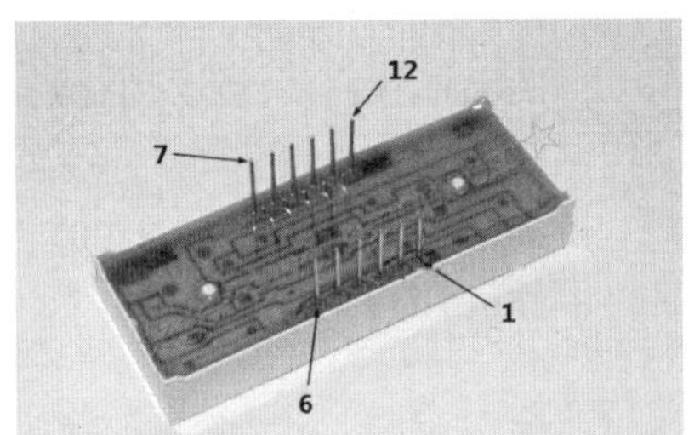

图 4.10　四位 LED 器件正反面

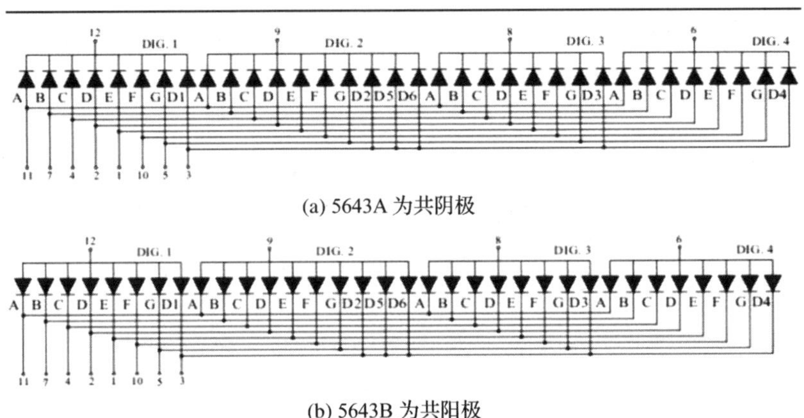

(a) 5643A 为共阴极

(b) 5643B 为共阳极

图 4.11　四位 LED 内部结构

2. 水位传感器

水位传感器是一款小巧轻便、简单易用、性价比较高的水位/水滴识别检测传感器,通过外露的平行导线线迹来测量其水滴/水量大小从而判断水位,利用三极管的电流放大原理,在发射极的电阻产生不同的模拟电压输出,达到水位深度测量、是否有水报警等功能。当检测是否有水时,直接通过控制器检测水位传感器的 S 引脚,若检测为 0,则显示没有水,若检测到 1,则有水。水位传感器共有三个引脚,一个为"+",接+5V,一个为"—",接 GND,最后一个为 S 引脚,输出模拟信号,这个模拟信号与水深度之间函数关系可以参考相关资料,如果找不到相关资料，自己可以进行标定，本任务接控制器的 A0 管脚如图 4.12 所示。

图 4.12　水位传感器的实物

√ **语言说明**

unsigned char table[10][8]——二维数组，参考第三章的任务四

switch-case——选择分支语句，参考第三章任务五

void Display(unsigned char COM，unsigned char num)——自定义函数，参考第三章的任务四。

为了更好地理解水位测量原理，设计了基于 Proteus 的仿真图(见图 4.13)，在这个仿真图中用到三种元器件：一种是控制芯片元件，其关键词为 328p；一种是四位一体数码管，其关键词为 7seg；还有一种是可变电阻元件(用来模拟水位信号)，其关键词为 pt-hg。首先在 Arduino IDE 编译器中对上面的程序进行编译，得到可执行文件(.exe)，然后把可执行文件加载到仿真控制器中，具体步骤可参考第二章内容，最后点击左下角的运行按钮，可观察到数码管上的水位显示。

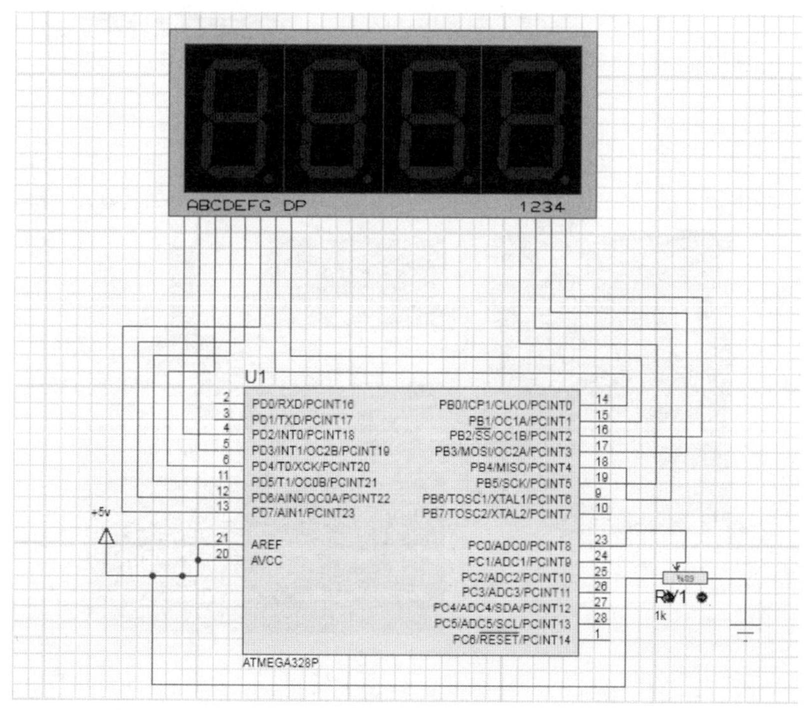

图 4.13　水位检测仿真电路

思考题：

1. 测量水位是否达到还有什么方法？
2. 测量水位在 LCD 或 OLED 上显示。

任务十一　用超声波模块来测距

超声波测距的原理图如图 4.14 所示，其控制电路由 Arduino 控制板、超声波模块、可调电阻(10kΩ)、LCD1602 液晶显示器构成，它们的硬件电路连接如图 4.15 所示。其通过可调电阻来调节 LCD1602 显示的对比度，超声波模块用来测量物体离超声波模块的距离，LCD1602 用来实时显示超声波测量的距离。

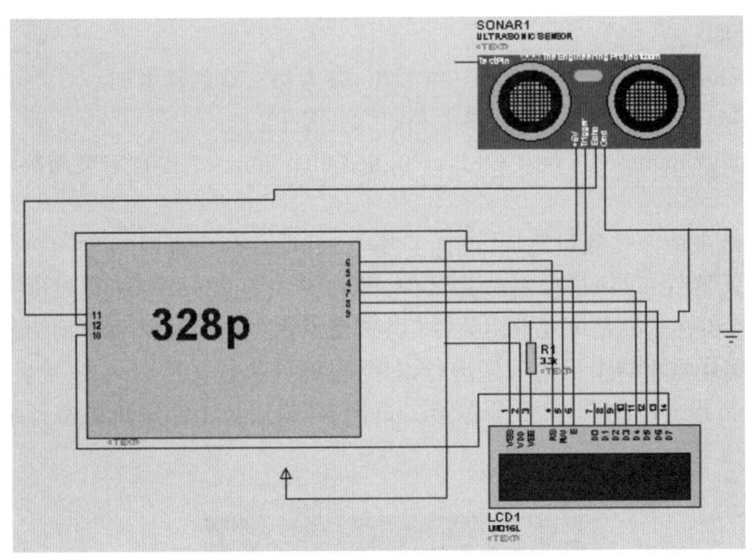

图 4.14　超声波测距原理

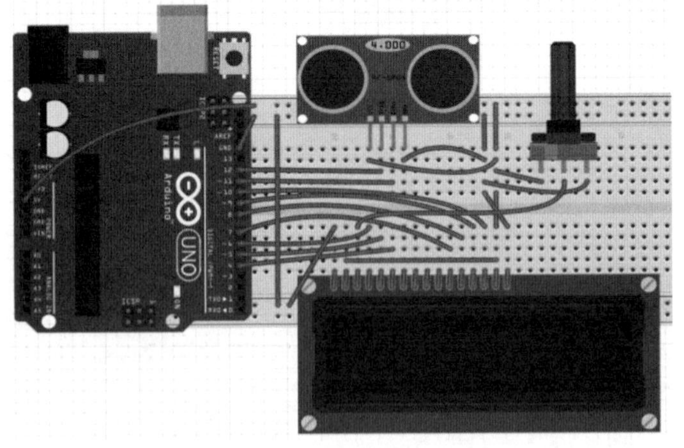

图 4.15　超声波测距的硬件电路连接方式

```
#include<LiquidCrystal.h>            //申明1602液晶的函数库
//申明1602液晶的7个引脚所连接的Arduino的数字端口
LiquidCrystal lcd(6,5,4,7,8,9,10);
//四位引脚模式,RS-6, RW-5, Enable-4, D4-7, D5-8, D6-9, D7-10
const int TrigPin =12;               //超声波模块设置
const int EchoPin =11;               //超声波模块设置
float distance;
void setup( )
{
lcd.begin(16,2);
    //初始化1602液晶工作模式,定义1602液晶显示范围为2行16列字符
pinMode(TrigPin, OUTPUT);
    // 要检测引脚上输入的脉冲宽度,需要先设置为输入状态
    pinMode(EchoPin, INPUT);
}
void loop()
{
lcd.setCursor(0,0);                  //把光标定位在第0行,第0列
lcd.print("The distance is ");       //显示The distance is
delay(100);
lcd.setCursor(4,1);
lcd.print(ceju( ) );                 //显示distance的数值
lcd.print("CM");                     //显示CM
delay(100);
}

float ceju()
{       // 产生一个10μs的高脉冲去触发TrigPin
       digitalWrite(TrigPin, LOW);
        delayMicroseconds(2);
        digitalWrite(TrigPin, HIGH);
        delayMicroseconds(10);
        digitalWrite(TrigPin, LOW);
        //检测脉冲宽度即多少个μs,并计算出距离
        distance = pulseIn(EchoPin, HIGH) / 58.00;
        //340m/s * 100=34000cm/s, 34000cm/s除以1000000=0.034cm/us
//距离是来回,所以0.034 * pulseIn( )/2= pulseIn( )/(2/0.034)≈pulseIn( )/58
        return distance;
  }
```

✓ 硬件说明

超声波测距及其模块

在日常生活中，经常碰到距离测量，如房间的长度、宽度和高度等。距离测量有很多种方法，有直接测量法和间接测量法，直接测量法有卷尺法等，间接测量法有激光法、超声波法等。下面介绍一种利用超声波来测量距离的方法，超声波指向性强，在介质中传播的距离较远，因而超声波经常用于距离的测量，如测距仪和物位测量仪等都可以通过超声波来实现。利用超声波检测往往比较迅速、方便、计算简单、易于做到实时控制，并且在测量精度方面能达到工业实用的要求，因此在移动机器人的研制上也得到了广泛的应用。

图 4.16 超声波测距模块

超声波测距原理是在超声波发射装置发出超声波，根据接收器接到超声波返回时的时间差，与雷达测距原理相似。超声波发射器向某一方向发射超声波(通过 Trig 管脚产生一个 10μs 的高脉冲，如何产生可以参见程序)，在发射时刻内部计时器同时开始计时，超声波在空气中传播，途中碰到障碍物就立即返回来，超声波接收器收到反射波就立即停止计时(通过 Echo 管脚来判断是否应该停止计时，发出超声波时 Echo 是低电平，一旦有超声波返回模块中的电路就会把 Echo 变成高电平，控制器中的内部电路停止计时)。模块中的另外两个管脚，VCC 接+5V，GND 接地线。如图 4.6 所示。

超声波在空气中的传播速度为 340m/s，根据计时器记录的时间 t(微秒)，就可以计算出发射点距障碍物的距离(s)。这里要注意的是，超声波发出去然后再返回所经历的路程是两倍的测量距离，即：s＝340×t/2，计算时注意单位换算。

思考题：设计一个利用超声波测距的垃圾桶自动开盖的控制电路？(即当人一旦靠近垃圾桶，垃圾桶自动开取盖子，待人把垃圾丢入垃圾桶之后，盖子自动关闭。这里还要用到舵机，有关舵机的知识可以参考其他资料)

4.2 数字量传感器

对于高档洗衣机，为了提高洗衣粉或洗涤剂的洗衣效果，通常在洗衣之前检测水温，判断是不是最佳水温。

任务十二　读取温湿度 SHT11 传感器信息并在数码管上显示

温湿度检测原理图如图 4.17 所示，其由 Arduino 控制板、二位一体数码管、电阻元件、温湿度传感器元件构成，它们之间的连接关系如图 4.18 所示。其通过控制板的模拟引脚来模拟 I^2C 总线从而读取 SHT11 的温湿度数据，然后在二位一体数码管上显示。

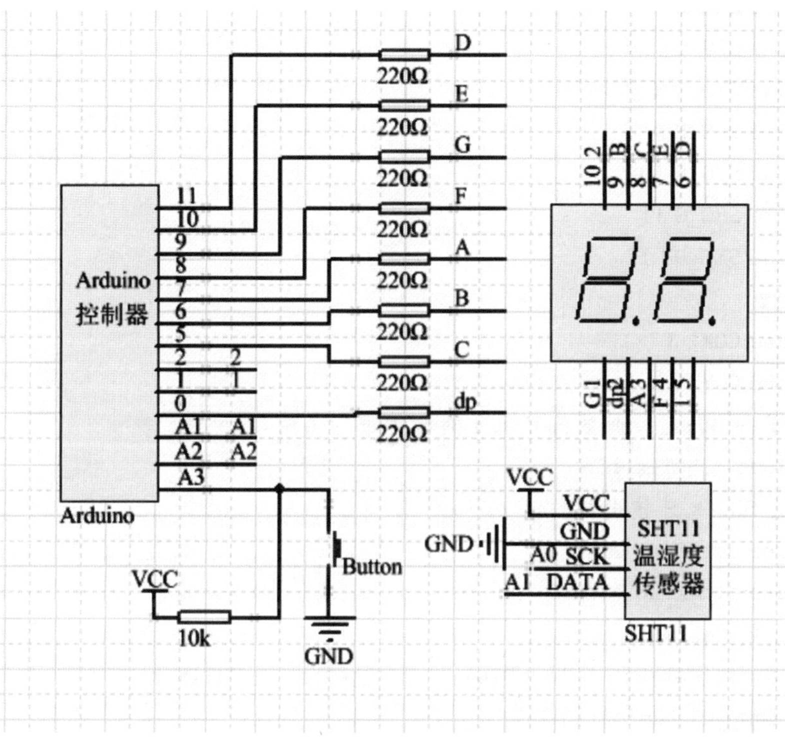

图 4.17　温湿度检测原理

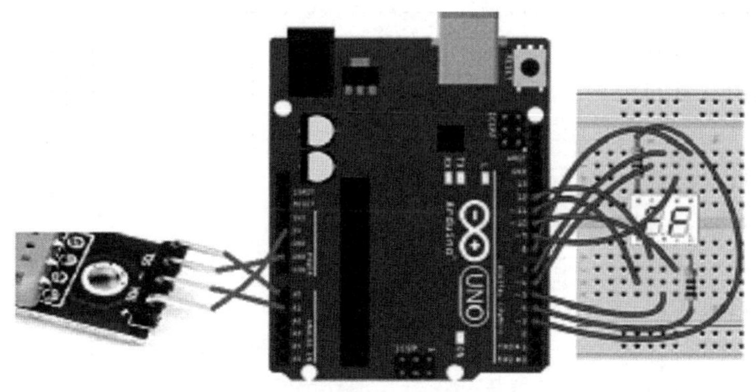

（SCL 或 SCK 接 A0，SDA 或 DATA 接 A1）

图 4.18　温湿度检测硬件电路连接方式

✓ **参考程序**

```
//只显示温湿度的整数部分
//两位一体的数码管是共阴极,四位一体的数码管是共阳极
#define SEG_A 5
#define SEG_B 6
#define SEG_C 7
#define SEG_D 8
#define SEG_E 9
#define SEG_F 10
#define SEG_G 11
#define SEG_DP 12
//共阴极
#define COM1 3
#define COM2 4
int del = 50;  //此数值可用于对时钟进行微调
#include <SHT1x.h>
// 定义 SHT1x 连接引脚
#define dataPin  A1
#define clockPin  A0
// 初始化 sht1x
SHT1x sht1x(dataPin, clockPin);   //定义了一个 SHT1x 类
float temp_c, humidity;
int temp1,humi1;
   unsigned char table[10][8]=   //0,1,2,3,4,5,6,7,8,9 字型码
{
{0,0,1,1,1,1,1,1},
{0,0,0,0,0,1,1,0},
{0,1,0,1,1,0,1,1},
{0,1,0,0,1,1,1,1},
{0,1,1,0,0,1,1,0},
{0,1,1,0,1,1,0,1},
{0,1,1,1,1,1,0,1},
{0,0,0,0,0,1,1,1},
{0,1,1,1,1,1,1,1},
{0,1,1,0,1,1,1,1}
};
viod setup()    //设置输出引脚
{
```

```
pinMode(SEG_A,OUTPUT);
pinMode(SEG_B,OUTPUT);
pinMode(SEG_C,OUTPUT);
pinMode(SEG_D,OUTPUT);
pinMode(SEG_E,OUTPUT);
pinMode(SEG_F,OUTPUT);
pinMode(SEG_G,OUTPUT);
pinMode(SEG_DP,OUTPUT);

pinMode(COM1,OUTPUT);
pinMode(COM2,OUTPUT);
}
void Display(unsigned char COM,unsigned char num)
{                                                   //首先去除余晖即全灭
  digitalWrite(SEG_A,LOW);
  digitalWrite(SEG_B, LOW);
  digitalWrite(SEG_C, LOW);
  digitalWrite(SEG_D, LOW);
  digitalWrite(SEG_E, LOW);
  digitalWrite(SEG_F, LOW);
  digitalWrite(SEG_G, LOW);
  digitalWrite(SEG_H, LOW);

  switch(COM)
  {
    case 1:
    digitalWrite(COM1,LOW);
digitalWrite(COM2,HIGH);
    break;

    case 2:
    digitalWrite(COM1, HIGH);
digitalWrite(COM2, LOW);
break;

    default:break;
    }
```

```
    digitalWrite(SEG_A,table[num][7]);
    digitalWrite(SEG_B,table[num][6]);
    digitalWrite(SEG_C,table[num][5]);
    digitalWrite(SEG_D,table[num][4]);
    digitalWrite(SEG_E,table[num][3]);
    digitalWrite(SEG_F,table[num][2]);
    digitalWrite(SEG_G,table[num][1]);
    digitalWrite(SEG_H,table[num][0]);
}


void setup() {
  // put your setup code here, to run once:
pinMode(SEG_A,OUTPUT);
pinMode(SEG_B,OUTPUT);
pinMode(SEG_C,OUTPUT);
pinMode(SEG_D,OUTPUT);
pinMode(SEG_E,OUTPUT);
pinMode(SEG_F,OUTPUT);
pinMode(SEG_G,OUTPUT);
pinMode(SEG_H,OUTPUT);

pinMode(COM1,OUTPUT);
pinMode(COM2,OUTPUT);

}

void loop( ) {
int val1,val2;
temp_c = sht1x.readTemperature( );     // 读取 SHT1x 温度值
humidity = sht1x.readHumidity( );      // 读取 SHT1x 湿度值
temp1=temp_c/1;          //去掉小数部分
humi1=humidity/1;        //去掉小数部分
val1=temp1/10;           //取出温度高位——十位
val2=temp1 % 10;         //取出温度低位——个位
for(j=0;j<30;j++)        //显示
  {
```

```
    digitalWrite(SEG_H,LOW);     //小数点不显示
    Display(1,val1);
    digitalWrite(SEG_H,LOW);     //小数点不显示
    delay(10);
    Display(2,val2);
    digitalWrite(SEG_H,LOW);
    delay(10);
  }
  val1=humi1/10;          //取出湿度高位
  val2=humi1%10;          //取出湿度低位
  for(j=0;j<30;j++)             //显示
   {
    digitalWrite(SEG_H,LOW);      //小数点不显示
    Display(1,val1);
    digitalWrite(SEG_H,LOW);      //小数点不显示
    delay(10);
    Display(2,val2);
    digitalWrite(SEG_H,LOW);
    delay(10);
  }
  }
```

✓ **硬件说明**

1. SHT1X 温湿度传感器

传感器是温湿环境测量与控制系统的首要环节，它的测量精度、分辨率、稳定性等性能的好坏直接关系到后续的测量结果。而在传统的温湿度测量和控制系统中，普遍采用的是模拟式传感器，尤其是湿度传感器，主要利用在玻璃或者陶瓷基片上涂布干湿机能材料，根据电阻和电容的变化来反映湿度和温度的变化。输出的模拟信号必须经过 A/D 转换才可以接到微处理器进行处理。所以，模拟式传感器自身的测量精度和分辨率都受到一定的限制，通常只有 1%左右。另外，模数转换系统的精度也不可能很高。采用具有直接数字量输出的传感器就可以避免上述问题。

SHT1X 是一款单片全校准数字输出相对湿度和温度传感器，它采用了特有的工业化的 CMOSENS 技术，保证了极高的可靠性和卓越的长期稳定性。整个芯片包括校准的相对湿度和温度传感器，它们与一个 14 位的 A/D 转换器相连。SHT1X 可检测 0～100%RH 湿度范围和－40～＋123.8℃温度范围。其湿度测量精度为±1.8%RH，温度测量精度为±0.4℃，还具有一个 I^2C 总线串行接口电路，简化了系统结构。每一个传感器都是在极为精确的湿度室中进行校准的，校准系数预先存在传感器 OTP 内存中。其克服了传统温湿度

传感器长期稳定性差、互换性差、电路设计复杂、校准和标定复杂、湿度受温度的影响大等缺点，且可采用多个传感器组成网络检测点，对环境进行多点巡回检测，还可以精确地测定露点，其不会因为温湿度之间的温度差而引入误差。

2. SHT1X 的内部结构及工作原理

SHT1X 的湿度检测运用电容式结构，并采用具有不同保护的“微型结构”检测电极系统与聚合物覆盖层来组成传感器芯片的电容，除保持电容式湿敏器件的原有特性外，还可抵御来自外界的影响。由于它将温度传感器与湿度传感器结合在一起而构成了一个单一的个体，因而测量精度较高且可精确地得出露点。同时，不会产生由于温度与湿度传感器之间随温度梯度变化引起的误差。SHT1X 传感器的内部结构，如图 4.19 所示。

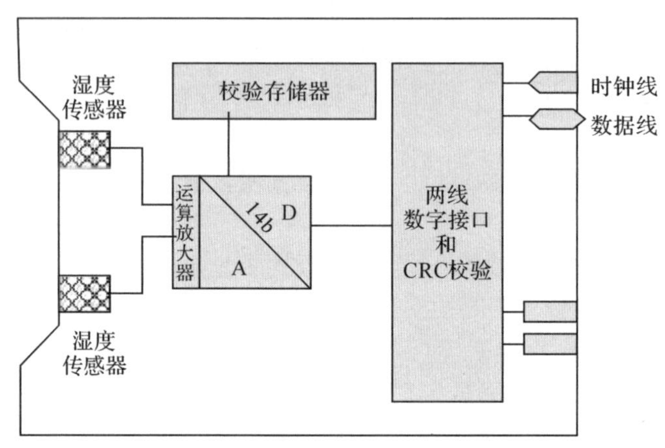

图 4.19 SHT1X 内部结构

由于将传感器与电路部分结合在一起，因此该传感器具有比其他类型的温湿度传感器优越得多的性能：一是传感器信号强度的增加增强了传感器的抗干扰性能，保证了传感器的长期稳定性，而 A/D 转换的同时完成，则降低了传感器对干扰噪声的敏感程度；二是在传感器芯片内装载的校准数据保证了每一只湿度传感器都具有相同的功能，即具有 100%的互换性；三是传感器可直接通过 I^2C 总线与任何类型的微处理器、微控制器系统连接，从而减少了接口电路的硬件成本，简化了接口方式。

SHT1X 的指令也非常简单，共有五条，其他为预留指令，如表 4.2 所示。

表 4.2 SHT1X 指令集

命令	代码
温度测量	00011
湿度测量	00101
读状态寄存器	00111
写状态寄存器	00110
软复位，复位接口，清空状态寄存器下一次命令前要等至少 11ms	11110
预留	0000x
预留	0101x—1110x

(1)SHT1X 的接口电路

SHT1X 的封装形式为小体积 4 脚单线封装,其引脚说明如表 4.3 所示。

表 4.3 SHT1X 引脚说明

引脚	名称	注释
1	SCK	串行时钟,输入
2	VDD	供电 2.4~5.5V
3	GND	地
4	DATA	串行数据,双向

传感器通过串行数字通信接口(SCK 和 DATA)可与任何种类微处理器、微控制器系统连接,减少了传感器接口开发时间及降低了硬件成本。SHT1X 传感器与单片机的接口电路如图 4.20 所示。

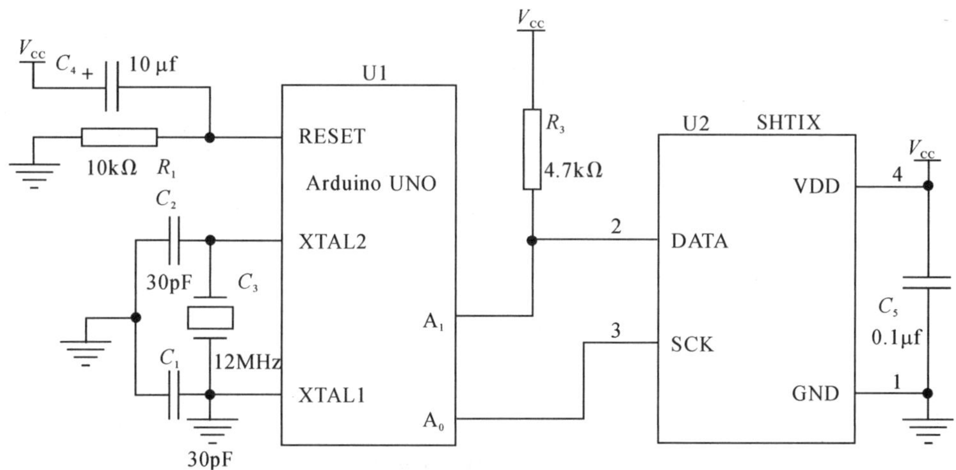

图 4.20 SHT1X 与单片机的接口电路

SHT1X 传感器上电后要等待 11ms 以越过"休眠"状态。在此期间无须发送任何指令。电源引脚(VDD,GND)之间可增加一个 0.1μF 的电容,用以滤波。SHT1X 的串行接口,在传感器信号的读取及电源损耗方面都做了优化处理;SCK(又称 SCL)用于单片机与 SHT1X 之间的通信同步,由于接口包含了完全静态逻辑,因此不存在最小 SCK 频率;DATA(又称 SDA)三态门用于数据的读取,在 SCK 时钟下降沿之后改变状态,并仅在 SCK 时钟上升沿有效。数据传输期间,在 SCK 时钟高电平时,DATA 必须保持稳定。为避免信号冲突,单片机应驱动 DATA 在低电平,需要一个外部的上拉电阻(如 4.7kΩ)将信号提拉至高电平。

(2)测量数据处理

为了将 SHT1X 输出的数字量转换成实际物理量需进行相应的数据处理,由图 4.21 相对湿度数字输出特性曲线可看出,SHT1X 的相对湿度输出特性呈一定的非线性。本系统采用软件的方法对这种非线性度进行补偿以获取准确数据,可使用如下的公式修正读数:

$$RH_{linear}=c_1+c_2\times SO_{RH}+c_3\times SO_{RH}{}^2 \qquad (4\text{-}1)$$

式中:SO_{RH} 为传感器相对湿度测量值,系数值如表 4.4 所示。

表 4.4　SHT1X 湿度转换系数

SO_{RH}	c_1	c_2	c_3
12bit	−4	0.0405	-2.8×10^{-6}
8bit	−4	0.648	-7.2×10^{-4}

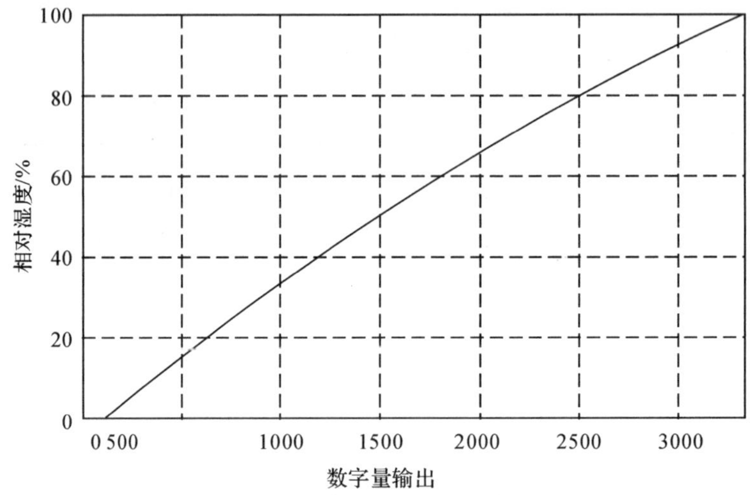

图 4.21　SHT1X 相对湿度数字量输出的特性曲线

式(4-1)是按环境温度为 25℃进行计算的，而实际的测量温度则在一定范围内变化。所以，应考虑湿度传感器的温度系数，按如下公式对环境温度进行补偿，即

$$RH_{true}=(T-25)\times(t_1+t_2\times SO_{RH})+RH_{linear} \tag{4-2}$$

式中：T 为实际温度值，其系数取值如表 4.5 所示。

表 4.5　温度补偿系数

SO_{RH}	t_1	t_2
12bit	0.01	0.00008
8bit	0.01	0.00128

由设计决定的 SHT1X 温度传感器的线性非常好，故可用下列公式将温度数字输出转换成实际温度值。当电源电压为 5V，有：

$$T_{emperature}=d_1+d_2\times SO_T \tag{4-3}$$

其中，SO_T 为传感器温度测量值。当温度传感器的分辨率为 14 位时，$d_1=-40$，$d_2=0.01$；当温度传感器的分辨率为 12 位时，$d_1=-40$，$d_2=0.04$。

被测环境空气的露点值可根据相对湿度和温度值由下面的公式计算：

$$DP=[(0.66077-\log EW)\times237.3]/[\log EW-8.16077] \tag{4-4}$$

其中，$\log EW=(0.66077+7.5\times T)/(237.3+T)+[\log10(RH)-2]$

SHT1X 初始化主要是启动传输初始化。启动传输时，应发出“传输开始”命令，命令包括 SCK 为高时，DATA 由高电平变为低电平，并在下一个 SCK 为高时将 DATA 升高，时序如图 4.22 所示。后一个命令顺序包含三个地址位(目前只支持“000”)和 5 个命令位，SHT1X

会以下述方式表示已正确地接收到指令：在第 8 个 SCK 时钟的下降沿之后，将 DATA 下拉为低电平(ACK 位)。在第 9 个 SCK 时钟的下降沿之后，释放 DATA (恢复高电平)。

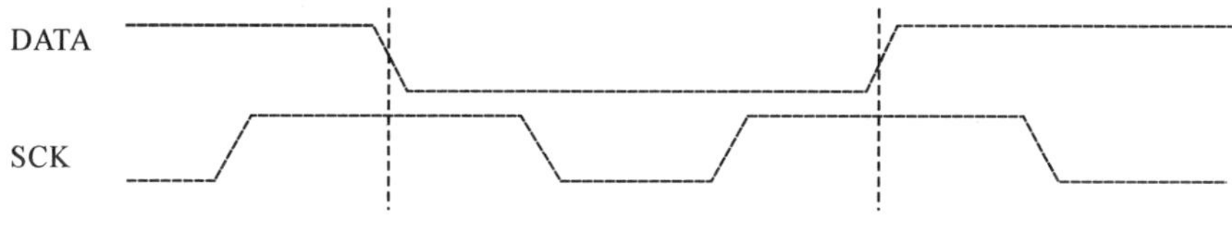

图 4.22　“启动传输”时序

✓ **程序说明：**

SHT1X 的温湿度采集

SHT1X 传感器共有 5 条用户指令，具体指令格式见表 4.2。下面介绍具体的命令顺序及命令时序。

(1)启动传输

启动传输指令在 SHT1X 初始化中已做详细介绍，这里不再重复说明。

(2)连接复位时序

如果与 SHT1X 传感器的通信中断，下列信号顺序会使串口复位：当使 DATA 线处于高电平时，触发 SCK 9 次以上(含 9 次)，并随后发一个前述的“启动传输”命令。复位时序如图 4.23所示。

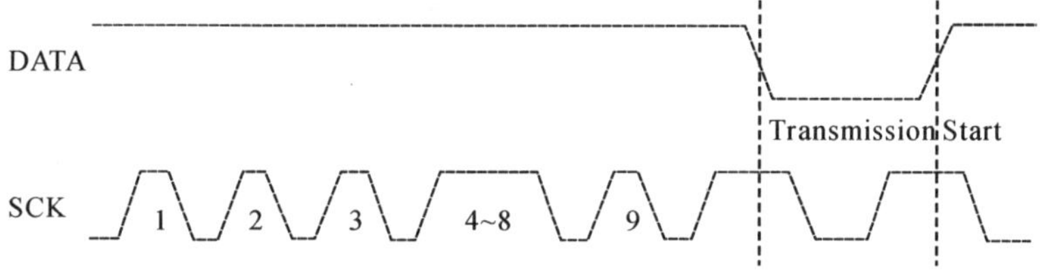

图 4.23　复位时序

(3)温湿度测量时序

当发出了温湿度测量命令(“00000101”表示相对湿度 RH，“00000011”表示温度 T)后，控制器就要等到测量完成。使用 8/12/14 位的分辨率测量分别需要大约 11/55/10 毫秒。为表明测量完成，SHT1X 会将数据线 DATA 下拉至低电平。此时，控制器必须重新启动 SCK，然后传送两字节测量数据与 1 字节 CRC 校验和。控制器必须通过使 DATA 为低来确认每一字节。所有的量中从右算，MSB 列于第一位。通信在确认 CRC 数据位后停止。如果没有用 CRC-8 校验和，则控制器就会在测量数据 LSB 后，保持 ACK 为高电平来停止通信，SHT1X 在测量和通信完成之后会自动返回睡眠模式。测试时序如图 4.24 所示。需要注意的是，为使 SHT1X 自身升温低于 0.1℃，则此时工作频率不能大于 15%(如 12 位精确度时，每秒最多进行 2 次测量)。

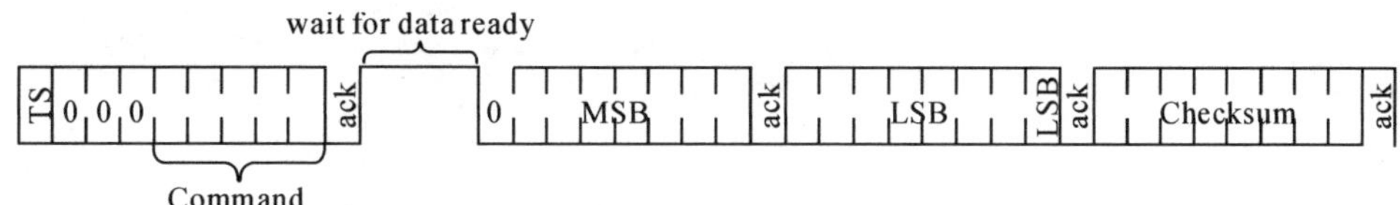

图 4.24　测量时序

SHT1X 数据采集流程如图 4.25 所示。

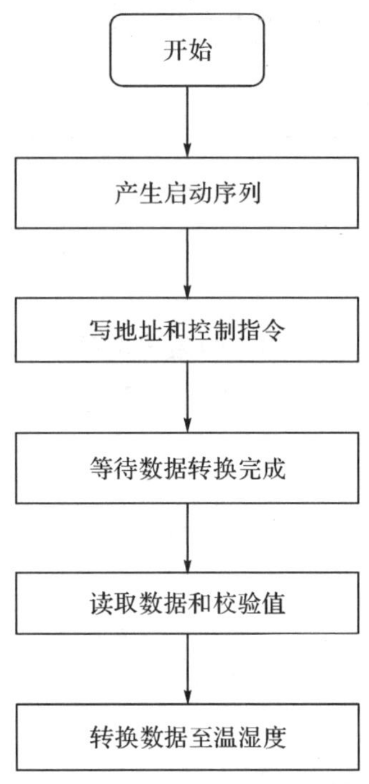

图 4.25　SHT1X 数据采集流程

为了更好地理解温湿度检测原理，设计了基于 Proteus 的仿真图（见图 4.26），在这个仿真图中用到五种元器件：一种是控制芯片元件，其关键词为 328p；一种是二位一体数码管，

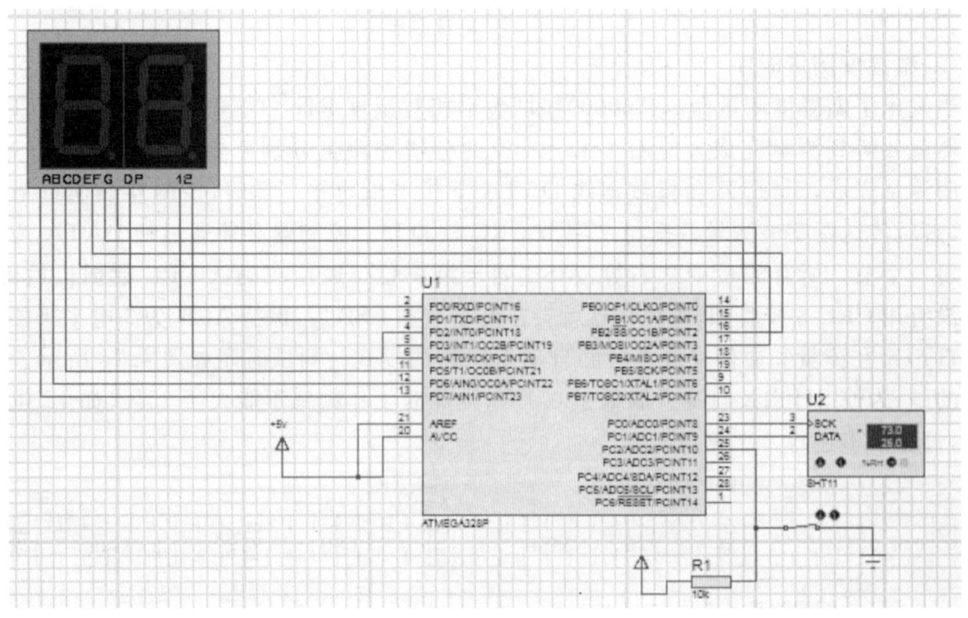

图 4.26　温湿度检测仿真电路

其关键词为 7seg；一种是电阻元件，其关键词为 res；一种是开关元件，其关键词为 switch；还有一种是温湿度传感器元件，其关键词为 SHT11。首先在 Arduino IDE 编译器中对上面的程序进行编译，得到可执行文件(. exe)，然后把可执行文件加载到仿真控制器中，具体步骤可参考第二章内容，最后点击左下角的运行按钮，可观察到数码管上的温湿度显示。

思考题：利用 DTH11 温湿度传感器来采集空气中的温湿度？

4.3　光照度检测——光敏传感器

任务十三　感光灯控制

早期的路灯什么时候开、什么时候关是通过时间来管理的，浪费了不少电能，如今可以通过光敏电阻来实现智能化管理。接下来设计用光敏电阻来控制发光二极管的亮与灭的电路，控制电路需要一块控制板、一个光敏电阻、一个发光二极管、两个电阻来构成，电路原理如图 4.27 所示，基于光敏模块的发光二极管控制硬件连接如图 4.28 所示。

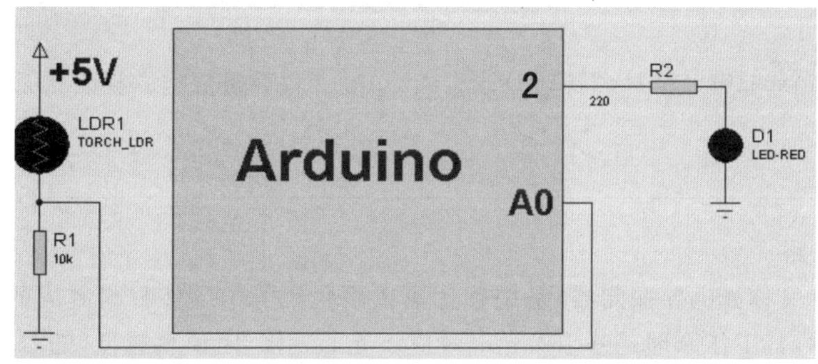

图 4.27　基于光敏控制发光二极管的电路原理

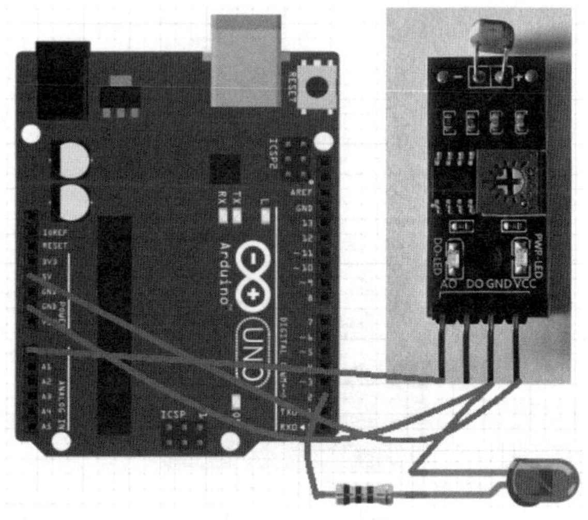

图 4.28　基于光敏模块的发光二极管控制硬件连接

✓ **参考程序**

```
#define led2  2                    //定义发光二极管控制端口
#define setvalue 1.2               //设置某一个光照度对应的电压
void setup( )
{
pinMode(led2,OUTPUT);
}


void loop( )
{ int lum;
float val;
lum=analogRead(A0);                //从 A0 口读取对应的电压数字量
val=lum*5.0/1023;                  //转变成电压实际值
if(val<setvalue)  digitalWrite(led2,LOW);     //当光照度小于一定值时,发光二极管灭
else  digitalWrite(led2,HIGH);              //否则发光二极管就亮
}
```

✓ **硬件电路**

光敏电阻(又称光电导探测器)是用硫化镉或硒化镉等半导体材料制成的特殊电阻器，如图 4.29 所示，其工作原理是基于内光电效应。光照越强，阻值就越低，随着光照强度的升高，电阻值迅速降低，电阻值可小至 1kΩ 以下。光敏电阻对光线十分敏感，其在无光照时，呈高阻状态，暗电阻一般可达 1.5MΩ。光敏电阻的特殊性能，随着科技的发展将得到极其广泛的应用。

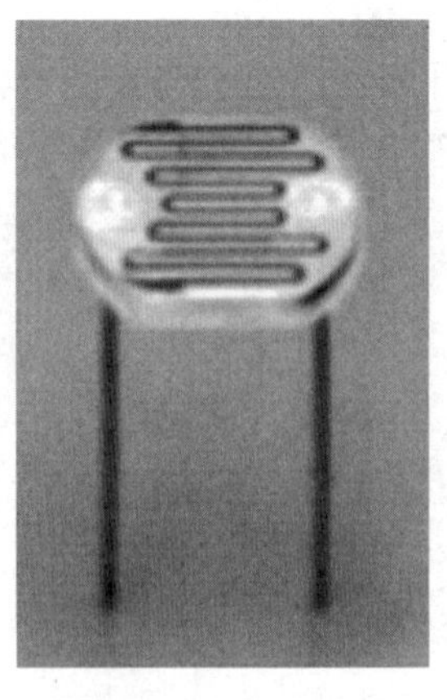

图 4.29　光敏电阻

光敏模块的内部电路如图 4.30 所示，既可以输出模拟量也可以输出数字量，光敏电阻与 10kΩ 电阻分压的值作为模拟输出值；这个值与另一个 10kΩ 可调电阻的分压值（设定值，通过模块中的可调电阻调节）进行比较，当光照度的值小于设定值时输出低电平，当光照度的值大于设定值时输出高电平。模拟值直接从光敏电阻与 10kΩ 电阻的分压输出。

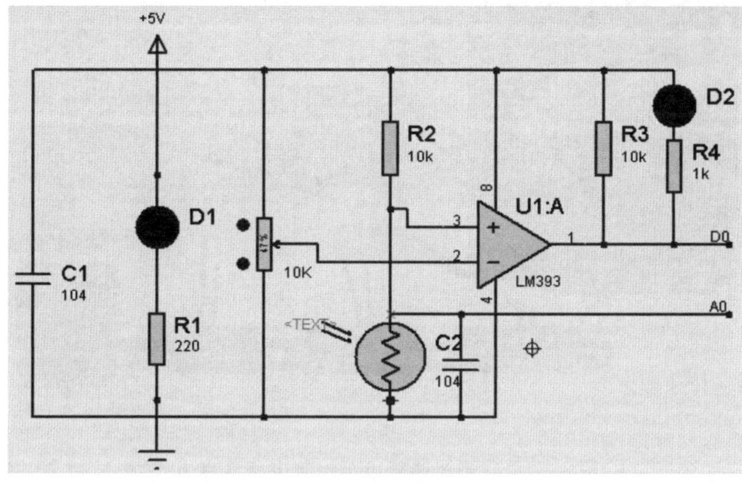

图 4.30　光敏模块的内部电路

4.4　寻迹及避障——红外传感器

任务十四　用红外传感器来实现小车寻迹及避障

红外传感器在工业中有着很多应用如寻迹及避障，要实现采用红外传感器来寻迹及避障，需要一块控制板、一块红外传感器模块、一块电机驱动模块、两个直流电机及一台小车（见图 4-31），其控制电路连接如图 4-32 所示。

图 4.31　寻迹及避障小车实物

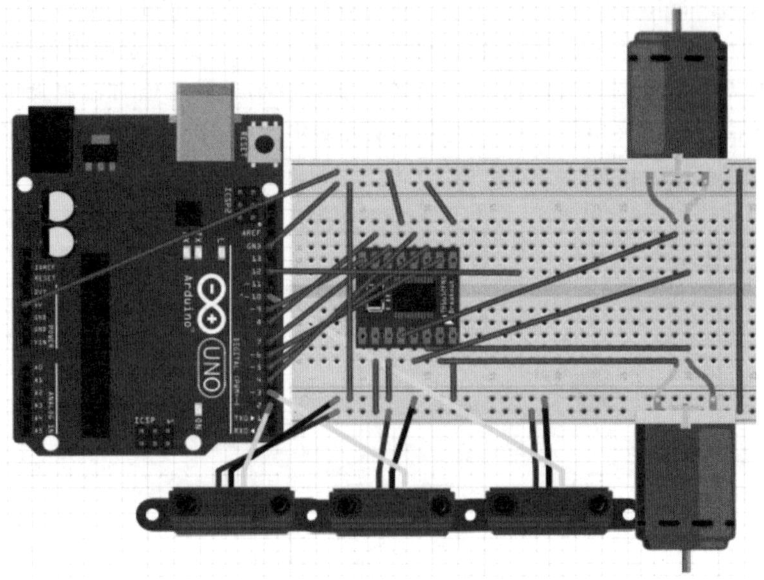

图 4.32 寻迹及避障小车控制电路连接方式

```
//控制小车前进、后退、停止、左转和右转
// 管脚定义
#define RIGHT_FORWORD_PIN      8     //8,7,9 控制一个电机
#define RIGHT_BACK_PIN         7
#define LEFT_FORWORD_PIN       4     //4,5,6 控制一个电机
#define LEFT_BACK_PIN          5
#define RIGHT_PWM              9
#define LEFT_PWM               6
#define LEFT 2
#define MIDDLE 3
#define RIGHT 10
void motor_init(void);    //申明自定义函数
void car_forword(void);
//自定义函数如果放在要使用的地方,一般先要进行申明
void car_back (void);
void car_stop(void);
void car_leftturn(void);
void car_rightturn(void);
void setup() {
   motor_init( );    //电机初始化
```

```
   pinMode(LFET, INPUT);
pinMode(MIDDLE, INPUT);
   pinMode(RIGHT, INPUT);
}

void loop() {  //有返回表示白色,输出为 0;黑色为 1
if((digitalRead(LEFT)==0&& digitalRead(MIDDLE)==1&&
digitalRead (RIGHT)==0)|| (digitalRead(LEFT)==0&& digitalRead(MIDDLE)
==0&&digitalRead (RIGHT)==0))
    car_forword(  );   //小车前进
else if(digitalRead(LEFT)==1&& digitalRead(MIDDLE)==0&&
digitalRead (RIGHT)==0)
car_leftturn( );         //小车左转
else if(digitalRead(LEFT)==0&& digitalRead(MIDDLE)==0&&
digitalRead (RIGHT)==1)
car_rightturn( );       //小车右转
else   car_stop( );      //小车停止
}

void motor_init(void)
{
  pinMode(RIGHT_FORWORD_PIN, OUTPUT);
  pinMode(RIGHT_BACK_PIN, OUTPUT);
  pinMode(LEFT_FORWORD_PIN, OUTPUT);
  pinMode(LEFT_BACK_PIN, OUTPUT);
  pinMode(RIGHT_PWM, OUTPUT);
  pinMode(LEFT_PWM, OUTPUT);
}
void car_forword(void)  //小车前进
{
  digitalWrite(RIGHT_FORWORD_PIN, HIGH);
  digitalWrite(RIGHT_BACK_PIN, LOW);
  analogWrite(RIGHT_PWM, 200);
  digitalWrite(LEFT_FORWORD_PIN, HIGH);
  digitalWrite(LEFT_BACK_PIN, LOW);
  analogWrite(LEFT_PWM, 200);
  }
```

```
void car_back(void)    //小车后退
{
  digitalWrite(RIGHT_FORWORD_PIN, LOW);
  digitalWrite(RIGHT_BACK_PIN, HIGH);
  analogWrite(RIGHT_PWM, 200);
  digitalWrite(LEFT_FORWORD_PIN, LOW);
  digitalWrite(LEFT_BACK_PIN, HIGH);
  analogWrite(LEFT_PWM, 200);
  }
    void car_stop(void)    //小车停止
{
  digitalWrite(RIGHT_FORWORD_PIN, LOW);
  digitalWrite(RIGHT_BACK PIN, LOW);
digitalWrite(LEFT_FORWORD_PIN, LOW);
  digitalWrite(LEFT_BACK_PIN, LOW);
   }
void car_leftturn(void)     //小车左转
{
  digitalWrite(RIGHT_FORWORD_PIN, HIGH);
  digitalWrite(RIGHT_BACK_PIN, LOW);
  analogWrite(RIGHT_PWM, 200);
  digitalWrite(LEFT_FORWORD_PIN, HIGH);
  digitalWrite(LEFT_BACK_PIN, LOW);
  analogWrite(LEFT_PWM, 100);
  }
void car_rightturn(void)    //小车右转
{
  digitalWrite(RIGHT_FORWORD_PIN, HIGH);
  digitalWrite(RIGHT_BACK_PIN, LOW);
  analogWrite(RIGHT_PWM, 100);
  digitalWrite(LEFT_FORWORD_PIN, HIGH);
  digitalWrite(LEFT_BACK_PIN, LOW);
  analogWrite(LEFT_PWM, 200);
  }
```

✓ **硬件说明**

1. 红外寻迹及避障模块

红外录迹及避障电路原理如图 4.33 所示，其工作原理为原理图中的 TCRT5000 红外反射传感器，发射一定频率的红外线时，当检测方向遇到障碍物或反射面时，红外线反射回来

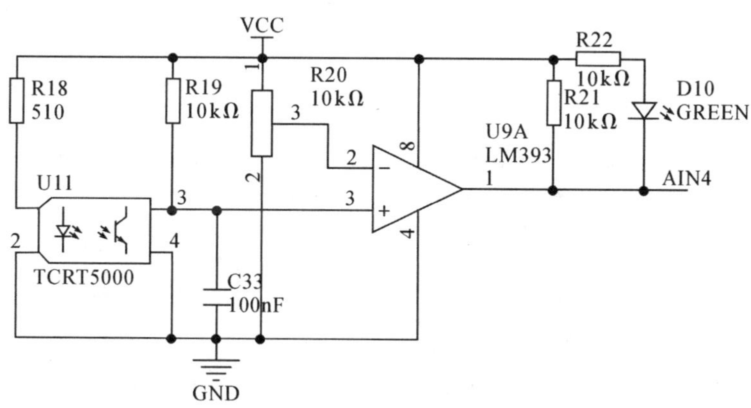

图 4.33 红外寻迹及避障的电路原理

被接收管接收，经过比较器电路处理之后，信号输出接口输出一个低电平数字信号，可以通过电位器 R20 来调节检测距离，有效距离范围 1～8mm；如果要增加检测距离，可以选择其他红外反射传感器。

2. TB6612FNG 及电机驱动模块

一块 TB6612FNG 芯片可以驱动两个直流电机，分为 A 和 B，控制 A(B 也是一样)有三个信号 AIN1，AIN2 和 PWMA，前面两个信号如表 4.6 所示，其中 PWMA 接到控制器的 PWM (3,5,6,9,10,11)引脚，一般 10kHz 即可(最高可达 100kHz)，通过改变占空比调节电机的速度，如 PWMA 接高电平(+5V)，占空比就是 100%，即满占空比，速度最快；反之，接低电平，就停止。要调节电机速度，可以通过改变语句 analogWrite(PWMA,a)中变量 a 的值，范围为 0～255。

表 4.6 电机驱动输入信号

AIN1 (模块 14 管脚)	0	1	0
AIN2 (模块 15 管脚)	0	0	1
	停止	正转	反转

TB6612FNG 芯片有 24 个管脚，做成驱动模块就只有 16 个管脚，如表 4.7 和图 4.34、图 4.35 所示。

表 4.7 模块引脚功能

1	VM 接 12V 电源	9	GND
2	VCC 3.3V 或 5V	10	PWMB 控制器输入，与 BIN1、BIN2 配套使用，控制 BO1 和 BO2 信号
3	GND	11	BIN2 控制器输入
4	AO1 接电机一个脚	12	BIN1 控制器输入
5	AO2 接电机另一个脚，与 AO1 配对	13	STBY 接高电平，模块才能正常工作
6	BO2 接电机一个脚	14	AIN1 控制器输入
7	BO12 接电机另一个脚，与 BO1 配对	15	AIN2 控制器输入
8	GND	16	PWMA 控制器输入，与 AIN1、AIN2 配套使用，控制 AO1 和 AO2 信号

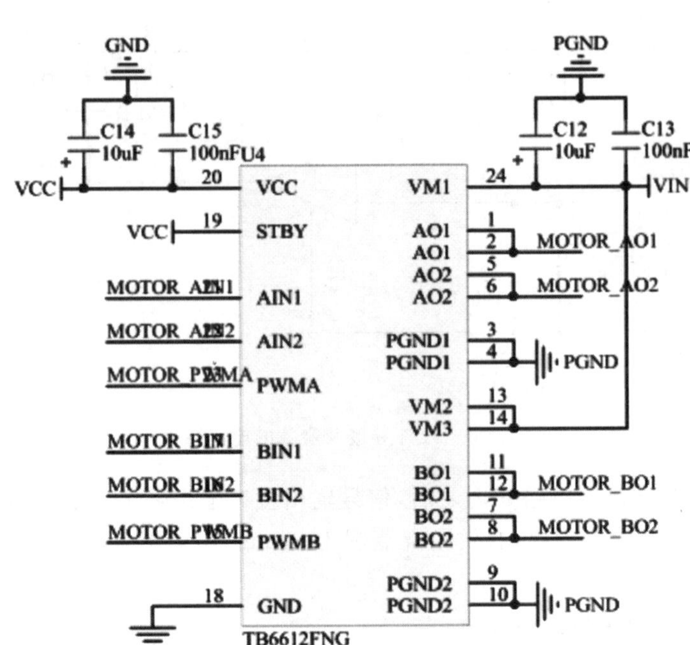

图 4.34　TB6612FNG 芯片管脚

图 4.35　TB6612FNG 模块管脚

4.5　颜色识别——颜色传感器 TCS230

任务十五　用 TCS230 识别物体的颜色

随着现代工业生产的自动化和高速化，由人眼起主导作用的颜色识别工作由于诸多缺点慢慢被淘汰，越来越多地被相应的颜色传感器所替代。在包装行业就可以根据产品包装的不同颜色来识别产品所送达的地点等。颜色识别电路由控制板和一个颜色传感器 TCS230 模块构成，其硬件连接如图 4.36 所示。

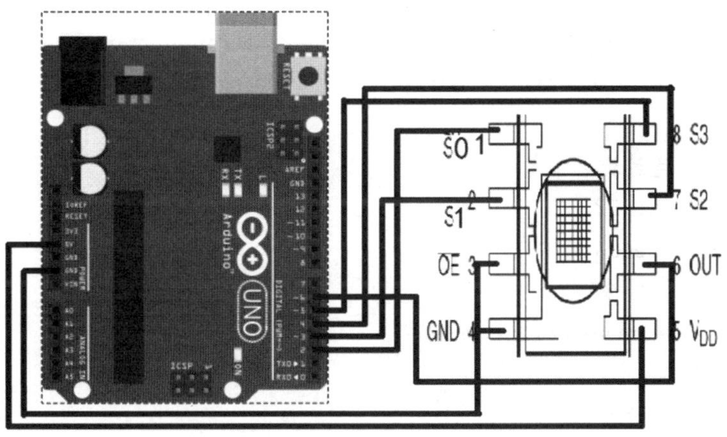

图 4.36 颜色传感器与控制板的连接

```
#define color0 2    //对应 S0 设置
#define color1 3    //对应 S1 设置
#define color2 4    //对应 S2 设置
#define color3 5    //对应 S3 设置
#define colorOut  6
int frequency = 0;
int red,green,blue;  //分别存储白平衡下的红色、绿色和蓝色值
void setup() {
  pinMode(color0, OUTPUT);
  pinMode(color1, OUTPUT);
  pinMode(color2, OUTPUT);
  pinMode(color3, OUTPUT);
  pinMode(colorOut, INPUT);
  Serial.begin(9600);

  // 设置缩放比例 20 %
  digitalWrite(color0,HIGH);
  digitalWrite(color1,LOW);
  delay(50);
// 给以标准的白色,进行白平衡
// 设置过滤器——红色
digitalWrite(color2,LOW);
  digitalWrite(color3,LOW);
```

```
  // 读取输出频率
  red= pulseIn(sensorOut, LOW);
delay(100);
  // 设置绿色过滤器
  digitalWrite(S2,HIGH);
  digitalWrite(S3,HIGH);
  // 读取输出频率
green= pulseIn(sensorOut, LOW);
  delay(100);
  // 设置蓝色过滤器
  digitalWrite(S2,LOW);
  digitalWrite(S3,HIGH);
  // 读取输出频率
blue = pulseIn(sensorOut, LOW);
}
void loop() {
  // 设置过滤器——红色
digitalWrite(color2,LOW);
  digitalWrite(color3,LOW);
  // 读取输出频率
  frequency = pulseIn(sensorOut, LOW);
  // Printing the value on the serial monitor
  Serial.print("Red= ");
  Serial.println(frequency * 255/red);
  delay(100);
  // 设置绿色过滤器
  digitalWrite(S2,HIGH);
  digitalWrite(S3,HIGH);
  // 读取输出频率
  frequency = pulseIn(sensorOut, LOW);
  Serial.print("Green= ");
  Serial.println(frequency * 255/green);
  delay(100);
  // 设置蓝色过滤器
  digitalWrite(S2,LOW);
  digitalWrite(S3,HIGH);
  // 读取输出频率
```

```
    frequency = pulseIn(sensorOut, LOW);
    Serial.print("Blue= ");
    Serial.println(frequency * 255/blue);
    delay(100);}
```

√ **硬件说明**

TCS230 芯片包含一个 8 * 8 阵列的硅光电二极管，可用于识别颜色。这些光电二极管中的 16 个具有红色滤光器，16 个具有绿色滤光器，16 个具有蓝色滤光器，而另外 16 个没有滤光器。

图 4.37　颜色传感器外观

TCS230 模块有 4 个白色 LED 灯。光电二极管从物体表面接收这些 LED 的反射光，然后根据它们接收的颜色产生电流。除光电二极管外，该传感器还有一个电流—频率转换器。它将光电二极管产生的电流转换为频率。该模块的输出采用方波脉冲形式，占空比为 50%。该传感器的最佳测量范围为 2～4cm。其外观如图 4.37 所示。

使用颜色识别传感器的原理实际就是三种颜色各自进行颜色分析。大家都知道任何颜色都可以由 RGB 这三种颜色混合而成，因而只要识别出这三种颜色的值。颜色传感器对所给的颜色进行识别，识别出 R 值、G 值和 B 值，然后根据 R 值、G 值和 B 值去查表，即可得出被测物的颜色。

传感器还有两个控制引脚 S0 和 S1，用于缩放输出频率（见图 4.38）。为什么要缩放输出频率？是因为有些输出频率太快，用单片机或其他处理器处理起来有难度，因而设置 100%、20%、2%这三种缩放比例。频率可以缩放到三个不同的预设值 100%、20%或 2%（见表 4.8）。这种频率调整功能允许传感器的输出针对各种频率计数器或微控制器进行优化。

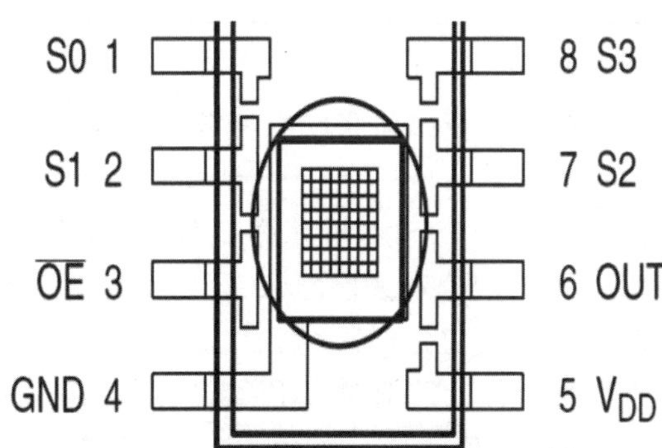

图 4.38　颜色传感器引脚

表 4.8　输出频率缩放比例

S0	S1	输出频率缩放比例
L	L	掉电模式
L	H	2%(10k～12kHz)
H	L	20%(100k～120kHz)
H	H	100%(500k～600kHz)

S2、S3 设置过滤器，当 S2S3＝LL 时，设置红色过滤器，只有红色能通过，其他颜色通过不了；当 S2S3＝LH 时，设置蓝色过滤器，只有蓝色能通过，其他颜色通过不了；当 S2S3＝HL 时，不设置任何过滤器，任何颜色都可通过；当 S2S3＝HH 时，设置绿色过滤器，只有绿色能通过，其他颜色通过不了。如表 4.9 所示。

表 4.9　过滤器类型选择

S2	S3	过滤器类型
L	L	红色
L	H	蓝色
H	L	无过滤器
H	H	绿色

$\overline{OE}$：输出使能端，当这个信号低电平时，输出才有效。

OUT：输出端，不管是 RGB 任何值输出，都是占空比为 50%的方波，即低电平和高电平时间相同，但周期不一样，因而可区分三种颜色的值。

在用颜色识别传感器的时候，经常提到白平衡。什么是白平衡呢？大家都知道在无任何干扰光源下即理论情况下，白色对应的三基色(RGB)都是 255 即 R 值为 255、G 值为 255 和 B 值为 255。但在实际中不可能处于理想环境，那么这个白色也不是理论下的“白色”，RGB 对应的值就不一定是 255。那白色都不是标准的了，其他颜色的 RGB 肯定也不是标准的 255 了，要对其进行调整，乘上一个比例因子。例如，在实际情况下进行白平衡，先通过颜色传感器得到白色的 RGB 的值，通过控制器得到的值分别是 238、249、252，那么对应的比例因子就是 255/238，255/249，255/252。这样，在检测其他颜色的时候，得到 RGB 值后，分别乘上对应的比例因子，就可得到真实的 RGB 值了。

白平衡中 RGB 的值如何获取？参考相关资料发现有两种方法：

第一种(准确和可靠)是脉冲计数到 255，得到时间基数；用 MCU 去分别捕捉 RGB 的输出脉冲，直到捕获到 255 个，然后计算出 RGB，分别输出 255 个脉冲的时间，分别为 T0，T1，T2，以后就用这个时间分别去检测 RGB 在对应的这个时间输出脉冲的个数。例如，检测三基色中 R 的值，通过配置定时，比如配置为 T0 的时间长度，MCU 捕获这个 T0 下输出的脉冲个数，这个脉冲个数就是 R 真实值了。然后再把定时器配置为 T1 的时间长度，MCU 捕获 T1 下的脉冲，这个值就是 G 的值，其他同理。

第二种是固定时间采集脉冲然后通过正比例转化为 255，得到一个调整参数，也就是比例因子。传感器正对白色物体(光源也可以)，先设置一个固定时间，比如 10ms。接着通过依次选通传感器的检测基色(每个通道都是 10ms)，分别得到三个脉冲个数的值，比如红色

为 a 个脉冲，绿色为 b 个脉冲，蓝色为 c 个脉冲。然后 x 为红色比例因子，y 为绿色比例因子，z 为蓝色比例因子，那么 $x=a/255$，$y=b/255$，$z=c/255$，这样就完成了比例因子的计算。然后检测其他颜色（注意，如果是采用 10ms 作基本时间，那么检测任何颜色下，程序中的检测时间也需要设置为 10ms），分别得到 RGB 后，再分别乘以上面计算的比例就可以得到更加准确的真实 RGB 值。最后，根据得到的 RGB 值，通过查表法对三原色值表进行查表，就可以得到具体是什么颜色了。

值得注意的是，不可能每个 RGB 值都刚好和表里的值对应，如果只是大致识别红色，浅红，深红，没有问题。如果还要细分，可以根据得到的 RGB 值先查表，如果没有直接匹配的，可以找到相近的两个参数，然后通过插值法。再去判断识别。具体的 RGB 值表在网络上可找到，实际程序中的查表法，可以使用二分法，插值法可以使用线性插值。

脉冲长度记录函数：unsigned long pulseIn(pin, value)；返回时间参数(us)，pin 表示为 0—13 管脚，value 为 HIGH 或 LOW，如果 value 为 HIGH，那么当 pin 输入为高电平时开始计时间，当 pin 输入为低电平时停止计时，然后返回该时间。

4.6　红外遥控——1838 红外接收传感器

任务十六　红外遥控二极管的亮灭

在生活中，如打开电视机看电视节目，天气热了打开空调，都是通过遥控器来操作，遥控器为何能控制这些家电呢？它是通过发射带有编码信息的红外光，在电器中通过一体化的红外接收头进行接收并对其进行解码，然后把解码信息发送给控制器进行处理。要制作一个红外接收系统需要控制板一块、接收一体化 1838 模块一块、一个电阻和一个发光二极管，红外一体接收头，VCC 接＋5V，GND 接电源的地线，OUT 端接控制板的 11 管脚，发光二极管的亮灭由控制板的 7 管脚来控制，其硬件连接如图 4.39 所示。

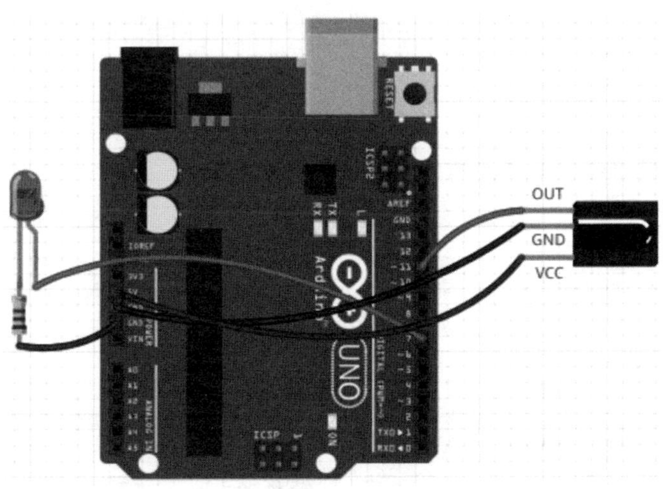

图 4.39　红外接收系统的硬件连接方式

✓ **参考程序**

```
#include <IRremote.h>
#define IR_Receiver 11
#define LED 7
long IRcode=0x00FFA25D;    //此码是预先读出来的按键编码，根据实际情况修改
IRrecv irrecv(IR_Receiver);  //构建一个 IRrecv 对象 irrecv 并初始化
decode_results results;
//构建一个 decode_results 对象 results,储存接收到的红外信息

void setup()
{
  pinMode(IR_Receiver, INPUT);
  pinMode(LED, OUTPUT);
  Serial.begin(9600);
  irrecv.enableIRIn( );           // 启动红外接收
}

/* 如果不知道红外遥控器编码,可以通过这个程序来获取遥控器的按键编码
//获取到对应的按键编码之后,就可以删除这段程序
void loop( )
{
if(irrecv decode(&results))
      {
Serial.println(results.value,HEX);      //获取红外发射编码
irrecv.resume( );
}
delay(100);
}    */

//获取到对应的红外遥控按键编码之后运行的程序
void loop()
{
  if (irrecv.decode(&results))       //对接收到的红外信息进行解码
   {
    if (results.value == IRcode )
//当接收到的红外信息解码之后与给定的编码一致时亮灯
       digitalWrite(LED1, HIGH);
    irrecv.resume();             // 继续接收
  }
}
```

√ **硬件知识：**

要进行红外遥控，需要配对的红外发射管和对应的红外接收管，红外发光二极管（又称红外发射管见图 4.40）在其两端施加一定电压时发射出红外光[这种光线具有方向性、距离也不远（最远不超过 2～3 米）且是不可见光]，其内部构造与普通的发光二极管差不多，但材料和普通发光二极管不同，为避免其烧毁需加一个限流电阻。遥控器是以调制的方式发射数据（编码），就是把数据和一定频率的载波进行“与”操作，这样既可以提高发射效率，又可以降低电源功耗。调制载波频率一般在 30kHz 到 60kHz 之间，大多数使用的是 38kHz，占空比 1/3 的方波，如图 4.41 所示。一般情况下是对发射端所使用的 455kHz 晶振进行 12 分频，即 455kHz÷12≈37.9kHz≈38kHz。

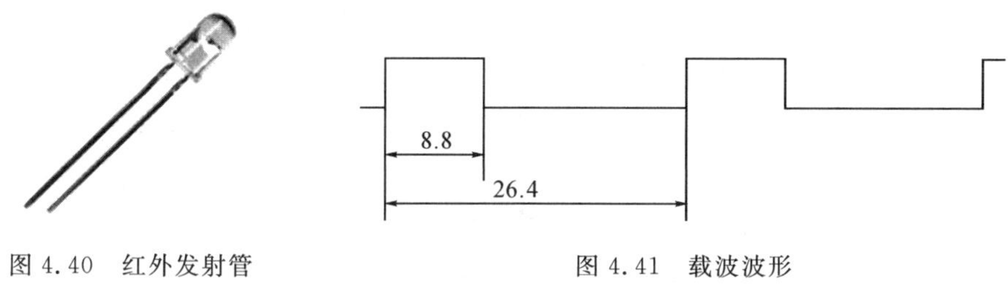

图 4.40　红外发射管　　　　图 4.41　载波波形

红外接收部分通常被厂家集成在一个元件中，成为一体化红外接收头，如图 4.42 所示，包括红外监测二极管、放大器、限幅器、带通滤波器、积分电路和比较器等部分。其通过信号放大、自动增益控制、带通滤波、解调变和波形整形等措施后还原为遥控器发射出的原始编码（这个过程称为解码），经由接收头的信号输出引脚输出。

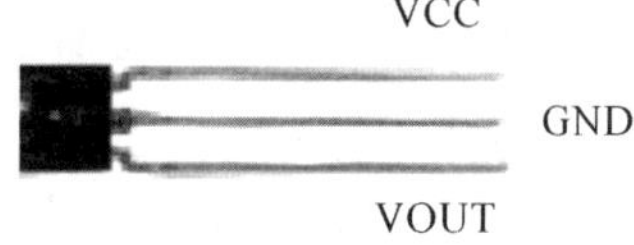

图 4.42　红外接收头

要想对某一遥控器进行解码必须要了解该遥控器的编码方式，编码方式（又称协议）有多种方式，如 NEC，Sony，Philips RC5，Sharp，Philips RC6 等，IRremote 库对这些 NEC，Sony，Philips RC5，Sharp，Philips RC6 等协议都支持。注意：红外接收头在没有红外信号时，其输出端为高电平，有信号时为低电平，输出的高低电平和发射端是反相的，这样的目的是提高接收的灵敏度。

不同公司有不同的协议，下面以 NEC 的协议为例来讲解。

首先介绍 NEC 协议中所使用的逻辑“1”和逻辑“0”，其定义如图 4.43 所示。一个逻辑“1”的传输时间是2.25ms，0.56ms高电平＋1.69ms的低电平；逻辑“0”只用了其一半，即 1.125ms，0.56ms 的高电平＋0.56ms 的低电平。为何在高电平期间不是一条直线而是若干

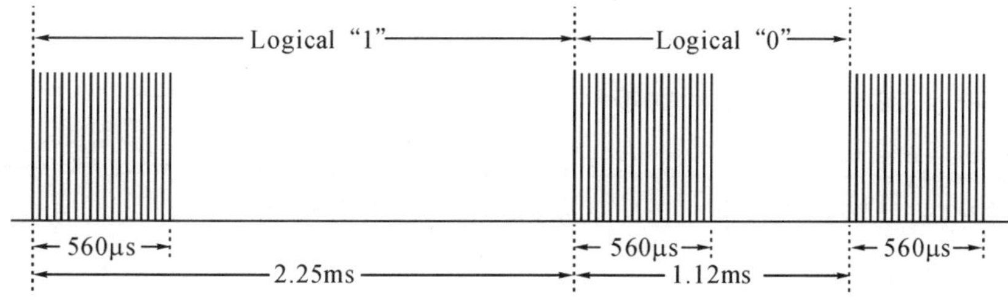

图 4.43　逻辑“1”和逻辑“0”的定义

条窄波(脉冲波),这是因为在低电平期间不发射 38k 的红外波,也就没有调制 38k 的载波;而在高电平期间调制了 38k 的载波并发射红外波。如图 4.44 所示为 NEC 协议典型的脉冲序列。

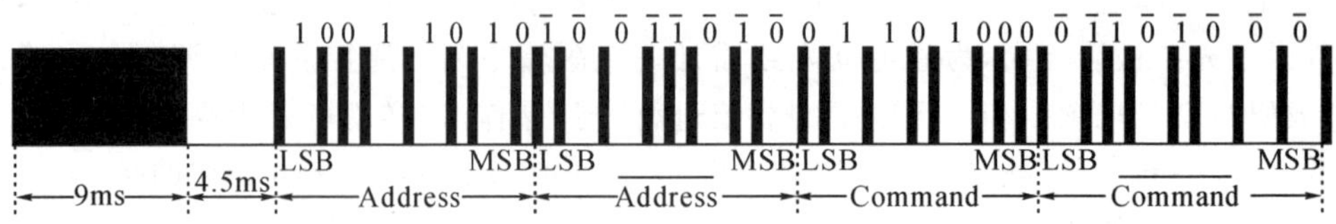

图 4.44　NEC 协议典型的脉冲序列

一条消息,开始由一个 9ms 的 AGC 同步脉冲串,这是用来设定早期红外接收器的增益。接着是 4.5ms 的空格,随后就是地址码(个人理解:不同设备的遥控器有不同的地址码,比如电视机的遥控器和空调遥控器的地址码不相同,一个遥控器中不同按键的地址码是相同的)和命令码(个人理解:就是遥控器上不同按键的编码),地址和命令被传输两次,第二次所有的二进制位被取反,用于验证所接收到消息的正确性。根据本协议地址码和命令码都是最低位(LSB)首先被发送。因此传输的是地址 $59(0101 1001 从高到低十六进制)和命令 $16(0001 0110 从高到低十六进制)。总的传输时间是恒定的,因为每个位与它取反长度重复。8 位地址或者 8 位命令当不够用时,可以扩展 16 位的地址和 16 位的命令。

当遥控器上的某个按键一直被按下时,命令也只发送一次。只要按键被一直按下,每 110ms 会发送一次重复编码。重复编码是一个简单的 9ms 的 AGC 同步脉冲,然后接着一个 2.25ms 的空格和 560μs 脉冲。图 4.45 为按键按下一段时间才松开的发射脉冲。

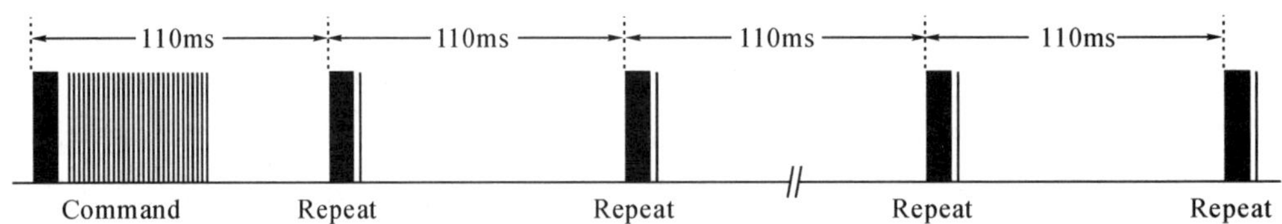

图 4.45　按键按下一段时间才松开的发射脉冲

思考题:设计一套基于 Arduino 的红外发射接收装置。

4.7　声音控制——麦克风模块

任务十七　声音控制灯的亮灭

随着家居的智能化,声控灯在生活中很常见,最普遍的就是楼道的走廊、楼梯间的灯。制作一个声控灯需要控制板一块、麦克风模块一块、一个电阻和一个发光二极管,其硬件连接如图 4.46 所示。

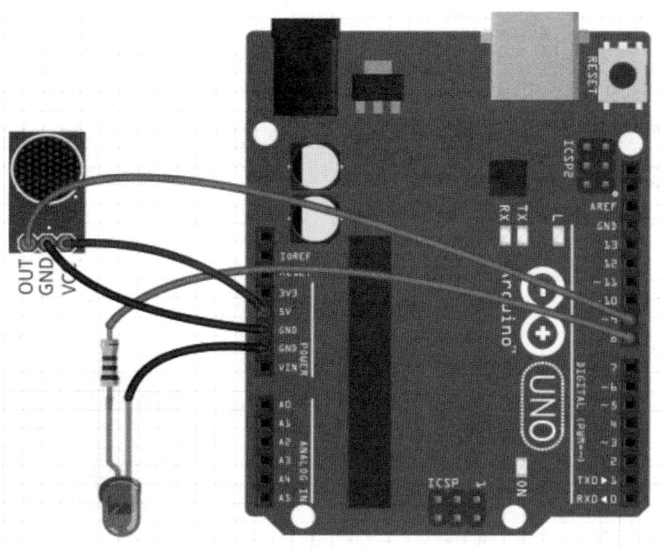

图 4.46　声控灯的硬件连接方式

✓ **参考程序**

```
#define voice 9;      //声音模块的输入管脚——数字 9 引脚

#define ledPin 8;      //发光二极管的控制引脚 8
void setup()
{
pinMode(ledPin, OUTPUT);
pinMode(voice, INPUT);
}
void loop() {
  if(digitalRead(voice)==HIGH)      //当有声音时，LED 被点亮 2 秒钟
  {
    digitalWrite(ledPin,HIGH);
    delay(2000);
      }
else
{
digitalWrite(ledPin,LOW);
delay(100);
}
delay(10);
}
```

✓ **硬件知识**

麦克风模块的原理如图 4.47(a)所示，当 MIC 有声音输入时，使得 R4 电阻的上端电位有变化，这个电位可通过可调电阻 RV1 来调节其灵敏度，作为比较器的反相输入端，通过比较器与运放的同相端电位进行比较，同相端电位是 R1 和 R2 电阻分压获得，当同相端电位高于反相端电位时，输出高电平；当同相端电位低于反相端电位时候，输出低电平，本模块(如图 4.47(b))是有声音时候，输出高电平，无声音时候输出低电平。

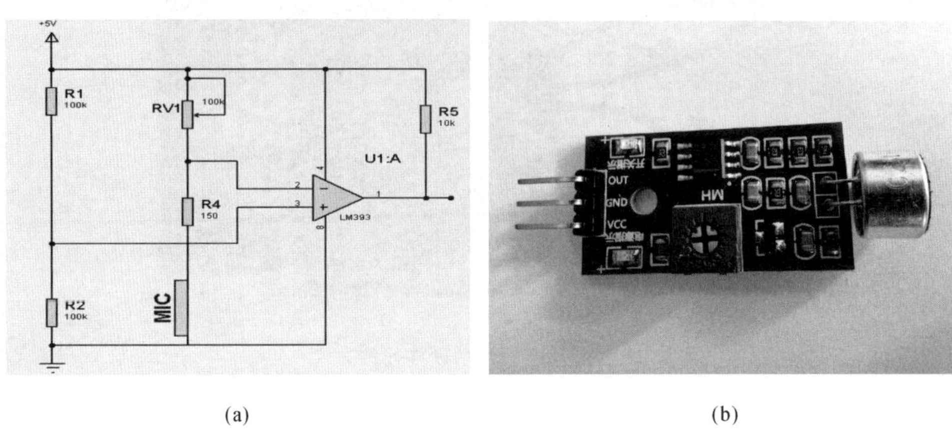

(a) (b)

图 4.47　麦克风模块

思考题：用麦克风进行远程控制二极管的亮灭？

第 5 章　驱动及执行模块

5.1　蜂鸣器

在洗衣机把衣服洗好之后，一般是通过声音来告诉用户洗衣结束，那控制器是如何来实现的呢？

任务十八　实现洗衣机的声音报警

声音报警

扬声器驱动原理图如图 5-1 所示，其由 Arduino 控制板、扬声器、电阻元件、按钮元件构成，它们之间的连接关系如图 5.2 所示。其通过对数字 0 引脚的输入检测来控制 8 引脚的输出，从而达到驱动扬声器的目的。

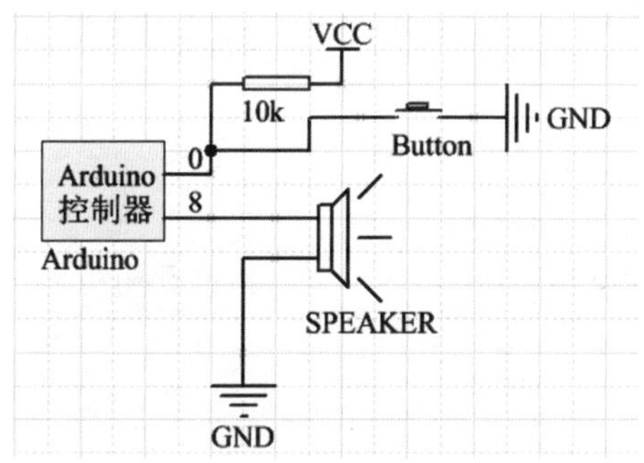

图 5.1　扬声器驱动电路原理

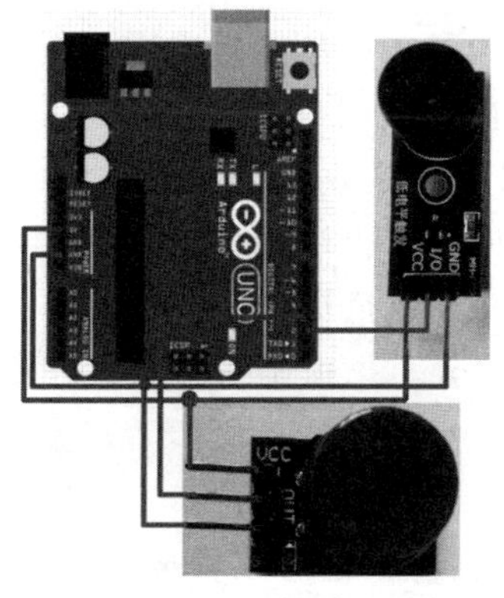

图 5.2　蜂鸣器驱动硬件连接方式

✓ **参考程序**

```
int speaker=2;                              //高电平触发的蜂鸣器模块
int button=3;
void setup() {
pinMode(spekaer,OUTPUT);                    //2 引脚输出
pinMode(button,INPUT);                      //3 引脚输入
}

void loop() {
int n=digitalRead(0);                       //从 3 引脚读取数字信号
if(n==HIGH)                                 //如是高电平则执行如下程序
{
  delay(10);                                //消抖
   if(digitalRead(0)==HIGH);
  digitalWrite(speaker,LOW);                //关闭喇叭
delay(10);
}
if(n==LOW)                                  //如果是低电平,则执行如下程序
{
  delay(10);                                //消抖
  if(digitalRead(0)==LOW);
  digitalWrite(speaker,HIGH);               // 打开喇叭
delay(10);
}
}
```

✓ **硬件说明**

扬声器俗称喇叭(见图 5.3),音频电能通过电磁、压电或静电效应,使其纸盆或膜片振动周围空气造成音响,是一种十分常用的电声换能器件,它是收音机、录音机、音响设备中的重要元件。它有两个接线柱(两个引线),当单只扬声器使用时两个引脚不分正负极性,多只扬声器同时使用时两个引脚有极性之分。扬声器有两种:一种是无源的,另一种为有源的。

图 5.3　扬声器

按工作原理的不同分类,扬声器主要分为电动式扬声器、电磁式扬声器、静电式扬声器和压电式扬声器等。按振膜形状分类,扬声器主要有锥形、平板形、球顶形、带状形、薄片形等。按放声频率分类,扬声器分为低音扬声器、中音扬声器、高音扬声器、全频带扬声器等。

扬声器是扬声器系统(俗称音箱)中的关键部位,扬声器的放声质量主要由扬声器的性能指标决定,进而决定了整套的放音指标。扬声器的性能指标主要有额定功率、额定阻抗、频率特性、谐波失真、灵敏度、指向性等。扬声器的性能优劣主要通过下列指标来衡量:额定功率(W)、频率特性(Hz)、额定阻抗(Ω):(扬声器的额定阻抗一般有 2、4、8、16、32 欧等几种)、谐波失真(TMD%)、灵敏度(dB/W)、指向性。

扬声器的驱动:音调和节拍是音乐的两大要素,有了音调和节拍,就可以演奏音乐了。利用定时/计数器可以方便地产生一定频率的矩形波,接上喇叭就能发出一定频率的声音,改变定时/计数器的初值,即可改变频率,即改变音调。用延时程序或另一个定时器控制某一频率信号持续的时间长短,就可以控制节拍。用控制器产生音频脉冲,只要算出该音频的周期 T,然后用定时器定时 1/2T,定时时间到时,将输出脉冲的 I/O 引脚反相,再重新计时输出,定时时间到再反相,重复此过程就可在此 I/O 引脚得到此音频脉冲。

例如,要产生 100Hz 的音频信号,100Hz 音频的变化周期为 1/100 秒,即 10ms。用定时器控制某数字管脚重复输出 5.0ms 的高电平和 5.0ms 的低电平就能发出 100Hz 的音调。乐曲中,每个音符都对应着确定的频率,每一频率都对应定时器的一个频率初值。每个节拍都有固定的时间,都对应延时程序的一个参数或定时器的一个节拍初值。可以将每一音符对应的定时器频率初值和节拍参数或节拍初值计算出来,把乐谱中所有音符对应的定时器频率初值和节拍参数按顺序排列成表格,然后用查表程序依次取出,产生指定频率的音符并控制节奏,就可以实现演奏效果。

知识扩展

声音的频谱范围为 20～200kHz,人的耳朵能辨别的声音频率大概在 200～20kHz。要根据使用的场所和对声音的要求,结合各种扬声器的特点来选择扬声器。例如,室外以语音为主的广播,可选用电动式号筒扬声器,如要求音质较高,则应选用电动式扬声器箱或音柱:室内一般广播,可选单只电动纸盆扬声器做成的小音箱:而以欣赏音乐为主或用于高质量的会场扩音,则应选用由高、低音扬声器组合的扬声器音箱等。

扬声器上一般都标有标称功率和标称阻抗值,如 0.25W8Ω。一般认为,扬声器的口径大,标称功率也大。在使用时,输入功率最好不要超过标称功率太多,以防损坏。万用表电阻挡测试扬声器,若有咯咯声发出说明基本上能用。测出的电阻值是直流电阻值,比标称阻抗值要小,是正常现象。

蜂鸣器、扬声器和喇叭的区别:

蜂鸣器一般是高阻,直流电阻无限大,交流阻抗也很大,窄带发生器件通常由压电陶瓷发声。需要较大的电压来驱动,但电流很小,几 mA 就可以了,所以功率也很小。蜂鸣器又分为有源蜂鸣器和无源蜂鸣器,有源蜂鸣器内有振荡、驱动电路,只要加电源就可以响了,用起来比较方便,但发声频率固定,就一个单音。无源蜂鸣器与喇叭一样,需要加上交变的音频电压才能发声,也可以发出不同频率的声音,不过,蜂鸣器的声音是不好听的,所以经常加上方波,而不是加正弦信号。

扬声器是利用电磁铁将电信号转化为机械振动信号。

喇叭是低阻,直流电阻几乎是0,交流阻抗一般是几到十几欧。宽频发声器件,通常由利用线圈的电磁力推动膜片来发声,也叫扬声器。

为了更好地理解扬声器驱动原理,设计了基于 Proteus 的仿真图(见图 5.4),在这个仿真图中用到四种元器件:一种是控制芯片元件,其关键词为 328p;一种是开关元件,其关键键词为 switch;一种是扬声器元件,其关键词是 speaker;最后一种是电阻元件,其关键词为 res。首先在 Arduino IDE 编译器中对上面的程序进行编译,得到可执行文件(.exe),然后把可执行文件加载到仿真控制器中,具体步骤可参考第二章内容,最后点击左下角的运行按钮,当开关合上的时候喇叭不发出声音,开关打开的时候喇叭发出声音。

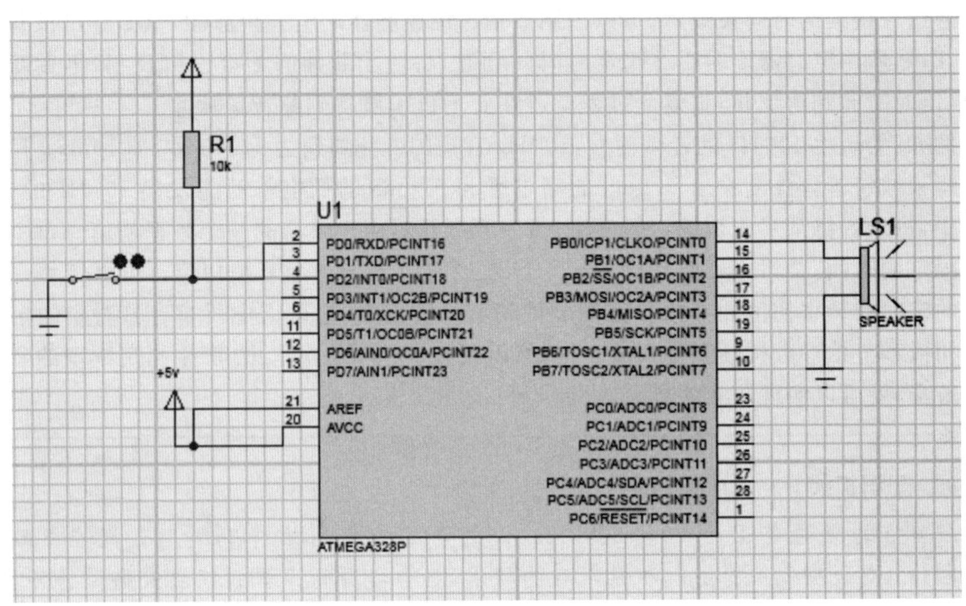

图 5.4 扬声器驱动仿真电路

思考题:控制器如何实现生日快乐或二只老虎歌的自动播放?

直流电机

5.2 直流电机

在洗衣过程中,洗衣机主要是驱动电机正反转和不同速度的转动来达到把衣服洗干净的目的。如何来实现电机的正反转和不同速度的转动呢?可以采用直流电机、步进电机、伺服电机等。

任务十九 控制直流电机的正反转和变速转

直流电机驱动的原理图如图 5.5 所示,其由 Arduino 控制板、直流电机、电阻元件、按钮元件和发光二极管构成,它们之间的连接关系如图 5.5 所示。控制器根据按钮的按下状态,可驱动直流电机转动、加速和减速。

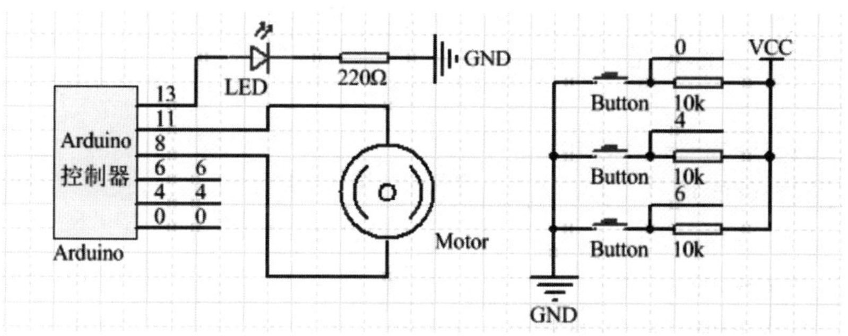

图 5.5 直流电机驱动原理

√ **参考程序**

```
int dianji1=8;
int dianji2=11;
int sw1=0;//control the way of motor
int sw2=4;//speed ++
int sw3=6;//speed --

void setup()
{
  pinMode(8,OUTPUT);
  pinMode(11,OUTPUT);
  pinMode(0,INPUT);
  pinMode(4,INPUT);
  pinMode(6,INPUT);
}

void loop()
{
  key1();
  key2();
  key3();
}
void key1()
{
  int n=digitalRead(0);
  if(n==HIGH)
  {
    delay(5);
```

```
        if(digitalRead(0)==HIGH)
        {
          digitalWrite(8,HIGH);
          delay(20);
          digitalWrite(8,LOW);
          delay(20);
          digitalWrite(11,LOW);
        }
      }
        if(n==LOW)
    {
      delay(5);
      if(digitalRead(0)==LOW)
      {
        digitalWrite(8,LOW);
        delay(20);
        digitalWrite(8,HIGH);
        delay(20);
        digitalWrite(11,HIGH);
      }
    }
    }
    void key2()
    {
      int m=digitalRead(4);
        if(m==LOW)
    {
      delay(5);
      if(digitalRead(4)==LOW)
      {
        if(8==HIGH)
        {
          digitalWrite(8,HIGH);
          delay(1);
          digitalWrite(8,LOW);
          delay(1);
          digitalWrite(11,LOW);
```

```
      }
      else
      {
        digitalWrite(8,LOW);
        delay(1);
        digitalWrite(8,HIGH);
        delay(1);
        digitalWrite(11,HIGH);
      }
    }
  }
  }
  void key3()
  {
    int p=digitalRead(6);
      if(p==LOW)
  {
    delay(5);
    if(digitalRead(6)==LOW)
    {
      if(8==HIGH)
      {
        digitalWrite(8,HIGH);
        delay(50);
        digitalWrite(8,LOW);
        delay(50);
        digitalWrite(11,LOW);
      }
      else
      {
        digitalWrite(8,LOW);
        delay(50);
        digitalWrite(8,HIGH);
        delay(50);
        digitalWrite(11,HIGH);
      }
    }
  }
  }
```

为了更好地理解直流电机驱动原理，设计了基于 Proteus 的仿真图（见图 5.6），在这个仿真图中用到四种元器件：一种是控制芯片元件，其关键词为 328p；一种是发光二极管元件，其关键词为 led；一种是直流电机元件，其关键词为 motor；还有一种是电阻元件，其关键词为 res。首先在 Arduino IDE 编译器中对上面的程序进行编译，得到可执行文件（.exe），然后把可执行文件加载到仿真控制器中，具体步骤可参考第二章内容，最后点击左下角的运行按钮，按下不同的按钮，直流电机和发光二极管有不同的状态。

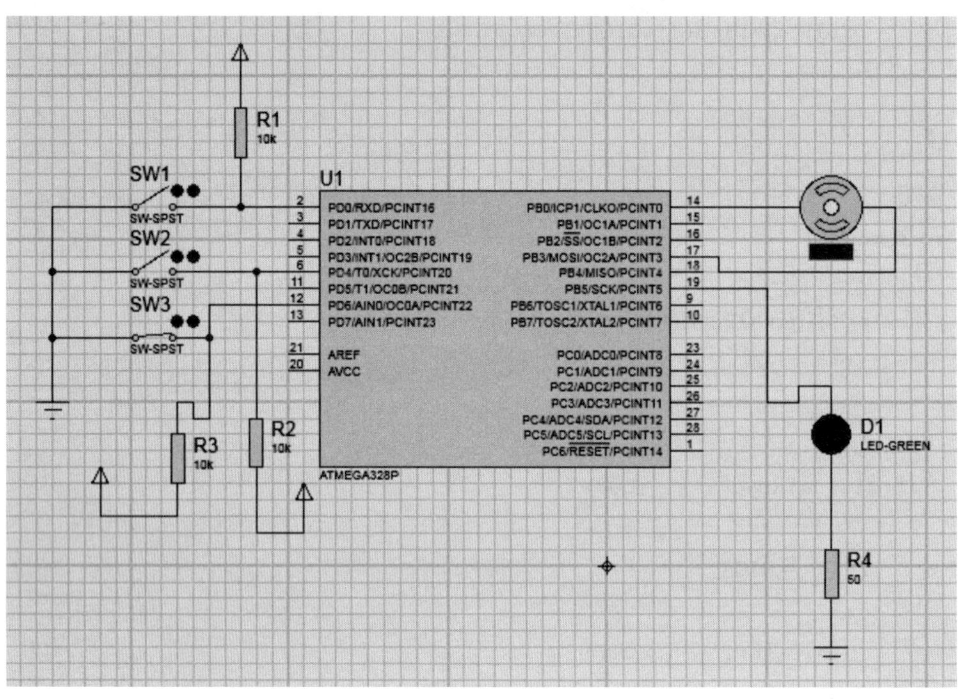

图 5.6　直流电机驱动仿真电路

思考题：如何通过直流电机实现角度控制？

5.3　步进电机

步进电机

任务二十　控制步进电机的正反转和不同速度的转动

步进电机驱动原理图如图 5.7 所示，其由 Arduino 控制板、ULN2003 驱动芯片、步进电机元件构成，它们之间的连接关系如图 5.8 所示。控制板通过输出不同信号对步进电机进行正反转的控制。

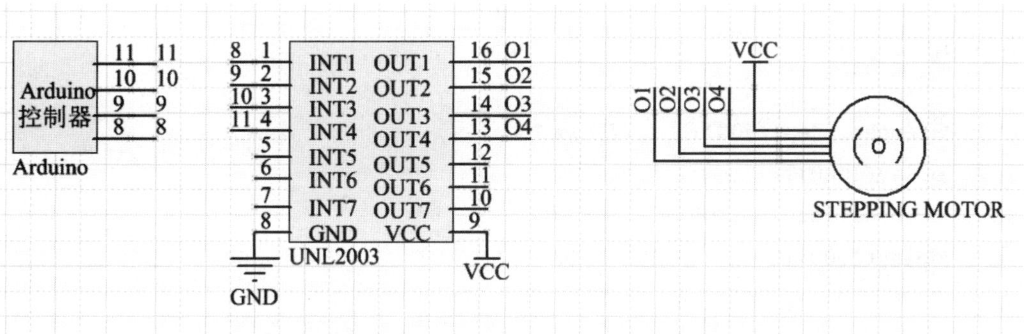

图 5.7　步进电机控制原理

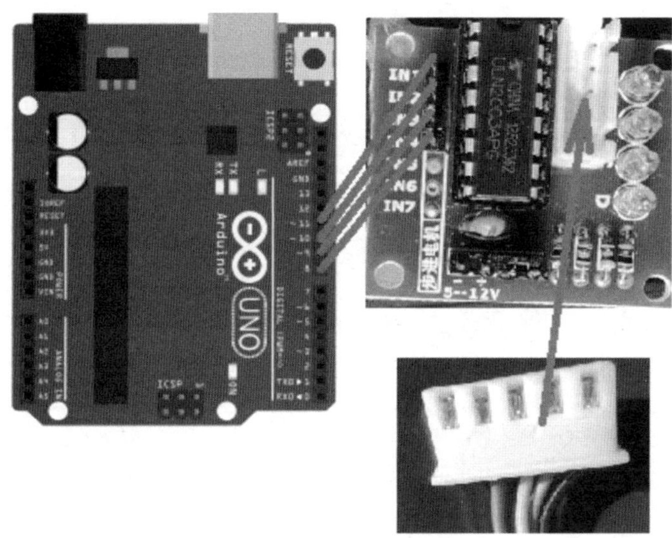

图 5.8　步进电机控制的硬件连接关系

√ **参考程序 1**

```
//使用库函数的程序
#include <Stepper.h>
#define STEPS 300
//11,10,9,8(Arduino 引脚)与步进电机驱动板 IN1,IN2,IN3,IN4 相连
Stepper stepper(STEPS,11,10,9,8);
void setup()
{
  stepper.setSpeed(100);//步进电机速度


}
```

```
void loop()
{
  stepper.step(1000);     //正转
  delay(1000);
  stepper.step(-1000);    //反转
  delay(1000);
}
```

√ **参考程序 2**

```
//通过步进电机来实现自动开关门的程序
#include <Stepper.h>
#define STEPS 100
Stepper stepper(STEPS,5,8,10,9); //5,8,10,9 (Arduino 引脚)与步进电机驱动板
IN1,IN2,IN3,IN4 相连
int val1=0;
int val2=0;
int previous1=0;
int previous2=0;      //步进电机
void kaimen()         //开门
{
delay(200);
stepper.step(val1-previous1);
previous1 = val1;
}

void guanmen()        //关门
{
delay(200);
stepper.step(previous2-val2);
previous2= val2;
}

void setup()
{
  stepper.setSpeed(90);
  val1=900;
```

```
  val2=900;
}

void loop()
{
kaimen();
guanmen();
}
```

√ **硬件说明**

1. 步进电机

步进电机是一种将电脉冲信号转换成机械角位移或线位移的电磁机械装置。它所使用的电源是脉冲电源,也称为脉冲马达。每当输入一个电脉冲,电动机就转动一定角度前进一步。脉冲一个一个地输入,电动机便一步一步地转动。转动的角度大小与施加的脉冲数目成正比,转动的速度大小与脉冲频率成正比,转动的方向与脉冲的顺序有关,同时它又不容易受到电压波动和负载变化的影响,具有一定的抗干扰性。它本身的控制特点决定了适合采用微机,即单片机来进行控制。电机与驱动电源之间的相互配合的默契程度决定了步进电机运行性能的大小,同时也是影响电机发热等特点的关键因素。

步进电机主要由转子和定子两部分组成,如图 5.9 所示。转子和定子均由带齿的硅钢片叠成。定子上有若干相的绕组。当某相定子绕组通以直流电压激磁后,便会吸引转子,令转子转动一定的角度。向定子绕组轮流激磁,转子便连续旋转。

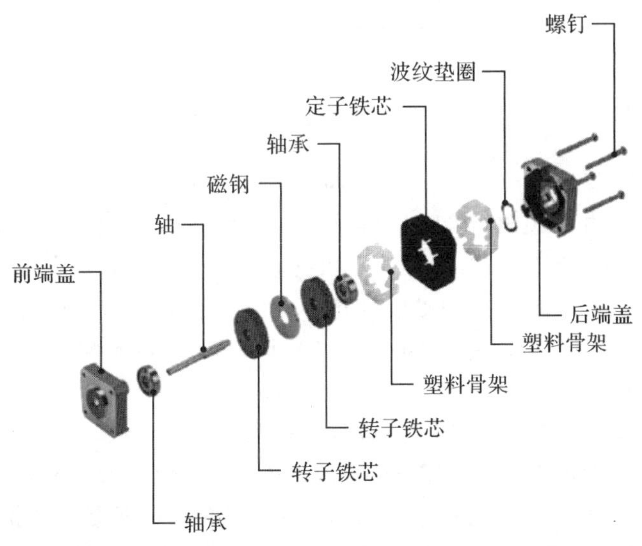

图 5.9　步进电机组成

步进电机的种类很多,按运动方式分,有旋转式、直线式、平面式。按绕组相数分,有单相、两相、三相、四相、五相等。各相绕组可在定子上径向排列,也可在定子的轴向上分段排列。

(1)步进电机工作原理

电机一旦通电，在定转子间将产生磁场(磁通量 Φ)，当转子与定子错开一定角度时，便会产生电磁力 F。F 的大小与电机有效体积、匝数、磁通密度成正比。因此，电机有效体积越大，励磁匝数越大，定转子间气隙越小，电机力矩就越大，反之亦然。

步进电机转子上均匀分布着很多小齿，相邻两转子齿轴线间的距离为齿距，以 τ 表示。定子齿有 4 个励磁绕组，其几何轴线依次分别与转子齿轴线错开 0、1/4τ、2/4τ、3/4τ，即 A 与齿 1 相对齐，B 与齿 2 向右错开 1/4τ，C 与齿 3 向右错开 2/4v，D 与齿 4 向右错开 3/4τ，A′与齿 5 相对齐，(A′就是 A，齿 5 就是齿 1)。按照一定的相序导电，电机就能正转或反转。只要符合这一条件，理论上就可以制造任何相数的步进电机，但出于成本等多方面考虑，市场上一般以二、三、四、五相为多。下面以四相步进电机为例，其工作原理如图 5.10 所示。

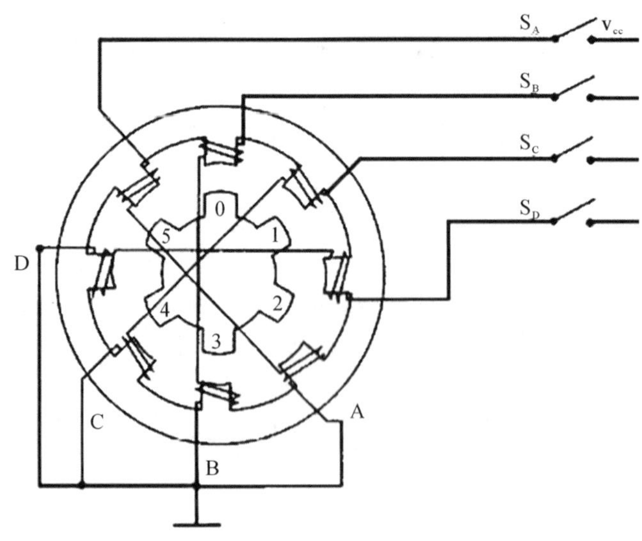

图 5.10　步进电机工作原理

开始时，开关 SB 接通电源，SA、SC、SD 断开，B 相磁极和转子 0、3 号齿对齐，同时，转子的 1、4 号齿就和 C、D 相绕组磁极产生错齿，2、5 号齿就和 D、A 相绕组磁极产生错齿。当开关 SC 接通电源，SB、SA、SD 断开时，由于 C 相绕组的磁力线和 1、4 号齿之间磁力线的作用，使转子转动，1、4 号齿和 C 相绕组的磁极对齐。而 0、3 号齿和 A、B 相绕组产生错齿，2、5 号齿就和 A、D 相绕组磁极产生错齿。依此类推，A、B、C、D 四相绕组轮流供电，则转子会沿着 A、B、C、D 方向转动。

四相步进电机按照通电顺序的不同，可分为单四拍(A→B→C→D)、双四拍(AB→BC→CD→DA)、八拍三种工作方式(A→AB→B→BC→C→CD→D→DA→A)。单四拍与双四拍的步距角相等，但单四拍的转动力矩小。八拍工作方式的步距角是单四拍与双四拍的一半，因此，八拍工作方式既可以保持较高的转动力矩，又可以提高控制精度。

(2)步进电机与控制器接口

使用步进电机前一定要仔细查看说明书，确认是几相，各个线怎样连接，然后考虑如何输出控制信号。控制器的输出脉冲信号要控制步进电机工作，一般要经过两个过程：一是环行分配器，它的作用是给步进电机输出所需的相信号(即上述讲的单拍四相、双拍四相、单双八拍四相信号);二是驱动电路,它的作用是放大电流信号,达到步进电机所需的功率要求(本程序采用的步进电机空载耗电在50mA以下,在有负载的情况下需要更大的电流,而Arduino控制器的输出电流在40～50mA)。目前,步进电机驱动电路有很多专用芯片,如UNL2003,TIP122,FT5754等。

①相驱动。1相驱动方式是只有一组线圈被激磁,其他线圈休息。正转激励信号为:1000→0100→0010→0001→1000;反转激励信号为:1000→0001→0010→0100→1000。在控制器上要产生这个序列信号,只需要对应的数字管脚输出高电平即可,经过一段延时,让步进电机建立磁场及实现转动后,然后一位一位对信号进行移位,从而实现步进电机的正反转。

②相驱动。进行2相驱动时,正转激励信号为:1100→0110→0011→1001→1100;反转激励信号为:1100→1001→0011→0110→1100。在控制器上要产生这个序列信号,可先在对应的相邻的两个数字管脚上输出高电平,经过一段延时后,根据信号的要求进行左移或右移输出即可。

③1相和2相混合驱动。进行这种驱动时,正转激励信号为:1000→1100→0100→0110→0010→0011→0001→1001→1000;反转激励信号为:1000→1001→0001→0011→0010→0110→0100→1100→1000。在控制器上要产生这个序列信号,可先在对应的数字管脚上输出一个高电平,经过一段延时,让步进电机建立磁场及实现转动后,这个信号保持不变,然后相邻数字管脚再输出一个高电平,根据信号的要求进行左移或右移输出即可。

由于步进电机在加电启动时,定子与转子的位置是随机的,不一定符合客户的要求。因此,使用之前,应该先定位;否则,可能会出现非预期的状况。最简单的定位方法是:先送出一组驱动信号,让步进电机工作一个循环。如对1相驱动,则依次送出"01H""02H""04H""08H"4个驱动信号,步进电机即可抓住正确的位置,此即定位或归零。

本次实验使用的步进电机如图5.11所示,是四相的(也可以接成2相使用),这款步进电机带有64倍减速器。步进电机直径:28mm,电压:5V,步进角度:5.625×1/64,减速比:1/64,5线4相,该步进电机空载耗电在50mA以下,由于功率不够,故采用普通ULN2003芯片驱动,有两种方法连接:一种是直接在面包板上搭ULN2003芯片驱动电路,另一种是把这种电路做成驱动板,直接通过接口与控制器相连。步进电机的不同颜色的线定义如下:四相步进电机红线(5)接正电源,橙色(4)、黄色(3)、粉色(2)、蓝色(1)各对应一相,只要根据信号的要求给以所需相有效电平即可。下面以单双——八拍工作方式为例,即橙色(单)→橙

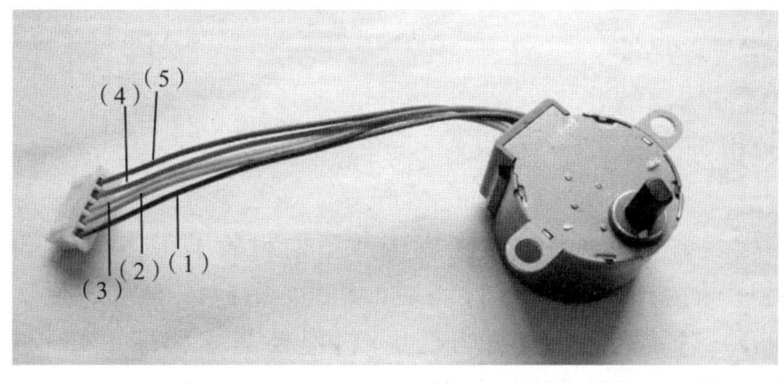

图5.11　四相步进电机

色和黄色(双色)→黄色(单)→黄色和粉色(双色)→粉色(单)→粉色和蓝色(双色)→蓝色(单)→橙色和蓝色(双色)→橙色,继续循环,步进电机的转动方向也是按照这个方向转动的。

2. ULN2003 芯片及模块

ULN2003 是高耐压、大电流复合晶体管阵列非门电路,由七个硅 NPN 复合晶体管组成,每一对达林顿都串联一个 2.7kΩ 的基极电阻,在 5V 的工作电压下能与 TTL 和 CMOS 电路直接相连,可以直接处理原先需要标准逻辑缓冲器来处理的数据。输入 5VTTL 电平,输出可达 500mA/50V。单独每个单元驱动电流最大可达 500mA,9 脚可以悬空,可直接驱动继电器等负载。

ULN2003 是高压大电流达林顿晶体管阵列系列产品,具有电流增益高、工作电压高、温度范围宽、带负载能力强等特点,适应于各类要求高速大功率驱动的系统。其 16 个引脚的功能如下:

引脚 1:信号脉冲输入端,端口对应一个信号输出端。

引脚 2:信号脉冲输入端,端口对应一个信号输出端。

引脚 3:信号脉冲输入端,端口对应一个信号输出端。

引脚 4:信号脉冲输入端,端口对应一个信号输出端。

引脚 5:信号脉冲输入端,端口对应一个信号输出端。

引脚 6:信号脉冲输入端,端口对应一个信号输出端。

引脚 7:信号脉冲输入端,端口对应一个信号输出端。

引脚 8:接地。

引脚 9:内部 7 个续流二极管负极的公共端,各二极管的正极分别接各达林顿管的集电极。用于感性负载时,该脚接负载电源正极,实现续流作用。如果该脚接地,实际上就是达林顿管的集电极对地接通。

引脚 10:脉冲信号输出端。

引脚 11:脉冲信号输出端。

引脚 12:脉冲信号输出端。

引脚 13:脉冲信号输出端。

引脚 14:脉冲信号输出端。

引脚 15:脉冲信号输出端。

引脚 16:脉冲信号输出端。

ULN2003 芯片引脚如图 5-12 所示。

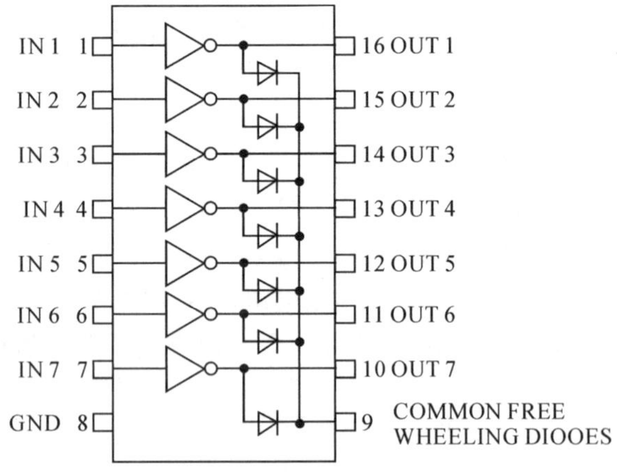

图 5.12 ULN2003 芯片引脚

✓ **程序说明**

程序 1 是使用库函数 Stepper.h,这个库函数里面封装了很多与步进电机相关的函数,使用者根据需要对库函数中的函数进行调用即可,使用起来非常方便。这个程序中使用 Arduino 中的 8,9,10,11 数字引脚(可自行更改,但要与主程序配套)与步进电机驱动板 IN1,IN2,IN3,IN4 相连,库函数中的 STEPS 用来定义步进电机转动一圈的步数,stepper.setSpeed()用来设置步进电机的转动速度,stepper.step()转动的步数,里面的数字可以正负，如正的是正转，负的是反转，反之亦然。

程序 2 是使用库函数来编写的，利用步进电机来实现自动开关门动作，通过读取前后两个步数来判断开门或关门的步数，然后利用相同的步数来实现反动作。

图 5.13 步进电机驱动硬件连接方式

为了更好地理解步进电机驱动原理，设计了基于 Proteus 的仿真图(见图 5.13)，在这个仿真图中用到三种元器件：一种是控制芯片元件，其关键词为 328p；一种是步进电机驱动元件，其关键词为 ULN2003；还有一种是步进电机元件，其关键词为 motor-stepper。首先在 Arduino IDE 编译器中对上面的程序进行编译，得到可执行文件(. exe)，然后把可执行文件加载到仿真控制器中，具体步骤可参考第二章内容，最后点击左下角的运行按钮，可观察到步进电机转动。步进电机驱动硬件连接如图 5.14 所示。

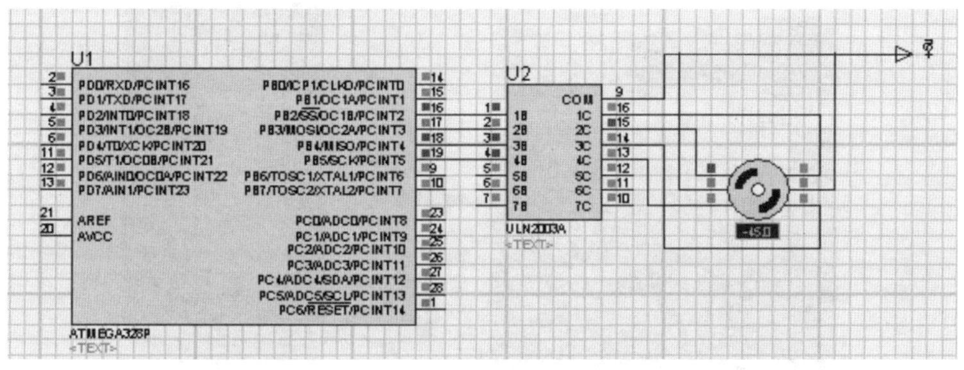

图 5.14 步进电机驱动仿真电路

思考题：控制器如何实现不带库函数的步进电机的正反转？

5.4 继电器驱动

任务二十一 实现继电器对发光二极管的控制

要实现继电器对发光二极管的控制，需 Arduino 控制板、继电器模块、电阻元件、发光二极管等构成，它们之间的电路原理如图 5.15 所示，驱动控制电路的连接方式如图 5.16 所示。

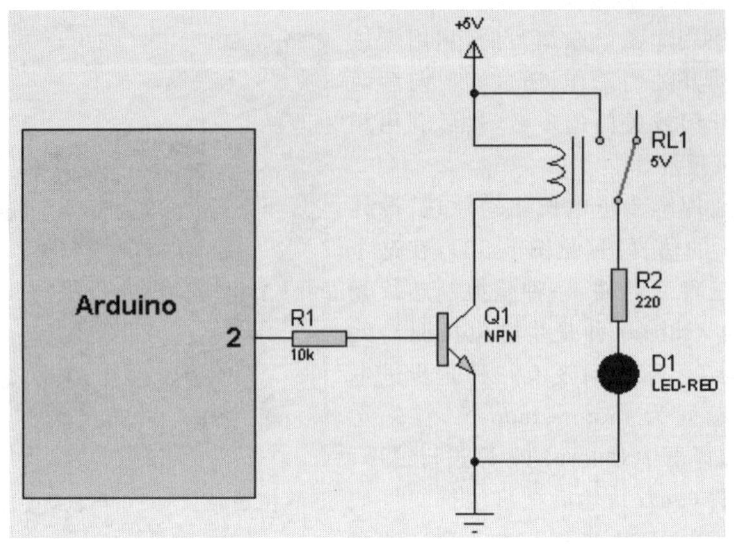

图 5.15　继电器驱动电路原理

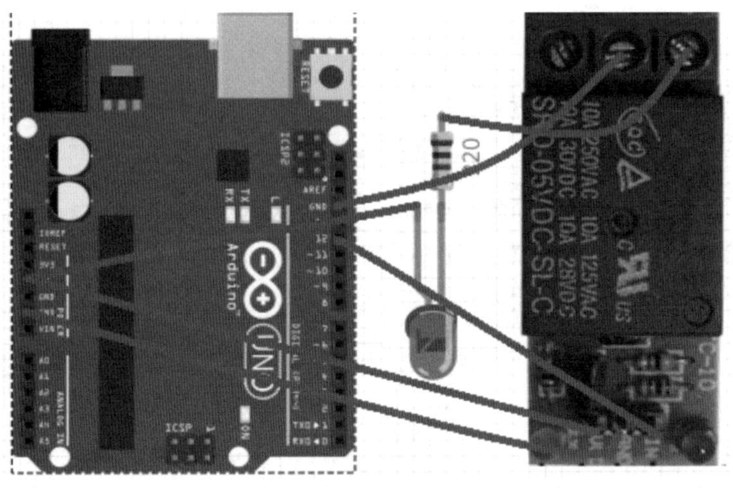

图 5.16　继电器驱动控制电路的连接方式

√ 参考程序

```
#define relay 12;
void setup() {
pinMode(relay, OUTPUT);              //12 引脚输出,控制继电器
}
```

```
void loop()
{
//12 管脚输出高电平,继电器的线圈吸合,常开变成闭合,常闭变成断开
digitalWrite(relay, HIGH);                    //点亮发光二极管
delay(10);                                    //延时
digitalWrite(relay, LOW);                     //灭掉发光二极管
delay(10);
}
```

√ **硬件说明**

继电器工作原理及继电器模块

图 5.17 为继电器的引脚图,1 和 2 管脚是线圈两端,3 是公共端,5 是常闭端,4 是常开端,在 1 和 2 管脚给予合适的继电器额定电压,内部的线圈才会通电,产生磁力(磁力的大小跟线圈的通电电流大小有关系,如果电流过少,就有可能使得继电器不会动作,因而控制器去控制继电器的时候,如果 I/O 口输出的电流小于继电器的工作电流,这时就要对电流进行放大,本任务是通过三极管来进行电流放大),使得 5 和 3 管脚常闭变成断开,3 和 4 管脚常开变成闭合,只要把需要控制的回路接在 5 和 3 或 4 和 3 两端即可。如电磁阀电路,这样就可以控制器电磁阀的通断;有些继电器允许 5 和 3 或 4 和 3 既允许接直流电路也允许接交流电路,这样就可实现直流控制直流、直流控制交流,当然也可用弱电来控制强电、小电流控制大电流等。图 5.18 为继电器模块,图(a)中的 VCC 为继电器的工作电压,有的是 5V,有的是 12V……引入电源之前一定要看模块的说明文档或技术参数;图 5.18(a)图中的 GND 为继电器的电源地线;图(a)中的 IN 为继电器的输入端,这个输入端是从控制器引入,任务是接控制器的 12 管脚,也就是通过 12 管脚的信号来控制继电器的开和断。图 5.18(b)图中 COM 为公共端,NO 为常开端,NC 为常闭端,公共接要控制电路的一端,另一端可接 NO 端也可接 NC 端。

图 5.17　五脚的继电器的引脚

(a) 电源与输入引脚

(b) 控制引脚

图 5.18　继电器模块的引脚

思考题：如何用控制器和继电器来实现直流电机的正反转？

5.5　舵机驱动

任务二十二　用舵机来实现洗衣机盖板的自动开启

用舵机来实现洗衣机盖板的自动开启原理图如下，由 Arduino 控制板、舵机、偏心机构等构成，它们之间的硬件电路连接如图 5.19 所示。通过控制器的 9 管脚来输出 PWM 信号，从而来控制舵机转动的角度，带动偏心机构（这部分在图中没有画出）来实现洗衣机盖章的打开及关闭。

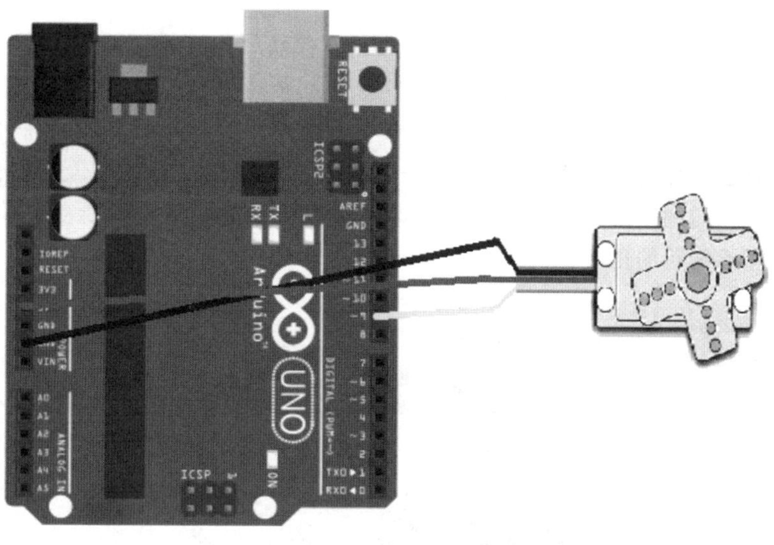

图 5.19　舵机驱动电路硬件电路连接方式

√ 参考程序

```
#include <Servo.h>
Servo myservo;            // 定义 Servo 对象来控制
int pos = 0;              // 角度存储变量
void setup( ) {
   myservo.attach(9);     // 设置舵机的接口为 9,自带函数只有两个接口 9 和 10

  pos =180;
  myservo.write(pos);     // 转动的角度
  delay(5);
}
void loop( )
{
for (pos = 180; pos>= 0; pos --)          // 从 180°到 0°
myservo.write(pos);
//用于设定舵机旋转角度的语句,可设定的角度范围是 0°到 180°
    delay(5);                             // 等待转动到指定角度
for(pos = 0; pos <= 180; pos ++)          // 0°到 180°
    myservo.write(pos);
    delay(5);
   }
```

✓ 硬件说明

舵机工作原理及模块

舵机是一种位置伺服的驱动器，主要由外壳、电路板、无核心马达、齿轮与位置检测器所构成。其外观如图 5.20 所示，工作原理是由接收机或者单片机发出 PWM(脉冲宽度调制)信号给舵机，通过内部电路去驱动马达开始转动，透过减速齿轮将动力传至摆臂，同时由位置检测器送回信号，判断是否已经到达定位。比较适用于需要角度不断变化并要保持的控制系统，一般舵机旋转的角度范围是 0°～180°。

图 5.20　舵机的外观

舵机规格有很多，外接都有三根线，分别用棕、红、橙三种颜色区分，不同品牌颜色方面会有些差异，一般棕色为接地线，红色为电源正极线，橙色为信号线，如图 5.21 所示。

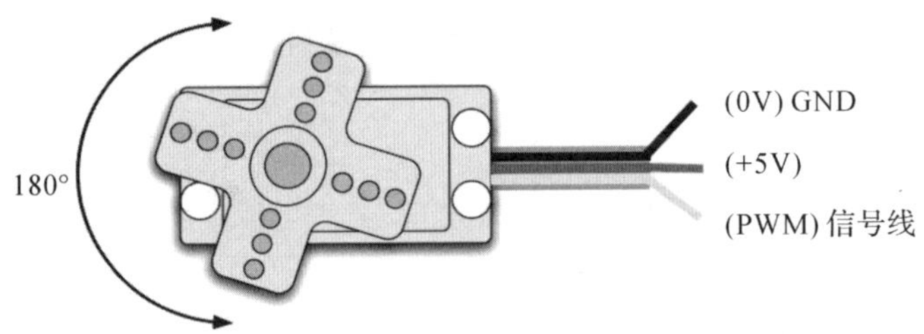

图 5.21　舵机的引线

用 Arduino 控制舵机的方法有两种：一种是通过 Arduino 的普通数字传感器接口产生占空比不同的方波，模拟产生 PWM (脉宽调制)信号进行舵机定位；另一种是直接利用 Arduino 自带的 Servo 函数进行舵机的控制。本任务采用第二种方案，这种控制方法的优点是程序简单，缺点是只能控制 2 路舵机，因为 Arduino 自带函数只能利用数字 9、10 接口。由于舵机的驱动电流较大，而 Arduino 的驱动能力有限，所以一般情况下要驱动 2 个以上的舵机时需要外接电源。

思考题：如何用控制板上的普通数字接口驱动舵机，使它产生 0°～180°的旋转？

第6章　无线传输技术及模块

随着电子技术和智能设备的数量迅速增加,越来越多的设备需要具有联网能力,有线网络虽具有抗干扰性强、稳定性高、传输速率快、带宽较大、但无线网络对环境的要求低,具有可移动性、扩展方便、施工难度低、成本低等优点,所以目前无线通信技术得到飞速发展。无线技术也分不同种类,通常以产生无线信号的方式来区分,目前主要的方式有调频无线技术、红外无线技术和蓝牙无线技术三种,其成本和特点也不尽相同。在日常生活和工作应用中,无线技术主要有蓝牙通信、Wi-Fi 通信、Gprs 通信、Nrf24011 和 Lora 等,接下来重点介绍它们的应用。

6.1　蓝牙通信

任务二十三　通过手机蓝牙实现洗衣机的启动及停止

手机蓝牙实现洗衣机的启动及停止,需要一块控制板、蓝牙模块、带有蓝牙 APP 的手机、继电器模块等,除了这些硬件之外,还需要下载一个蓝牙 APP,具体见硬件说明。通过有蓝牙 APP 的手机发送消息,蓝牙模块把发送过来的消息传送给控制板,控制板对消息进行处理,根据处理结果对继电器进行控制,以实现启动还是停止。本任务用二极管的亮灭来替代洗衣机的启动还是停止,其工作原理如图 6.1 所示。控制器的串口 0 与蓝牙模块的 TXD 相连,串口 1 与蓝牙模块的 RXD 相连,2 管脚与继电器模块的 IN 管脚相连。如图 6.2 所示。

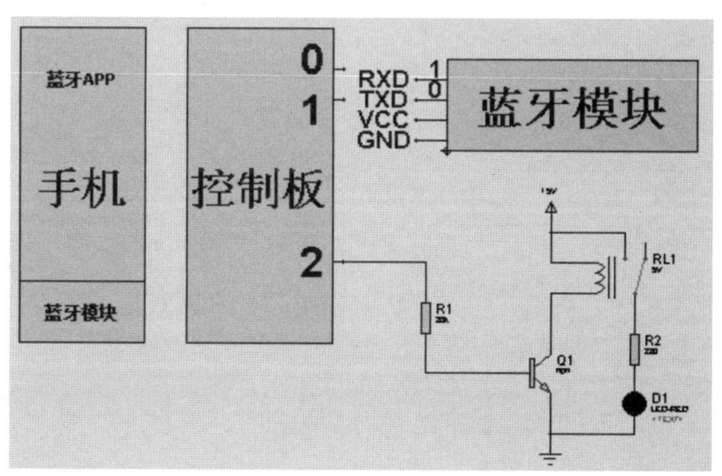

图 6.1　基于蓝牙控制的原理

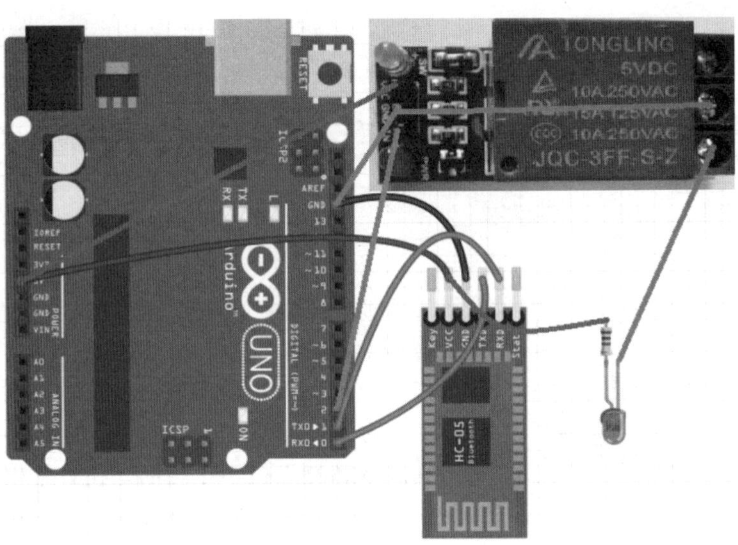

图 6.2　基于蓝牙的硬件电路连接方式

√ **参考程序**

```
//手机给控制板发送字母 A 和 B(代表开还是关),控制板根据发送的开关信息来启动或停止
int ledpin=2;
void setup(   ) {
Serial.begin(9600);
pinMode(ledpin,OUTPUT);
}
void loop() {
  while(Serial.available()){
    char c=Serial.read();
    if(c=='A') {
      Serial.println("hello,I am amarrino");
      digitalWrite(ledpin,HIGH);
        }
   if(c=='B') {
      Serial.println("Stop");
      digitalWrite(ledpin,LOW);
      delay(500);
    }
  }
}
```

√ 硬件说明

蓝牙及蓝牙模块

蓝牙，是一种支持移动设备的短距离射频通信(一般 10m 内)技术，工作频率为 2.4GHz，数据速率为 1Mbps，用户无须通过数据线就可以将多个设备连接起来进行无线信息传递，简化外设设备之间的连接，起到快捷、高效的数据传输。蓝牙采用分布式网络架构，并支持一个蓝牙主机可以与一个或多个蓝牙从机进行通信(点对多点)，传输时采用时分全双工传输，即两个蓝牙设备同时既可接收也可发送。

与其他工作在相同频段的无线系统相比，蓝牙通信还具有以下优点：

(1)蓝牙跳频每秒可以达到 1600 次，速度更快，而且数据包更短，从而使蓝牙比其他系统更稳定；

(2)消耗功率极低；

(3)辐射小，对人体安全影响不大；

(4)成本低廉，容易实现。

1. 蓝牙模块 HC-05

蓝牙模块 HC-05 模块是一款高性能的蓝牙串口模块，具有以下特点：

(1)可用于各种带蓝牙功能的电脑、蓝牙主机、手机、iPad、PSP 等智能终端配对；

(2)宽波特率范围 4800～1382400，并且模块兼容单片机系统；

(3)支持很多提供蓝牙的手机软件；

(4)为主从一体，主从双方都可以互相输入数据通信，注意：HC-06 主从是分开的，出厂设定好的，不可以切换。

蓝牙模块 HC-05 能适用各种 3.3V、5V 的单片机系统，可使用 AT 指令设置波特率配对、密码等。通过烧录相关代码，蓝牙模块便可以与手机通信。其实物如图 6.3 所示。

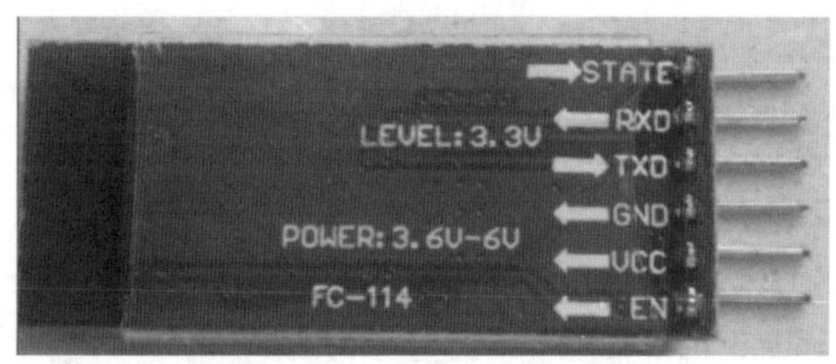

图 6.3　HC-05 实物

控制板与蓝牙是通过串口进行通信，即蓝牙模块的 RXD 和 TXD 两根线。蓝牙模块的 VCC 接电源 5V，GND 接电源的地，TXD 接 Arduino 的 RX，RXD 接 Arduino 的 TX，EN(有的模块标注为 KEY)管脚是用来设置模式，即工作模式和设置模式(通过 AT 指令来设置)，如何设置可参考后续部分。STATE 是蓝牙连接状态指示，连接成功此引脚为高电平，没有连接则为低电平。LED 指示蓝牙连接状态，快闪表示没有蓝牙连接，慢闪(约 1 秒钟闪烁一次)表示进入 AT 设置模式，长亮表示蓝牙已连接并打开了端口。

2. 蓝牙 APP 及连接

控制板通过蓝牙与手机通信，因而必须在手机上安装一个蓝牙 APP。下面是以安卓操作系统为例介绍，其他手机类似，请自行参考相关资料。要实现 Android 手机和远程蓝牙模块的配对和传输，有不少蓝牙 APP 可以下载，本任务采用 Amarino，如图 6.4 所示。

图 6.4　Amarino 图标

Amarino＝Android meet arduino，指用 Android 手机就可以通过蓝牙来控制 Arduino。Android 手机与蓝牙模块的连接流程如图 6.5 所示。

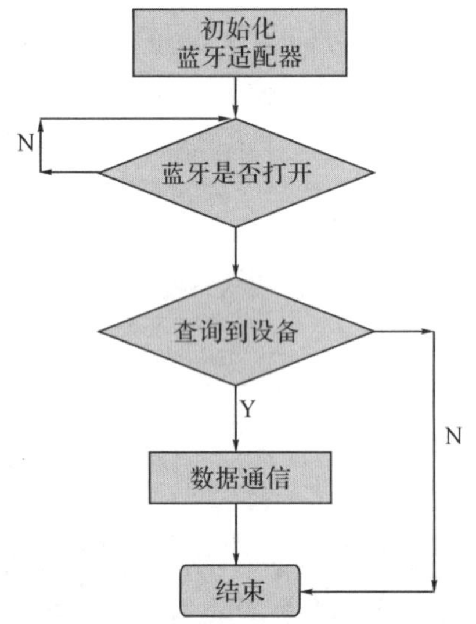

图 6.5　蓝牙传输流程

首先要判断 Android 手机设备是否支持蓝牙，并保证蓝牙可用。打开手机蓝牙并打开 Amarino 软件，Amarino 软件自行扫描是否接受到其他蓝牙，此时选择 HC-05，连接的密码默认为 1234，输入密码后建立连接。

蓝牙模块在没有连接好的时候，模块上的指示灯为快闪状态，当蓝牙模块与手机连接后，指示灯长亮。Amarino 连接成功如图 6.6 所示。

连接成功后，可在 Monitoring 中发送指令，当手机向蓝牙模块发送 A 指令时，发光二极管就灭；当手机向蓝牙模块发送 B 指令时，发光二极管就亮。手机发送指令给蓝牙模块如图 6.7 所示。

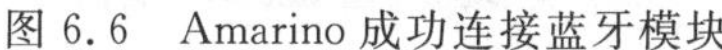

图 6.6　Amarino 成功连接蓝牙模块

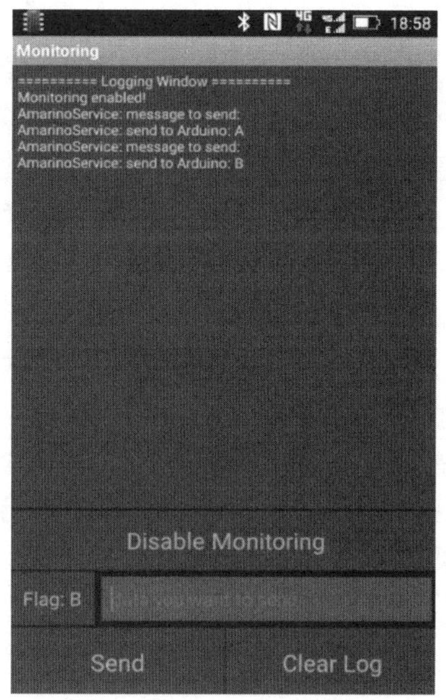

图 6.7　Amarino 发送指令

注意事项：

(1)尽量用硬串口来实现蓝牙的接收和发送,软串口极不稳定。

(2)一般的蓝牙模块使用有三种：

① 蓝牙从设备与电脑配对连接(电脑自带蓝牙;另一种不带蓝牙的电脑,需外接蓝牙适配器)；

② 蓝牙从设备与手机配对连接(本任务模式)；

③ 第三、蓝牙从设备与蓝牙主设备配对连接。

(3)当蓝牙设备与蓝牙设备配对连接成功后,可以忽视蓝牙内部的通信协议,直接将蓝牙当作串口用。当建立连接,两设备共同使用一通道也就是同一个串口,一个设备发送数据到通道中,另一个设备便可以接收通道中的数据。当然,建立连接是需要设置的,如何设置可以参考下面的第(4)部分。

(4)HC05 蓝牙模块设置模式的方法大致有以下三种。

① 默认设置,即不进行任何操作：

模块工作角色：从模式

串口参数：38400bits/s　停止位 1 位无校验位

配对码：1234

设备名称：HC-05

连接模式：任意蓝牙设备连接模式(恢复默认设置 AT 指令：AT+ORGL)

② 用 USB 转 TTL 模块进行设置

蓝牙与 USB 转 TTL 模块连接方式：RXD-TXD,TXD-RXD,VCC-VCC,GND-GND(见图 6.8)。

要设置蓝牙模式,必须让 EN 引脚置高,有两种方法使得 EN 为高电平：第一种是先按

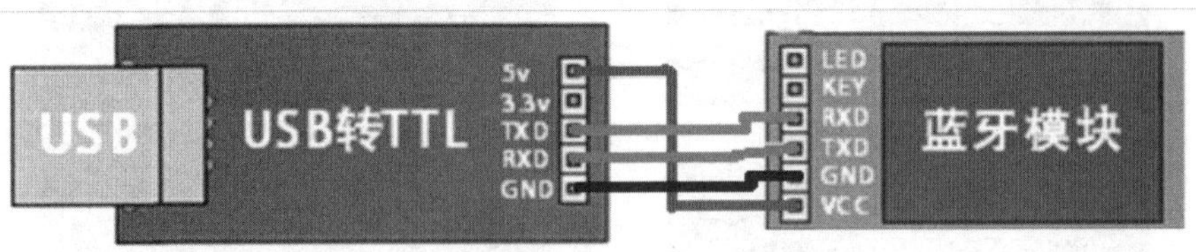

图 6.8　蓝牙模块与 USB 转 TTL 模块连接方式

住 HC-05 蓝牙模块上的按键，然后给蓝牙模块通上电即接通 VCC 和 GND；第二种是直接给 EN 置高电平。这两种方法实质是一样的，电源 VCC 是通过一个按键与，EN 管脚相连的，当按键没有按下的时候 EN 管脚通过一个电阻接地，EN 管脚是低电平；当按键按下且电源通电 EN 是高电平。当蓝牙模块 STATE 灯变为慢闪(1 秒钟 1 次左右)，则表明已经进入 AT 设置模式，可以进行蓝牙设置。打开串口调试助手，在左上角找到相应串口号后，再对串口进行设置。设置时注意两点：波特率设置为 38400 ，这是蓝牙模块默认的波特率(见图 6.9)和 输入 AT 指令(注意都是大写字母)后加上回车后换行，发送后返回 OK。

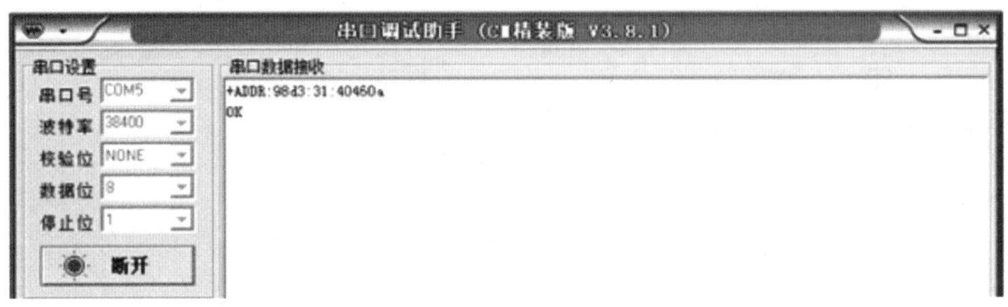

图 6.9　串口调试助手设置

下面来设置模块为从机模式，依次输入指令：

AT＋NAME＝Bluetooth-Slave	蓝牙名称为 Bluetooth-Slave
AT＋ROLE＝0	蓝牙模式为从模式
AT＋CMODE＝0	蓝牙连接模式为任意地址连接模式
AT＋PSWD＝1234	蓝牙配对密码为 1234
AT＋UART＝9600,0,0	蓝牙通信串口波特率为 9600，停止位 1 位，无校验位
AT＋RMAAD	清空配对列表

返回 OK 表示设置成功，蓝牙就可以与电脑主机或者手机配对通信。需要注意的是：设置指令里的符号不要在中文状态下输入，否则不会返回相应指令。

③ 通过 Arduino 配置蓝牙模块：

步骤一：蓝牙模块与 Arduino 连线连接好，连线如下：RXD-TXD，TXD-RXD，VCC-VCC，GND-GND，EN-2；

步骤 2:编程并下载到 Arduino 控制板。

```
#define EN 2
#define LED 13
void setup()
{
        pinMode(LED,OUTPUT);
        pinMode(EN,OUTPUT);
        digitalWrite(EN,HIGH);        //置为高电平,进入设置模式
        Serial.begin(38400);          //应设置为蓝牙模块通信波特率
        delay(100);
        Serial.println("AT");          //AT 指令必须大写
        delay(100);
        Serial.println("AT+NAME=my-Bluetooth");     //命名模块名
        delay(100);
        Serial.println("AT+ROLE=0");        //设置主从模式:0 从机,1 主机
        delay(100);
        Serial.println("AT+PSWD=1234");    //设置配对密码,如 1234
        delay(100);
        Serial.println("AT+UART=9600,0,0");//设置波特率 9600,停止位 1,校
验位无
        delay(100);
        Serial.println("AT+RMAAD");          //清空配对列表
}
void loop()
{
        digitalWrite(LED, HIGH);
        delay(500);
        digitalWrite(LED, LOW);
        delay(500);
}
```

步骤 3:拔掉按下 Arduino 的复位按键,重新启动即可。

具有主从功能的蓝牙可以进行组网,首先设置网络名,再设置每个节点的短地址,针对不同发送方式要设置不同的数据头格式,广播方式为 char head1[4]= {0xAA, 0xFB, 0xFF, 0xFF},从机接收的时候会连数据头一起接收,整个数据以十六进制收发,所以在接收时进行了转码和截取比对。

下面以两个蓝牙组网为例,使用 A 蓝牙与 B 蓝牙进行发送和接收,参考程序如下:

```
//A 蓝牙
String temp;
String temp2;
char head1[4]={0xAA,0xFB,0xFF,0xFF};
char rx[100];
char tx[100];
void setup() {
  Serial.begin(9600);            //与电脑的串口连接
  Serial.println("BT is ready!");
  Serial2.begin(115200);         //设置波特率
  for(int i=0;i<4;i++)
  {
    temp+=head1[i];
  }
  }
void loop(  ) {
  //如果串口接收到数据,就输出到蓝牙串口
  while(Serial.available()>0)
  {
    temp+=(char)Serial.read();
    delay(100);
    if(Serial.available()==0)
    {
      Serial2.print(temp);
      Serial.print(temp);
    }
  }
  //如果接收到蓝牙模块的数据,输出到屏幕
  while(Serial2.available()>0)
  {
    temp2+=(char)Serial2.read();
    delay(100);
    if(Serial2.available()==0)
    {
      while(strrchr(temp2.c_str(),'H') ! = NULL)      //数据截取比对
      {
        temp2 = strrchr(temp2.c_str(),'H')+1;
      }
```

```
        charToByte(temp2.c_str());
      }
    }
    temp="";
    for(int i=0;i<4;i++)
    {
      temp+=head1[i];
    }
    temp2="";
}
void charToByte(char c)
{
    byte b[4];
    b[0] = (byte) ((c & 0xFF000000)>> 32);
    b[1] = (byte) ((c & 0xFF0000)>>16);
    b[2] = (byte) ((c & 0xFF00)>>8);
    b[3] = (byte) (c & 0xFF);
    for(int i=0;i<4;i++)
    {
      Serial.print(b[i],HEX);
    }
    }
//B 蓝牙—DHT11 采集温湿度发送到 A 蓝牙模块
#include <SoftwareSerial.h>
#include<SimpleDHT.h>
SoftwareSerial BT(11, 12);   //RX,TX
SimpleDHT11 dht11(4);
String temp;
String temp2;
//向主机发数据的数据头格式 AAFBxxxx
char head1[6]={0xAA,0xFB,0x00,0x11,0x54,0x48};
int t0=0,t1=0;
char rx[100];
char tx[100];
void setup() {
    Serial.begin(9600);    //与电脑的串口连接
    Serial.println("BT is ready!");
```

```
    BT.begin(9600);        //设置波特率
  }

  void loop() {
    byte temperature=0;
    byte humidity=0;
    t1=millis();
    if(t1-t0>20000)          //时间检测,到指定时间发送一次数据
    {
      dht11.read(&temperature,&humidity,NULL);
      temp+=humidity;
      BT.print(temp);
      Serial.print("温度:");
      Serial.print(temperature);
      Serial.print(" 湿度:");
      Serial.println(humidity);
      t0=t1;
    }
     //如果串口接收到数据,就输出到蓝牙串口
    while(Serial.available()>0)
    {
      temp+=(char)Serial.read();
      delay(100);
      if(Serial.available()==0)
      {
        BT.print(temp);
        Serial.print(temp);
      }
    }
    //如果接收到蓝牙模块的数据,输出到屏幕
    while(BT.available()>0)
    {
      temp2+=(char)BT.read();
      delay(100);
      if(BT.available()==0)
      {
```

```
        Serial.println(temp2);
      }
    }
    temp="";
    for(int i=0; i<6; i++)      //清空数据后重新加上格式头
    {
      temp+=head1[i];
    }
    temp2="";
  }
```

思考题:如何实现两个以上蓝牙的组网?

6.2 Wi-Fi 通信

任务二十四 通过 Wi-Fi 模块远程上传实时采集信息

通过 Wi-Fi 模块远程上传洗衣机的实时状态,需要一块控制板、Wi-Fi 模块(ESP8266)、远程网络平台(这里用的是贝壳物联平台)构成。控制板采集相关的信息并经过处理之后,根据网络平台的数据格式要求进行封装,通过串口发送到 Wi-Fi 模块,Wi-Fi 模块通过互联网传送到网络平台,其工作原理如图 6.10 所示,硬件连接如图 6.11 所示。

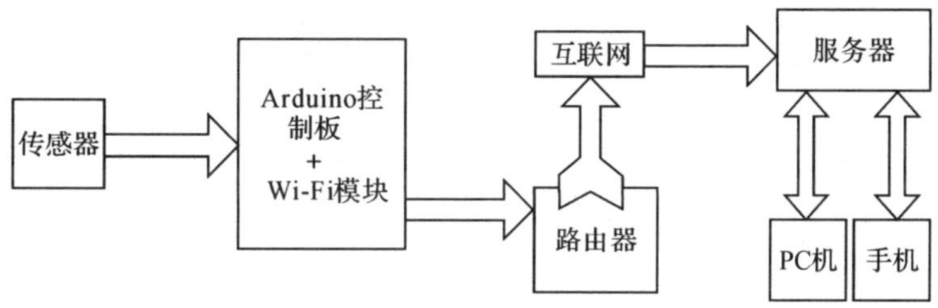

图 6.10 基于 Wi-Fi 模块的远程控制工作原理

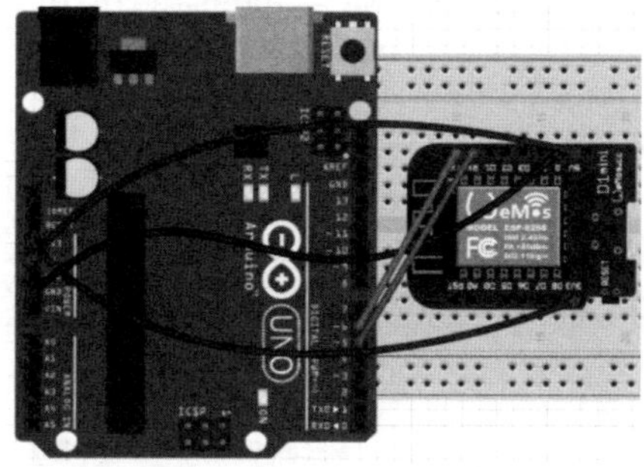

图 6.11 基于 Wi-Fi 模块的远程控制硬件连接方式

```
//把固定的温湿度信息通过 Wi-Fi 模块送到贝壳物联平台并显示
#include <SoftwareSerial.h>
//此处必须根据实际情况进行修改
String Serial3SSID = "NA203";        //填写路由器名称,根据实际情况填写
String Serial3PASSWORD = "12345678";  //填写 Serial3 密码,根据实际情况填写
String DEVICEID="4612";               // 你的设备 ID,根据实际情况填写
String APIKEY="88533c2c9";            // 设备密码,根据实际情况填写
String INPUTID1 = "4151";             //接口 ID1,根据实际情况填写
String INPUTID2 = "4152";             //接口 ID2,根据实际情况填写
//====================================
float shiwei=5, temperature=26.5;     //送固定的水位信息和温度信息到平台
SoftwareSerial Serial3(6,5);          // 6 接 Wi-Fi 模块的 RXD,5 接 Wi-Fi 模块的 TXD
unsigned long lastUpdateTime = 0;         //记录上次上传数据时间
unsigned long checkoutTime = 0;           //退出登录时间
unsigned long lastCheckStatusTime = 0;  //记录上次报到时间
const unsigned long postingInterval = 60000;  //每隔 40 秒向服务器报到一次
const unsigned long updateInterval = 30000;     // 数据上传间隔
void setup(  ) {
  Serial.begin(9600);
  Serial3.begin(115200);                //Wi-Fi
  SetLink(  );
  delay(10000);                         //等待 ESP8266
  Serial.println("Wifi is ready!");
}
void loop() {
  //每隔一定时间查询一次设备在线状态,同时替代心跳
  if (millis( )-lastCheckStatusTime > postingInterval)
  {
     checkStatus();
  }
    //checkout 50ms 后 checkin
  if ( checkoutTime ! = 0 && millis()-checkoutTime > 50 ) {
    checkIn();
    checkoutTime = 0;
  }
```

```
    //每隔一定时间上传一次数据
    if (millis()-lastUpdateTime > updateInterval)
    {
      update2(DEVICEID,INPUTID1, shiwei, INPUTID2,temperature);
      lastUpdateTime = millis(  );
    } }
  //设备登录
  void checkIn(  ) {
    Serial3.print("AT+CIPSEND\r\n");
    delay(2000);
    Serial3.print("{\"M\":\"checkin\",\"ID\":\"");
    Serial3.print(DEVICEID);
    Serial3.print("\",\"K\":\"");
    Serial3.print(APIKEY);
    Serial3.print("\"}\r\n"); }

  //强制设备下线,用消除设备掉线延时
  void checkOut(  ) {
    Serial3.print("{\"M\":\"checkout\",\"ID\":\"");
    Serial3.print(DEVICEID);
    Serial3.print("\",\"K\":\"");
    Serial3.print(APIKEY);
    Serial3.print("\"}\n");
  }
  //查询设备在线状态
  void checkStatus(  ) {
    Serial3.print("{\"M\":\"status\"}\n");
    lastCheckStatusTime = millis();
  }
  //同时上传两个接口数据调用此函数
  void update2 (String did, String inputid1, float value1, String inputid2, 
float value2) {
  Serial3.print("AT+CIPSEND\r\n");
    delay(2000);
    Serial3.print("{\"M\":\"update\",\"ID\":\"");
    Serial3.print(did);
    Serial3.print("\",\"V\":{\"");
    Serial3.print(inputid1);
```

```
    Serial3.print("\":\"");
    Serial3.print(value1);
    Serial3.print("\",\"");
    Serial3.print(inputid2);
    Serial3.print("\":\"");
    Serial3.print(value2);
    Serial3.println("\"}}");
  }

  //登录函数
  //重启 ESP826-01 以达到连接上服务器,一分钟内把登录平台指令发送出,实现登录
  void SetLink(  )
  { Serial3.println("setting start");
    //ESP8266 通电启动等待
    delay(5000);
    //如果是透传模式,退出透传
    Serial3.println("exit pass-through mode");
    Serial3.print("+++");
    delay(1000);
  //设置 Serial3 应用模式为 Station
    Serial3.println("choose station mode");
    Serial3.print("AT+CWMODE=1\r\n");
    delay(1000);
  Serial3.print("AT+RST\r\n");
    delay(1000);
    //连接到无线路由器
    Serial3.println("connect wireless router");
    Serial3.print("AT+CWJAP=\"");
    Serial3.print(Serial3SSID);
    Serial3.print("\",\"");
    Serial3.print(Serial3PASSWORD);
    Serial3.print("\"\r\n");
    delay(15000);
  Serial3.print("AT+CIPMUX=0\r\n");
    delay(1000);
    //连接贝壳物联服务器
    Serial3.println("connect www.bigiot.net");
    Serial3.print("AT+CIPSTART=\"TCP\",\"www.bigiot.net\",8181\r\n");
```

```
    delay(10000);
    //设置模块传输模式为透传模式
    Serial3.println("choose pass-through mode");
    Serial3.print("AT+CIPMODE=1\r\n");
    delay(3000);
    //进入透传模式
    }
```

√ **硬件说明**

现在市面上有几种具有 Wi-Fi 功能的产品如图 6.11 所示，一种是具有 Wi-Fi 模块的开发板，这种开发板本身由程序下载电路＋Wi-Fi 模块构成，可直接跟电脑相连，可通过 Arduino 等编译器对其进行程序下载。另一种是 Wi-Fi 模块，不能直接跟电脑相连，要么通过 USB 转串口的模块来相连(见图 6.7 左边模块)，通过串口调试助手或 Arduino 编译器把程序下载到 Wi-Fi 模块；要么通过单片机与模块相连(见图 6.11)，这样单片机就可以控制模块。程序一旦下载到 WIFI 模块中，模块以前的程序就被覆盖了，原先模块的功能全部消失了，如 Wi-Fi 功能不存在了，要恢复其原先的功能，需要通过专用的下载器把原来的程序再下载进去。不管何种产品，要使其能正常工作，Wi-Fi 模块的单片机必须在使用前把程序固定进去，通常把这个程序叫作固件。Wi-Fi 模块中用的是一款具有 Wi-Fi 功能的单片机(32 位 Tensilica 处理器)，其存储量有限，外扩了一个存储芯片。这里介绍的就是后一种 Wi-Fi 模块，是一款基于 Wi-Fi 协议的无线传输模块，专为移动设备、可穿戴电子产品和物联网应用而设计，通过多项专有技术实现了超低功耗；除集成单片机外，还有标准数字外设接口、天线开关、射频 balun(巴伦)、功率放大器、低噪放大器、过滤器和电源管理模块等，仅需很少的外围电路，可将所占 PCB 空间降低。

WIFI 模块支持 STA(Station 客户端模式)、AP(Access Point 接入点模式)、STA＋AP(两种模式共存)三种工作模式。在 STA 模式下，WIFI 模块必须通过路由器连接互联网，手机或电脑等电子设备通过互联网实现对设备的远程控制。在 AP 模式下，WIFI 模块作为热点，手机或电脑等电子设备直接与模块通信，实现局域网无线控制；在 STA＋AP 模式即两种模式共存下，通过互联网控制可实现无缝切换，操作方便。

ESP8266 采用串口与单片机进行通信，通过配置工作模式(可通过 AT 指令来设置 AT＋CWMODE＝3，等于 1 为 Station，等于 2 为 AP，等于 3 为 AP＋Station 模式)，提供无线接入服务。在此模式下可以允许其他无线设备与其进行 Wi-Fi 通信，通信有两种模式进行数据发送：一种是开启透传模式；另一种是不开启透传模式。如何开启透传模式？通过 AT 指令，AT＋CIPMODE＝1 即开启。何为透传模式？透传是指对开发人员来讲完全透明，也就是说开发人员不用关心 WIFI 协议，先通过单片机的串口送到 WIFI 模块，WIFI 模块就会自动发送出去；当 WIFI 模块接收到数据时，会通过串口发送给单片机，单片机就可以接收相应的信息。一旦开启透传模式，每次送数据时，只要在发送数据前发送指令 AT＋CIPSEND，用程序如 Serial3. print(“AT＋CIPSEND\r\n”)，AT＋CIPSEND 可直接作为指令，也可用 AT＋CIPSEND＝n，n 表示要发送的字节数，之后发送所有的内容全部当成了数据，如 delay(1000); Serial3. println(“setting over”); delay(1000); Serial3. println

(“shuju”)；中的“setting over”和“shuju”都是发送的数据，要注意的是后面即使发送的是命令也被当成了数据，需停止透传才可发送命令。要停止透传用 Serial3. print(“+++”)，不能有换行；如果不开启透传模式，在每次发送数据前都必须先发送指令 AT+CIPSEND，用程序如 Serial3. print(“AT+CIPSEND\r\n”); delay(1000); Serial3. println(“setting over”); Serial3. print(“AT+CIPSEND\r\n”);delay(1000); Serial3. println(“shuju”)。

ESP8266 被广泛运用于 IoT 项目中，具有性价比高、体积小、功耗低和支持多模式等优点。其外观及引脚如图 6.12 所示，其引脚功能如表 6.1 所示。

(a) ESP8266WiFi开发板

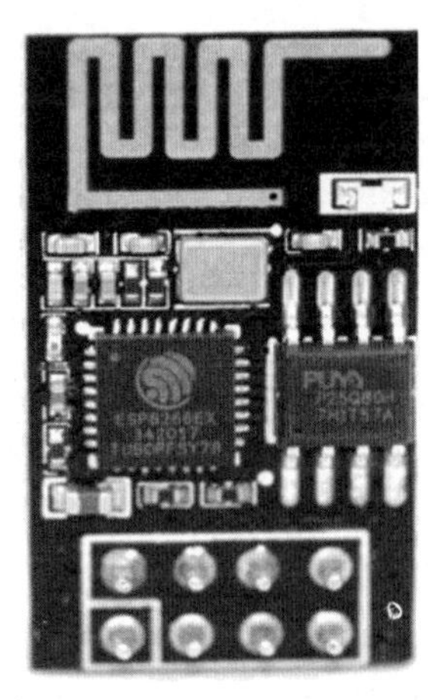

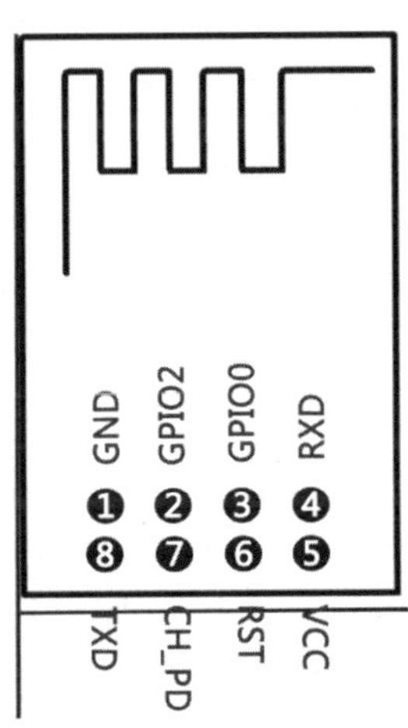

(b) ESP8266WiFi模块的外观及引脚

图 6.12 具有 Wi-Fi 功能的不同产品

表 6.1 模块管脚功能定义

管脚名称	功能说明
GND	电源地线
GPIO2	通用 I/O，内部已上拉，悬空就是不接即高电平
GPIO0	工作模式选择： 1. 悬空(不接即高电平)，Flash Boot 工作模式即调用模块中的程序运行 2. 下拉(接低电平)，UART Download 下载模式，可以通过串口下载程序到模块中
RXD	串口的数据接收端
VCC	模块供电，大部分接 3.3V，一定要看模块说明
RST	1. 外部复位管脚，低电平复位； 2. 可以悬空或者接外部 MCU
CH_PD	接高电平芯片工作，接低电平芯片关闭，一般情况下串接一个 1kΩ 电阻接到 3.3V 电源
TXD	串口的数据发送端

要使模块能正常工作，一般情况下只要连接 5 根管脚即 GND、TXD、RXD、VCC 和 CH_PD，GND 接电源地线，TXD 接单片机的 RXD，RXD 接单片机的 TXD(值得注意的是软串口，要分清 RXD 和 TXD)，VCC 接 3.3V，CH_PD 先串接一个 1kΩ 电阻，然后再连接到 VCC，其余三根管脚 GPIO2 悬空，GPIO0 悬空，RST 悬空。

✓ **Wi-Fi 模块程序设计流程**

首先进行初始化(Wi-Fi 模块自身初始化),然后主机通过串口通信发送 AT 指令给 Wi-Fi 模块(一般情况下顺序为:设置工作模式、模块重启、连接当前环境的热点、设置单路链接模式、建立外部 TCP 链接),使其连接上网络并确保通信功能正常,接着通过 Wi-Fi 模块内部的 TCP/IP 协议连接到设定好的云平台地址,与云平台建立连接,开启透传模式后,就可以按照规定的数据格式进行通信,在通信过程中同时检测 Wi-Fi 模块的连接情况,出现断开连接(CLOSED)等异常情况,就跳转到连接程序进行重新连接,传输数据结束之后退出透传模式。具体工作流程如图 6.13 所示。

上面给的参考程序没有用到库函数,利用库函数会使编程更简单、更方便。首先需要下载库函数的头文件 ESP8266WiFi.h(有些称为 WiFi.h),然后才能调用头文件包含的库函数,读者可以自己利用库函数来实现上述功能,Wi-Fi 模块与控制器的硬件连接如图 6.14 所示。

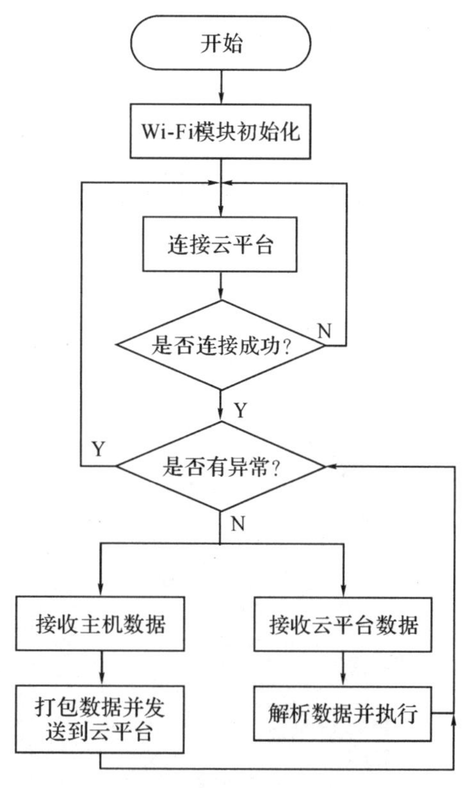

图 6.13　Wi-Fi 模块程序流程

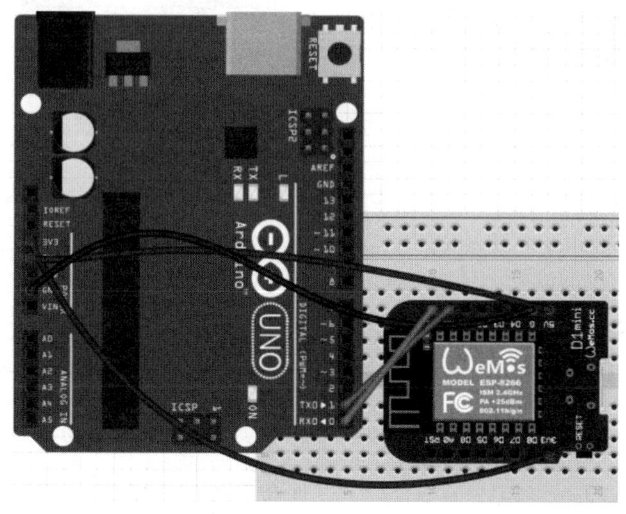

图 6.14　基于库函数的 ESP8266WiFi 模块控制电路连接方式

思考题: 1. 如何利用库函数来实现洗衣机的远程控制?

2. 如何用手机或客户端通过 Wi-Fi 远程控制洗衣机电机的启动或停止?

3. 如何用手机或客户端通过 Wi-Fi 远程控制继电器的开关?

6.3 GPRS 通信

任务二十五　通过 GPRS 模块远程上传控制器采集的信息

通过 GPRS 模块远程上传洗衣机的实时状态，需要一块控制板、GPRS 模块、远程网络平台(这里用的是贝壳物联平台)构成。控制板采集相关的信息并经过处理之后，根据网络平台的数据格式要求进行封装，通过串口发送到 GPRS 模块，GPRS 模块通过互联网传送到云平台，管理员可以实时监测该数据并做出及时处理。硬件连接如图 6.15 所示。

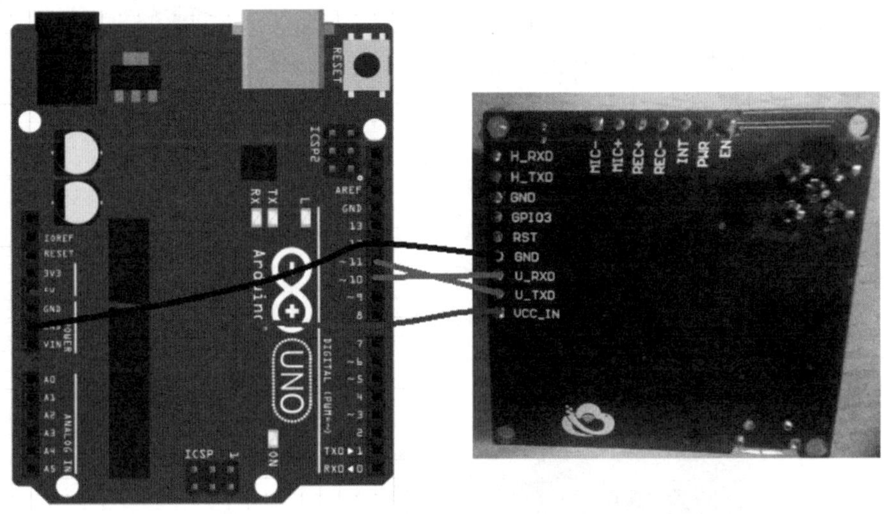

图 6.15　基于 Arduino 与 GPRS 硬件连接方式

```
//软串口——Arduino 板子的 10 引脚接 GPRS 模块的 RXD,11 引脚接 GPRS 模块的 TXD
#include <SoftwareSerial.h>
SoftwareSerial gprs(10,11);        // 10 接其他模块的 RXD,11 接其他模块的 TXD
String temp;
String temp2;
char *DEVICEID = "4612";           //贝壳物联的设备 ID
char *APIKEY = "88533c2c9";        //贝壳物联的 APIKEY
char *id_1_1="4151";
char *id_1_2="4152";
char *id_1_3="13295";
char *id_2_1="13296";
```

```
char *id_2_2="13299";
char *id_2_3="13300";
#define BUFSIZE 250
char USART_RX_BUF[BUFSIZE];
int Rx_Count=0;
int reciver_flag=0;
int t1=0,t2=0,t3=0,tm;
int v1=0;
int v2=0;
int alp1 = A1;
int alp2 = A5;
bool isReg=false;
bool isLogin=false;
bool port1=true;
bool port2=false;
bool port3=false;
void setup( )
{Serial.begin(9600);
  gprs.begin(9600);          //GPRS
  delay(2000);               //等待
  Serial.println("GPRS is ready!"); }
void loop( )
{tm=millis( );
  SendMes( );
  if(isReg! =true)
  {
checkreg();
  }
  else
  { if(isLogin! =true)
    { delay(1000);
      SetLink();
      delay(500);
      if(Find("CONNECT OK")||Find("ALREADY CONNECT"))
      {
        delay(500);
        Serial.print("连接中");
```

```
        checkin();
      }
      delay(1000);
    }
    else
    {
      if(Find("CLOSED"))
      {
        isLogin=false;
        port1=true;
        port2=false;
        port3=false;
      }
      Reciver();
      SendMes();
      SendMessage();
    }}}
void checkreg()
{
  gprs.println("AT+CREG?");
  Reciver();
  delay(2000);
  if(Find("+CREG: 1,1"))
  {
    isReg=true;
  }
}
void checkin(void) {
  gprs.println("AT+CIPSEND");         //发送数据
  delay(1000);
  gprs.print("{\"M\":\"checkin\",\"ID\":\"");
  gprs.print(DEVICEID);
  gprs.print("\",\"K\":\"");
  gprs.print(APIKEY);
  gprs.print("\"}\r\n");  gprs.write(0x1A);
  isLogin=true;
}
```

```
void SetLink()
{
  gprs.print("AT+CIPSTART=\"TCP\",\"www.bigiot.net\",8181\r\n");
  Reciver();
  delay(1000);
}
/*void printmssage(){
  if (gprs.available()>0)
  {
    delay(10);
    Serial.println(gprs.readStringUntil('\n'));
    delay(10);
  }
}*/
int  Find(char *a)
{
  if(strstr((char *)USART_RX_BUF,a)!=NULL)
  {
    CLR_BUF();
    return 1;
  }
  else
  {
    CLR_BUF();
    return 0;
  }
}
void CLR_BUF(void)
{
  int k;
  for(k=0;k<BUFSIZE;k++)        //将缓存内容清零
  {
    USART_RX_BUF[k] = 0x00;
  }
  Rx_Count=0;
}
void Reciver(void)
{
```

```
    while (gprs.available() > 0)
    {
        if(reciver_flag==0)        //确保缓存清除
        {
          reciver_flag++;
          CLR_BUF();
        }
        USART_RX_BUF[Rx_Count++]= char(gprs.read());
        delay(1);
    }
    if (strlen(USART_RX_BUF)> 0)
    {
        reciver_flag=0;
        Serial.println(USART_RX_BUF);
    }
}
void SendMes()
{
    while(Serial.available()>0)
    {
      temp+=(char)Serial.read();
      delay(2);
      if(Serial.available()==0)
      {
        gprs.print(temp);
        temp="";
      }
    }
}
void SendMessage()
{
    if(tm-t1>15000&&port1==true)
      {
          v1=analogRead(alp1)/10.24;
          v2=analogRead(alp2)/10.24;
          SendMessage2(DEVICEID,id_1_1,v1,id_2_1,v2);
          t1=tm;
```

```
            port1=false;
            port2=true;
        }
        if(tm-t2>30000&&port2==true)
        {
            v1=analogRead(alp1)/10.24;
            v2=analogRead(alp2)/10.24;
            SendMessage2(DEVICEID,id_1_2,v1,id_2_2,v2);
            t1=tm;
            t2=tm;
            t3=tm;
            port2=false;
            port3=true;
        }
        if (tm-t3>15000&&port3==true)
        {
            v1=analogRead(alp1)/10.24;
            v2=analogRead(alp2)/10.24;
            SendMessage2(DEVICEID, id_1_3, v1, id_2_3, v2);
            t1=tm;
            t2=tm;
            t3=tm;
            port3=false;
            port1=true;
        }
    }
    void SendMessage2(char *did, char *inputid1, int value1, char *inputid2, int value2)
    {
        gprs.println("AT+CIPSEND");                        //发送数据
        delay(1000);
        char upload[100];
        sprintf(upload,"{\"M\":\"update\",\"ID\":\"%s\",\"V\":{\"%s\":\"%d\",\"%s\":\"%d\"}}\n", did, inputid1, value1, inputid2, value2);
        gprs.print(upload);
        gprs.write(0x1A);
        delay(50);
    }
```

✓ 硬件说明

GPRS 模块

GPRS(General packet radio service,通用无线分组业务),是一种基于 GSM(Global System for Mobile Communications,全球移动通信系统)的无线分组交换技术,提供端到端的、广域的无线 IP 连接,是一项高速数据处理的技术。其方法是以"分组"的形式传送资料到用户手上,在许多方面都具有明显的优势,如连接费用较低,资源利用率高;传输速率高,可提供 115kbps 的传输速率,可以像宽带用户一样查看各种网站等需要联网的应用;接入时间短,能提供即时连接。

本任务采用的 GPRS 模块为 GPRS GA6 模块,使用 TTL 接口。该模块是 5V 供电,其工作时的峰值电流较大,因而最好的方法是由单独电源供电(不要用充电宝供电)。图 6.16 分别为 GPRS GA6 模块的正面和反面。表 6.2 为 GPRS GA6 模块的参数。

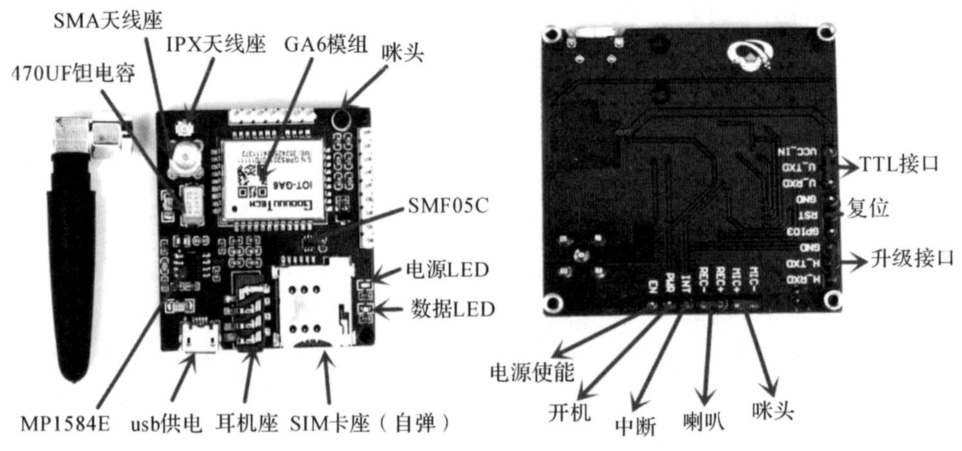

图 6.16　GPRS GA6 模块正面和反面

表 6.2　GPRS GA6 模块参数

参数	数值
工作温度	−30～+80
工作电压	3.5V～4.2V
开机电压	>3.5V
支持 GSM/GPRS 的频段	GSM850,EGSM 900 和 DCS 1800,PCS1900
GPRS	下行传输速率:最大 85.6kbps 上行传输速率:最大 42.8kbps
串口	下载串口和 AT 串口
AT 命令	支持标准 AT 和 TCP/IP 命令接口

先对 GPRS GA6 模块进行调试;再确定 USB-TTL 模块是否安装驱动 USB 设备都是需要装驱动的;调试用 CP2102 USB 转 TTL 模块,可以直接网上查找该模块的驱动,安装完成后再在设备管理器中可以找到相对应的 COM 口,然后用串口调试助手验证该设备是否可以正确通信,将 CP2102 模块的 TXD 和 RXD 连接在一起,在串口助手上配置完毕后,波特

率设置为9600,其他参数为默认,发送任何的数据,看是否能接收到同样的数据,如发送"AT"串口助手会返回一个"AT",那么证明该USB设备驱动正常。在串口调试助手的右边写入指令后要换新行,然后发送到GA6模块。任务所用的指令如表6.3所示。

表6.3　任务所用的AT指令

指令	功　能
AT+CPIN?	查询SIM卡状态,返回+CPIN:READY,说明卡正常
AT+CSQ	查询信号质量,返回+CSQ:15.0,15.0可变,表信号强度
AT+COPS?	查询当前运营商,只有能连上网络才返回运营商
AT+CREG?	查询能否注册上网络,返回+CREG:1,1,说明可注册
AT+CGATT=1	该指令是用于设置附着和分离GPRS业务 (第一次附着网络时间可能较长,编程时要注意)
AT+CGATT=1,1	该指令是激活网络
AT+CIPSTART ="TCP", "182.xxx.xxx.xx", 8181	表示模块建立一个TCP连接,目标地址为:182.xxx.xxx.xx, 连接端口为8181。连接成功会返回:CONNECT OK

按照上面的AT指令,对GA6模块进行测试,必须要正确返回正确的指令,才能进行下一步。这些指令都返回了正确的返回信息,说明GPRS模块可以正常使用并已经接入网络。开发者可以根据自己的任务进行相应程序的编写。

思考题:基于GPRS模块如何通过客户端/手机APP来远程控制洗衣机?

6.4　nRF24L01通信

任务二十六　基于nRF24L01模块的远距离控制

通过nRF24L01来控制洗衣机的启动及停止,需要两块控制板、两块nRF24L01模块、一块按键模块和一个直流电机构成。发送部分由一块控制板、一块nRF24L01模块和一块按键模块构成,接收部分由一块控制板、一块nRF24L01模块和一块直流电机构成。除了这些硬件之外,还需要相应的库,库中需要包含SPI.h、nRF24L01.h和RF24.h等,如何下载相应的库见前面章节。在发送部分,当控制板接收到按键按下的信息经控制器处理之后,通过nRF24L01无线射频模块发送出去,当接收部分收到发送部分发送过来的信息之后先保存,然后进行处理,根据处理结果对直流电机进行控制。nRF24L01是通过SPI总线与UNO控制板相连,引脚连接如表6.4所示,硬件连接如图6.17所示。

表6.4　nRF24L01与Arduino UNO的连接

nRF24L01	VCC	GND	CE	CSN	MOSI	MISO	SCK	IRQ
Arduino UNO	3.3V	GND	D7	D8	D11	D12	D13	不接

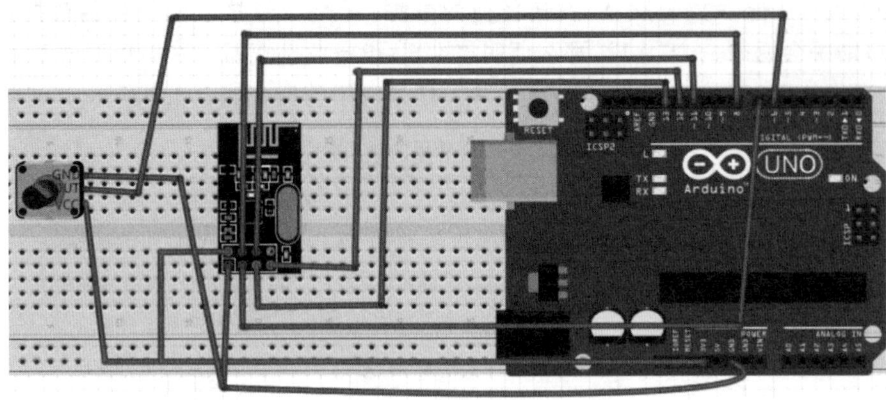

(a) 发送部分

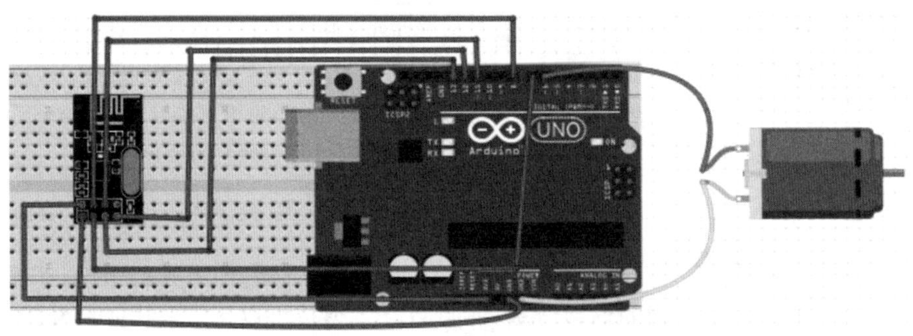

(b) 接收部分

图 6.17 基于 nRF24L01 无线通信的硬件连接方式

✓ **参考程序**

```
    //发送部分程序——只发送不接受,6 管脚作为按键的输入管脚
    #include <SPI.h>
#include <nRF24L01.h>
#include <RF24.h>
    RF24 radio(7, 8);                // 7-CE, 8-CSN
    const byte address[6] = "0000a";
    void setup(   )
    {
pinMode(6, INPUT);
    radio.begin();                         //NRF24L01 初始化
radio.openWritingPipe(address);            //写通道——通道 0,通道地址为 address
radio.setPALevel(RF24_PA_MIN);             //设置最低广播功率
radio.stopListening();                     //停止监听,开始发送模式
}
```

```
    void loop( )
    {
    boolean button= digitalRead(6);        //从 6 管脚读入信号
radio.write(&button, sizeof(button));      //发送数据
delay(1000);
}

    //接收部分程序——只接收不发送,6 管脚控制直流电机的启动或停止
#include <SPI.h>
#include <nRF24L01.h>
#include <RF24.h>
    RF24  radio(7, 8);        // 7-CE, 8-CSN
    const byte address[6] = "0000a";
    void setup(  ) {
pinMode(6,OUTPUT);
radio.begin(  );                          //nRF24L01 初始化
radio.openReadingPipe(0, address);
    // 没有用写通道,只用了读通道,可设置为通道 0,通道的地址为 address
    radio.setPALevel(RF24_PA_MIN);      //设置最低的广播功率
radio.startListening(  );                  //开始接收,设置为接收模式
}
    void loop(  ) {
    if (radio.available(  ))                 //接收数据
    {
boolean b=0;
radio.read(&b, sizeof(b));
if(b==HIGH)  digitalWrite(6,HIGH);
    else digitalWrite(6,LOW);
}}

    //下面的参考程序都能同时发送和接收
    //发送端程序
    #include <SPI.h>
#include <nRF24L01.h>
#include <RF24.h>
    #define led 12
    RF24 radio(7, 8);          // CE, CSN
```

```
const byte addresses[2][6] = {"0100a", "0200b"};
boolean buttonState = 0;
    void setup() {
pinMode(2, OUTPUT);
    pinMode(3, INPUT);
radio.begin( );
radio.openWritingPipe(addresses[1]); // 0200b    //一般情况下默认通道 0 为写通道
radio.openReadingPipe(1, addresses[0]); // 0100a  //通道 1 为读通道
radio.setPALevel(RF24_PA_MIN);
}
    void loop() {
delay(5);
    radio.stopListening();
boolean  buttonstate = digitalRead(3);
radio.write(&buttonstate, sizeof(buttonstate));
    delay(5);
radio.startListening();
if(radio.available())
    { boolean  buttonstatel;
    radio.read(&buttonStatel, sizeof(buttonStatel));
if (buttonStatel == HIGH)
    digitalWrite(2, HIGH);
else  digitalWrite(2, LOW);
}
  }
    接收机程序
#include <SPI.h>
#include <nRF24L01.h>
#include <RF24.h>
RF24 radio(7, 8); // CE, CSN
const byte addresses[][6] = {"0100a", "0200b"};
boolean buttonState = 0;
    void setup() {
pinMode(2, OUTPUT);
    pinMode(3, INPUT);
radio.begin();
```

```
radio.openWritingPipe(addresses[0]);    // 0100a  //一般情况下通道 0 为写通道
radio.openReadingPipe(1, addresses[1]);   // 0200b //通道 1 为读通道
radio.setPALevel(RF24_PA_MIN);
}
    void loop() {
delay(5);
radio.startListening( );
if ( radio.available()) {
    boolean buttonstate1;
radio.read(&buttonstate1, sizeof(buttonstate1));
delay(5);
    if (buttonState 1== HIGH)
    digitalWrite(2, HIGH);
else   digitalWrite(2, LOW);
radio.stopListening();
boolean buttonState = digitalRead(3);
radio.write(&buttonState, sizeof(buttonState));
delay(100);}
}
```

√ **硬件说明**

NRF24L01 模块

nRF24L01 模块是一款新型单片射频收发器件，如图 6.18 所示，工作于 2.4 G～2.5 GHz ISM 频段，在这个频段上划分了 0～125 个频道，其输出功率和通信频道可通过程序进行配置，只要发射端和接收端所处的频道相同就可以了，如接收端和发射端可使用 2.4GHz 这个频道。在一个频道内至少要有一个发射器和一个接收器，才能正常通信。每个频道内可容纳 6 个通道，即一个接收器可接收来自 6 个发射器的信号，发射器可以位于 0～5 任一通道，并且指定一个唯一的地址值。nRF24L01 内置了频率合成器、功率放大器、晶体振荡器、调制器等功能模块，并融合了增强型 ShockBurst 技术。nRF24L01 功耗低，在以 −6dBm 的功率发射时，工作电流也只有 9mA；接收时，工作电流只有 12.3mA，多种低功率工作模式，工作在 100mW 时电流为 160mA，在数据传输方面实现相对 Wi-Fi 距离更远，但传输数据量不如 Wi-Fi，其参数表、功能及工作模式如表 6.5 至表 6.7 所示。

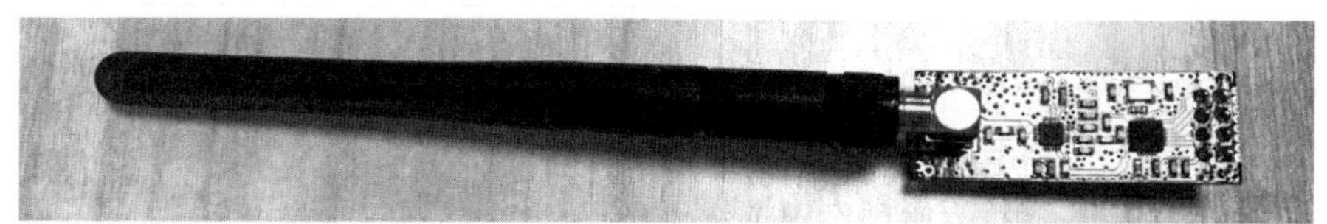

图 6.18　nRF24L01 模块

表 6.5 nRF24L01 参数表

参数	数值	单位
使用电压	3～3.6(推荐 3.3V) 接 5V 容易烧掉	V
输出功率	+20	dBm
发送模式工作电流(峰值)	115	mA
接收模式工作电流(峰值)	45	mA
掉电模式电流	4.2	mA
工作温度	−20～70	℃
接收灵敏度 2Mbps 模式	−92	dBm
接收灵敏度 1Mbps 模式	−95	dBm
接收灵敏度 250kbps 模式	−104	dBm
PA 增益	20	dB
LNA 增益	10	dB
LNA 噪声系数	2.6	dB

表 6.6 nRF24L01 模块的引脚及其功能

引脚	功能
CSN	芯片的片选线,CSN 为低电平芯片工作
CE	芯片的模式控制线
SCK	芯片控制的时钟线(SPI 时钟)
MISO	芯片控制数据线
MOSI	芯片控制数据线
IRQ	中断信号

表 6.7 nRF24L01 工作模式

模式	PWR_UP	PRIM_RX	CE	FIFO 寄存器状态
接收模式	1	1	1	—
发送模式	1	0	1	数据在 TX FIFO 寄存器里
发送模式	1	0	1→0	停留在发送模式,直到数据发完
待机模式Ⅱ	1	0	1	TX FIFO 为空
待机模式Ⅰ	1	—	0	无数据传输
掉电模式	0	—	—	—

发射数据时,先将 nRF24L01 配置为发射模式,接着把接收节点地址 TX_ADDR 和有效数据 TX_PLD 按照时序由 SPI 口写入 nRF24L01 缓存区,TX_PLD 必须在 CSN 为低时连续写入,而 TX_ADDR 在发射时写入一次即可,然后 CE 置为高电平并保持至少 10μs,延迟 130μs 后发射数据;若自动应答开启,那么 nRF24L01 在发射数据后立即进入接收模式,接收应答信号(注意:自动应答接收地址应该与接收节点地址 TX_ADDR 一致),如果收到应答,

则认为此次通信成功,TX_DS 置高,同时 TX_PLD 从 TX FIFO 中清除;若未收到应答,则自动重新发射该数据(自动重发已开启),若重发次数达到上限,MAX_RT 置高,TX FIFO 中数据保留以便再次重发;MAX_RT 或 TX_DS 置高时,使 IRQ 变低,产生中断,通知 MCU,最后发射成功时,若 CE 为低则 nRF24L01 进入空闲模式 1;若发送堆栈中有数据且 CE 为高,则进入下一次发射;若发送堆栈中无数据且 CE 为高,则进入空闲模式 2。

接收数据时,先将 nRF24L01 配置为接收模式,接着延迟 130μs 进入接收状态,等待数据的到来,当接收方检测到有效的地址和 CRC 时,将数据包存储在 RX FIFO 中,同时中断标志位 RX_DR 置高,IRQ 变低,产生中断,MCU 收到中断信号去取数据,若此时自动应答开启,接收方则同时进入发射状态回传应答信号,最后接收成功时,若 CE 变低,则 nRF24L01 进入空闲模式 1。本任务没有采用中断来判断,而是采用延时的方法来实现。

本任务用到的功能状态是发射(Tx)模式和接收(Rx)模式。为减少开发难度,采用基于 Arduino 平台的第三方库,首先从网站上下载好第三方库,这样在编写程序时若包含其库即可直接应用。有关 nRF24L01 模块的库有 Mirf、RF24、nRF24L01 和 RF24Network 等。Mirf 主要用于点对点通信,RF24、nRF24L01 和 RF24Network 主要用于多对一通信。

思考题:1. 如何实现一对三甚至更多无线收发?

2. 如何通过中断来实现数据的接收及发送?

6.5　Lora 通信

任务二十七　基于 Lora 模块的远距离控制

通过 Lora 来控制洗衣机的启动及停止,需要两块控制板、两块 Lora 模块、一块按键模块和一个直流电机构成。发送部分由一块控制板、一块 Lora 模块和一块按键模块构成,接收部分由一块控制板、一块 Lora 模块和一块直流电机构成。在发送部分,当控制板接收到按键按下的信息经控制器处理之后,通过 Lora 无线射频模块发送出去,当接收部分收到发送部分发送过来的信息之后先保存,然后进行处理,根据处理结果对直流电机进行控制。Lora 有两种接口方式:一种是 SPI 接口;另一种是串口(本任务用的是硬串口,也可以用软串口)与 UNO 控制板相连,其硬件发射和接收部分连接如图 6.19 所示。下面的程序中的地

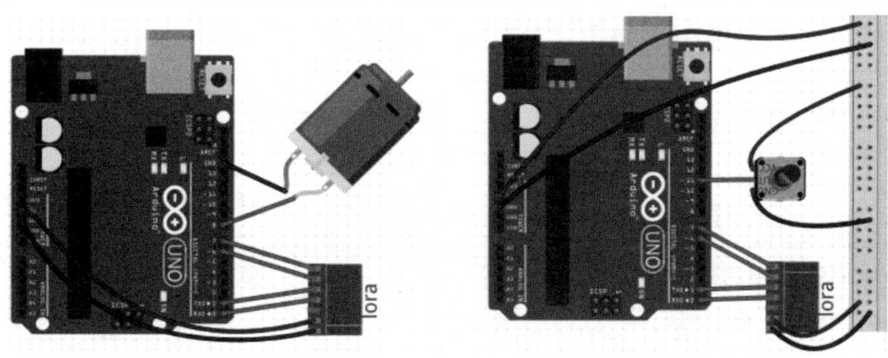

图 6.19　基于 Lora 的发射与接收系统硬件连接方式

址、信号、发射功率、空中速率、波特率(9600 或 115200,有的模块一定要选 115200,否则会出错)等是通过专门软件来设置且设置相同,透传传输模式是通过程序来设置的。

✓ **参考程序**

```
    (右边为发射部分,左边为接收部分)
    //串口模式——发射部分
    void setup( )
    {
pinMode(6, OUTPUT);
    pinMode(7, OUTPUT);
    pinMode(11, INTPUT);
    Serial.begin(9600);
    }
    void loop( )
    {
    digitalWrite(6,LOW);
    digitalWrite(7,LOW);                    //透传传输模式
    boolean button= digitalRead(11);        //从 11 管脚读入信号
Serial.print(button);     //发送数据
delay(1000);
}

    //接收部分程序——只接收不发送,8 管脚控制直流电机的启动或停止
void setup(   ) {
    pinMode(6, OUTPUT);
    pinMode(7, OUTPUT);
    pinMode(8,OUTPUT);
Serial.begin(9600);
    }
    void loop( )
    {
    digitalWrite(6,LOW);
    digitalWrite(7,LOW);                  //透传传输模式
    if (Serial.available( ))                //接收数据
    {
boolean b=Serial.read( );
if(b==HIGH)  digitalWrite(8,HIGH);
    else digitalWrite(8,LOW);
}
    }
```

✓ **硬件说明**

Lora 模块

Lora(Long Range Radio,远距离无线电)是 semtech 公司开发的低功耗局域网无线标准,一般情况下远距离功耗较高,低功耗的传播距离很难很远,其最大特点就是在同样的功耗下比其他无线方式传播的距离更远,达到低功耗和远距离的统一。Lora 在同样的功耗下比传统的无线射频通信距离扩大 3~5 倍。

市面上 Lora 模块的接口方式有串行总线接口(模块外观见图 6.20,引脚见表 6.8)和 SPI 总线接口两种。由 Lora 模块和 Arduino 控制器的连接方式决定。Lora 有四种工作模式,分别为传输模式(接收方必须是模式 0 或模式 1)、唤醒模式(接收方可以使模式 0、模式 1 或模式 2)、省电模式(发射方必须是模式 1,该模式下串口接收关闭,不能无线发射)和深度休眠模式(接收方必须是模式 0 或模式 1)。工作模式的设定有两种方法:一种是采用商家的专门设置软件;另一种是通过程序来设置,其模式功能如表 6.9 所示。

图 6.20 一种串口通信的 Lora 外观

表 6.8 引脚功能(不同的 Lora 产品有不同的引脚及外观)

引脚序号	引脚名称	引脚方向	引脚用地
1	M0	输入(极弱上拉)	和 M1 配合,决定模块的 4 种工作模式(不可悬空,如不使用可接地)
2	M1	输入(极弱上拉)	和 M0 配合,决定模块的 4 种工作模式(不可悬空,如不使用可接地)
3	RXD	输入	TTL 串口输入,连接到外部 TXD 输出引脚
4	TXD	输出	TTL 串口输出,连接到外部 RXD 输入引脚
5	AUX	输出	用于指示模块工作状态; 用户唤醒外部 MCU,上电自检初始化期间输出低电平(可以悬空)
6	VCC	电源	模块电源正参考,电压范围:2.3~5.5V DC
7	GND	电源	模块地线
8	固定孔		固定孔(模块上与 GND 连接)
9	固定孔		固定孔(模块上与 GND 连接)
10	固定孔		固定孔(模块上与 GND 连接)

表 6.9 工作模式

模式(0-3)	M1	M0	模式介绍	备注
0 传输模式	0	0	串口打开,无线打开,透明传输	支持特殊指令空中配置
1 WOR 模式	0	1	可以定义为 WOR 发送方和 WOR 接收方	支持空中唤醒
2 配置模式	1	0	用户可通过串口对寄存器进行访问,从而控制模块工作状态	
3 深度休眠	1	1	模块进入休眠	

Lora 模组工作模式下的传输模式有三种:透明传输(简称透传)、定向传输、广播和数据监听,这三种传输都要有相同的空中速率。一般串口通信的默认为透传,但有一个前提即两个模块必须是相同地址、相同信道,这时可以直接通过串口来发送数据,与普通串口一样;定向传输(定点传输),可以在不同地址和不同信道进行数据传输,发送数据的时候在数据前加上要发送的地址和信道。广播与数据监听,先必须把模块地址设置为 0xFFFF,这样跟这个模块信道相同的都能收到其发送的数据。

参考文献

1. 李林功，吴飞青，王兵，等. 单片机原理与应用[M]. 北京：机械工业出版社，2007.

2. 李漫丝. 基于 ESP8266 的无线定位室内寻物系统设计[J]. 电子质量，2019(6)：42-45.

3. 王协瑞. 电子信息技术[M]. 济南：山东科学技术出版社，2013

4. 袁铭. 基于 ESP8266 的无线温度采集系统设计[J]. 无线互联科技，2019，16(23)：11-12.

5. https://blog.csdn.net/weixin_43853326/article/details/112616999

6. https://www.HowToMechatronics.com

7. https://github.com/nRF24/RF24

8. https://www.jianshu.com/p/51b635bec89e

9. http://en.wikipedia.org/wiki/Arduino

10. http://www.arduino.cc

11. http://mah-webb.github.io/courses/da606a/workshops/ws2.html

12. https://www.cnblogs.com/darren-pty/p/10273972.html

13. https://www.sohu.com/a/278547042_100299098

14. https://www.ebyte.com/product-view-news.html?id=5

15. https://baijiahao.baidu.com/s?id=1606842460149901600&wfr=spider&for=pc